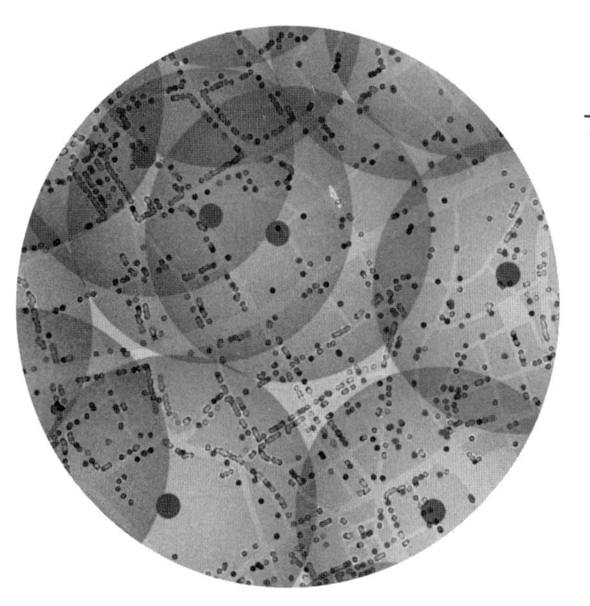

节能城市与住区空间形态研究

Morphology Of Energy-efficient City And Neighborhood

张　杰　毛其智
解　扬　陈　骁　◉ 著

清華大學出版社
北京

图书在版编目（CIP）数据

节能城市与住区空间形态研究 / 张杰等著 .—北京：清华大学出版社，2018
ISBN 978-7-302-51066-6

Ⅰ. ①节…　Ⅱ. ①张…　Ⅲ. ①①城市—居住区—节能设计—研究
Ⅳ. ① TU241

中国版本图书馆 CIP 数据核字（2018）第 190795 号

责任编辑：徐　颖
装帧设计：彩奇风
责任校对：王荣静
责任印制：杨　艳

出版发行：清华大学出版社
网　址：http://www.tup.com.cn，http://www.wqbook.com
地　址：北京清华大学学研大厦 A 座　　邮　编：100084
社总机：010-62770175　　邮　购：010-62786544
投稿与读者服务：010-62776969，c-service@tup.tsinghua.edu.cn
质量反馈：010-62772015，zhiliang@tup.tsinghuan.edu.cn
印装者：三河市春园印刷有限公司
经　销：全国新华书店
开　本：185mm × 250mm　　印　张：17　　字　数：264 千字
版　次：2018 年 10 月第 1 版　　印　次：2018 年 10 月第 1 次印刷
定　价：89.00 元

产品编号：063292-01

序　言

本书主要是在清华大学自主科研计划资助项目“华北南部地区特大城市节能住区形态与设计研究”（20111081052）工作的基础上完成的。课题工作始于2011年11月，至2014年12月完成。课题的部分工作还分别得到美国能源基金会资助项目“节能城市设计研究”课题（G-1008-13176，2008—2012年）、低碳能源大学联盟资助项目“低碳城市设计：从选择评估到政策实施”课题（2011LC002，2011—2014年）的资助。此后，研究团队的主要成员又用了近3年的时间对成果进行了整合、深化和完善，形成了目前的成果。

在20世纪70年代石油危机爆发、城市无序蔓延日益严重的大背景下，有的学者开始利用城市经济学模型，在理论上探讨城市规模与交通拥堵的关系[①]。之后随着能源消耗数据逐渐可以获取，20世纪80年代起一些学者开始关注城市形态与能源消耗之间的实证关系，其中以纽曼（Newman）和肯沃西（Kenworthy）（1989）基于全球32个城市1980年的人均汽油消耗量、人口密度等数据的研究最具有代表性[②]。这一研究直接揭示了城市人口密度与人均汽油消耗量之间明显的负相关关系，继而引发了学术界对城市形态与能源消耗之间实证关系的研究热潮。随后大量城市规划和交通领域的专家开始投入到城市形态与交通行为及能源消费的研究之中。比如可持续城市形态的“3Ds”理论的提出[③]。“D”这一名称

① Mills E S, De Ferranti D M. Market choices and optimum city size[J]. The American Economic Review, 1971: 340-345.

② Newman P G, Kenworthy J R. Cities and automobile dependence: an international sourcebook[M]. Gower Publishing, 1989.

③ Cervero R, Kockelman K. Travel demand and the 3Ds: Density, diversity, and design[J]. Transportation Research D, 1997, 2(3): 199-219.

来自几个以字母D开头的单词，代指三个维度的形态变量：密度（density）、混合度（diversity）和设计（design）。“3D”理论奠定了建成环境影响居民出行行为的理论基础，指出高密度、多样性、步行友好设计的城市建成环境有助于通过引导低碳出行方式、提升短距离出行比例、降低机动车出行距离等多种途径降低居民出行能耗。除此之外，城市形态的其他维度，如城市规模、中心度、紧凑度等也被证实对居民日常出行有着巨大影响。之后，该理论得到进一步发展，扩充至“6Ds”[①]。增加的三个维度分别为目的地可达性（destination accessibility）、公交设施可达性（distance to transit）和需求管理（demand management）。

现有生活能耗研究重点关注住宅建筑特征，以及家庭成员特征和家庭外部条件等与家庭生活能耗的关系，而少有研究探讨中微观尺度的住区形态对生活能耗的影响。与生活能耗有关的住区形态因素主要包括住宅特征（面积、类型等）、密度（建筑密度、人口密度等）、平面布局（建筑排布方式、街道走向等）和绿化（植被类型、规模等）四方面的内容；其他生活能耗影响因素包括建筑围护结构、设备性能和使用者行为等[②]。由于影响因素非常多，变量之间存在复杂的相互作用，所以住区形态对生活能耗的影响并非总是稳定、有效的。有的学者认为，住区形态要素对家庭生活能耗大约只有10%的影响[③]。有的学者则认为，在各类因素对生活能耗的贡献率中，建成环境最高占2.5份，设备能效2份，使用行为2份，肯定了建成环境的影响力[④]。不管如何，对成千上万的城市住区而言，通过各种住区形态设计手段所实现的累计效应仍能达到相当可观的节能效果。

综上所述，空间形态对家庭能耗的影响已被绝大多数研究所证实，通过形态设计手段促进节能减排也是大部分研究所认同的一个潜力方向。但对于形态

① Ewing R, Cervero R. Travel and the built environment[J]. Transportation Research Record, 2001, 1780(1): 87–114.

② Ko Y. Urban form and residential energy use: A review of design principles and research findings[J]. CPL Bibliography, 2013, 28(4): 327–351.

③ Ratti C, Baker N, Steemers K. Energy consumption and urban texture[J]. Energy and Buildings, 2005, 37(7): 762–776.

④ Baker N, Steemers K. Energy and environment in architecture: a technical design guide[M]. Taylor & Francis, 2003.

与家庭能耗关系中的一些具体问题还存在争议：（1）宏观城市结构与能耗之间的几个亟待解决的问题，包括针对发展中国家的研究少，研究选取的形态指标少；（2）微观住区形态与能耗之间关系的几个亟待解决的问题，比如住区形态的描述变量有待丰富，形态影响能耗的作用机制有待详细阐述，居民自我选择与环境决定的作用孰轻孰重等。本书就是以这几个问题为导向，开展以节能为目的的城市和住区层面的空间形态探讨。

2008—2012年，在美国能源基金会的资助下，清华大学等学校和美国麻省理工学院（以下简称“MIT”）开展了“节能城市设计研究”领域的合作研究，清华、MIT团队通过联合城市教学共同探索了低碳城市参数系统、量化测度低碳城市形态的方法。MIT方面提出了相关模拟计算模型。在研究过程中，清华团队开始注意到MIT方面提出的模拟计算模型和能耗方程（The Energy Performa）存在的一些概念与理论问题。为了更科学地把握中国城市空间形态与居民能耗之间的规律，清华大学团队在清华大学自主科研基金项目的支持下，独立开展了相关研究。

我们首先展开了城市层面的研究，从全国286个地级以上城市分析了城市空间结构与居民能耗的关系，发现中国城市综合节能效果较好的城市的人口规模在200万～500万。在这一规模范围内，研究结合气候分区分析，锁定了第二建筑气候分区内能耗潜力较大、具有可比性的济南、石家庄、郑州、太原4个城市进行重点研究。在兄弟团队的协助下，我们收集了4个城市70多个不同区位、类型的住宅区的空间形态数据，以及其中7000多个家庭的问卷资料。丰富的数据为课题通过数学模型进行量化研究提供了坚实的基础。

在住区层面的研究中，研究团队针对案例城市住区空间形态与居民能耗的特点，研究出了一系列新的数学模型指标、数据处理方法等，并结合实际情况对模型分析的结论展开了深入分析。很多结论对指导未来新区居住区规划建设和老旧住区的节能改造有借鉴价值。

在整合城市与住区两个层面的研究中，本书提出了一些以往研究未涉及的问题，比如住区层面的密度与城市整体密度之间的联动对城市居民能耗可能产生的影响，避免了仅从中、微观单一层面孤立观察密度与居民能耗相互作用的局限。这对后续该领域的研究或许是一个重要启发。

本书将设计、教学、科研密切结合，在研究过程中，清华大学建筑学院与 MIT 建筑与城市规划学院成功举办了 5 次以低碳城市为题材的城市设计联合工作坊。清华大学建筑学院很多博士和硕士研究生结合论文研究方向或城市设计课程参与了相关的课题研究工作。在过去的 8 年中，清华团队在国内外重要杂志发表相关学术论文近 20 篇，完成博士论文多篇。这一项目实现了科研与教学的有机结合。

目　录

第一章

研究概述

第一节 问题提出与研究框架

一、家庭能耗的定义与分类

能源消耗（简称“能耗”）一般可分成直接能耗与间接能耗，前者指生产、生活过程中对能源的直接消耗量，后者指产品生产、生活过程中所消耗的、各部门产品（原材料、辅助材料、机器设备等）中所包含的能源之和[1]。相对而言，直接能耗的数据获取比较容易，因此，一般规划领域的节能研究都选择城市直接能耗作为分析对象。

城市直接能耗一般可分成生产直接能耗、生活直接能耗和交通直接能耗三大部分。生产直接能耗是指产品生产过程中对能源的直接消耗量。交通直接能耗指的是城市所有客运、货运车辆对能源的直接消耗量。生活直接能耗也就是一般所指的居民能耗，是城市规划领域研究的重点，指城市居民生活过程中对能源的直接消耗量。

一般来说，居民能耗的统计计算通常有两种单位，一种以居民个人为单位统计，本书在以下叙述时简称为“居民能耗”；另一种以家庭为统计单位，以下简称为“家庭能耗”。宏观研究主要从年鉴数据中获取能耗信息，大部分以个人为单位统计，因此宏观研究侧重“居民能耗”。微观研究则大部分以家庭入户问卷为能耗信息来源，因此微观研究的能耗对象多为“家庭能耗”。多数研究将家庭能耗分成家庭生活能耗和家庭出行能耗两部分。前者指的是城镇住宅建筑中，为家庭成员或使用者提供采暖、通风、空调、照明、炊事、生活热水，以及其他为了实现住宅的各项服务功能所使用的能源[2]，不包含交通能耗和间接生活能耗。换句话说，就是以家庭为单位，研究发生在住宅内的各类直接能源消耗。后者指的是家庭出行过程中产生的能源消耗，通常可以根据出行目的分成上下班、上下学出行产生的通勤能耗以及购物、服务等其他目的出行产生的非通勤能耗。

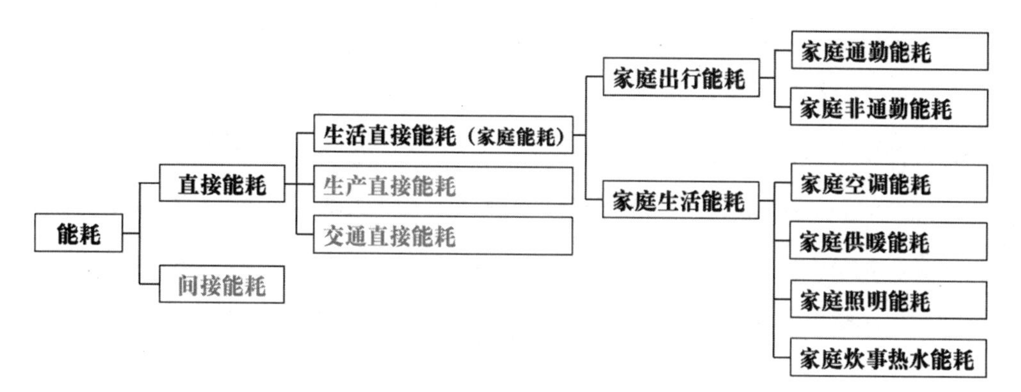

图 1–1　城市能耗分类与结构示意

家庭能耗在社会能耗总量中占有很大比重。从全球范围来看，居住建筑产生的碳排放占总量的 11%，商业 / 公共建筑产生的碳排放占总量的 7%，交通过程产生的碳排放占总量的 15%。① 发达国家的经验显示，即使完成了工业结构升级与调整，节能形势依然严峻，其中居民消费的能源会不断增长。居民住宅面积的增加、家用车保有量的激增、居民生活水平的提高都会导致能源消费量的持续上升。1978 年美国居民能耗占总能耗比例为 20.4%，工业能耗占比 40.9%；2010 年美国居民能耗占比 22.6%，工业能耗占比却下降到 30.7%[3]。2010 年，欧盟 27 国家庭、贸易和服务消耗的一次能源消耗量占总量的 28.22%，而工业能耗则只占 16.58%，生活服务类能耗远远超过工业能耗 ②。我国长期将提高能源效率、降低能源强度的重点放在工业领域 [4]，然而居民生活能耗和交通能耗同样需要得到关注与研究。

二、空间形态与家庭能耗

居民能源消费行为（如出行与使用电器等）是一个复杂的决策过程，既会受到行为主体自身年龄、性别、职业、收入等社会、经济条件的影响，也会受到其所处的物质环境、文化习惯、价值取向的影响。其中空间形态（建成环境）与人类行为

① 资料来源：http://www.ecofys.com/files/files/asn-ecofys-2013-world-ghg-emissions-flow-chart-2010.pdf。
② 资料来源：欧盟统计局网站，http://epp.eurostat.ec.europa.eu。

的关系一直是城市规划领域，尤其是城市设计与交通规划领域的研究热点[5-14]。

综合现有的家庭能耗研究，从空间尺度上，可以分成三个大类：一是城市层面，即把城市当作整体，考察宏观的城市空间结构（包括城市密度、中心度、混合度等维度）对居民交通能耗的影响，因为城市空间结构与居民生活能耗从理论上说直接关系不大，所以一般研究只关注前者。二是建筑与住区层面，考察住宅单体的形态特征以及群体组合特征对居民生活能耗及交通能耗的影响。此类研究一般更侧重生活能耗。三是设备层面，着眼更具体的能耗设备，如空调、供暖系统和家用电器等，分析家庭的生活能耗。

对于家庭出行能耗方面，Cervero 和 Kockelman 提出的“3Ds”理论开辟了建成环境影响居民出行行为的理论基础，指出高密度、多样性、步行友好设计的城市建成环境有助于通过引导低碳出行方式、提升短距离出行比例、降低机动车出行距离等多种途径降低居民出行能耗[5]。除此之外，城市形态的其他维度，如城市规模、紧凑度、中心度等也被证实对居民日常出行有着巨大影响。

①城市规模：北美[15]、欧洲[16]、日本的实证研究[17]已证实，大城市会消耗更高的人均交通能耗。大城市的居民一般有着更大的活动范围，通勤距离普遍更长，因而产生更多的交通能耗[18]。

②紧凑度：大量实证研究证实多组团城市、组团边界规整（减少飞地的出现）的城市边界形态有助于减少过长的居民交通出行，比如万霞、陈峻与王炜[19]基于国内 17 个城市的交通数据，重点探讨了组团式城市和非组团式城市中家庭汽车出行行为的异同；该研究表明，与组团式城市相比，非组团式城市的家庭汽车出行时耗更大，而且随城市规模增大，非组团式城市的家庭汽车出行时耗将显著增大，组团式城市的家庭汽车出行时耗却稳定在 20 分钟左右。

③中心度：有关单中心与多中心城市结构的能源效率被广泛讨论，得出的观点大相径庭。一方面，对于出行方式，多中心结构城市居民更加依赖小汽车出行是学者们的一个共识[20-27]。另一方面，关于城市结构对出行时间 / 距离的影响，学者之间分歧较大。多中心支持者[28-33]认为，家庭和企业总是周期性地通过空间位置的调整来实现居住—就业的平衡，从而使交通总量降低并且分散在更广的

区域里，达到缩短通勤距离和通勤时间的目的。单中心论支持者[20–23, 25–27]认为，就业的分散化即多中心结构没有达到就业—居住的平衡，导致城市居民通勤距离和通勤时间增加。

对于家庭生活能耗方面，贝克（Baker）等曾利用模型和现场调查数据计算了各类因素对生活能耗的贡献率，其中建成环境最高占 2.5 份，设备能效 2 份，使用行为 2 份，肯定了建成环境的影响力[34]。

在各项建成环境要素中，住宅面积和类型受到的关注最高，二者不仅对生活能耗具有显著影响[35–38]，同时还与家庭收入、成员数量等非形态因素有关[39]。住宅结构类型、围护结构、立面材料与色彩、建成年代等建筑要素对能耗的影响已通过工程方法得到了证实[40, 41]。Kaza 和江海燕等的研究则认为房龄与能耗有关[42, 43]。

除了建筑因素外，住区空间形态（主要包括密度、平面布局和绿化三个方面）也被认定对家庭生活能耗有显著影响。国外研究常使用人口或住宅数量密度表示地区维度的居住密度，研究发现居住密度高的地区生活能耗较低，为紧凑型城市开发策略提供依据[44, 45]。国内学者习惯用容积率和建筑密度表示居住密度。江海燕等研究认为容积率与生活碳排放正相关[42]，霍燚等的结论则正好相反[46]。平面布局包括选址、建筑排布组合方式、道路走向、朝向等。绿化包括规模、与住宅位置关系、植被种类等。Cheng 等利用 3D 模拟技术研究发现，平立面变化丰富、建筑密度较低的住区照明能耗更低[47]。海斯勒（Heisler）和多诺万（Donovan）等发现树木与住宅的相对位置与室内温度和能耗有关[48, 49]。胡永红等认为绿地率、植被类型和单块绿地面积对住区温度有显著影响[50]。但这些研究都是采用工程方法进行的，平面布局及绿化与生活能耗在统计方法上的证据还非常有限[51]。

综上所述，空间形态对家庭能耗的影响已经被绝大多数研究所证实，通过形态设计手段促进节能减排也是大部分研究所认同的一个潜力方向。但对于形态与家庭能耗关系中的一些具体问题还存在争议：①宏观城市结构与能耗之间几个亟待解决的问题，针对发展中国家的研究少，研究选取的形态指标少；②微观住区形态与能耗之间关系的几个亟待解决的问题，比如住区形态的描述变量有待丰富，形态影响能耗的作用机制需要更为详细的阐述，居民自我选择与环境决定的作用孰轻孰重等。本研究将以这几个问题为导向，开展以节能为目的的空间形态探讨。

三、研究框架

本研究的目的是了解影响我国住区节能的主要空间因素，在此基础上提出针对性的建议，因此研究工作主要着眼于住区层面的统计模型研究。这就需要选取适当的样本小区及数量，通过入户调查获取样本住区内家庭能耗数据。

由于不同城市的自然气候、社会经济条件相差很大，而且实地调查的时间、经济成本都较大，因此需要将住区样本限定在某个气候分区内社会、经济条件具有可比性的城市中。

对于城市的选择（详见第一章第二、第三节），规模无疑是首先要考虑的问题。优先发展大城市还是中小城市一直是我国城市化进程中一个热点问题。本研究所选取的城市类型应该在我国未来城镇发展中能够代表城镇节能的方向。

其次还应该考虑的是城市所处的地域因素。因为气候条件对居民生活能耗有着巨大的影响，尤其是居民的用电能耗（主要部分是空调使用）和取暖能耗，直接受到城市当地的温度等条件的影响，因此，处于不同气候分区的城市能耗有着不同的特点。本研究所选择的城市应该处于节能潜力最大的气候区域。

在确定了研究城市，开展住区层面的能耗研究之前，需要在宏观城市层面对城市空间结构与居民交通能耗的关系进行分析（第二章）。因为个体居民的日常出行活动（如就业、购物、娱乐等）的目的地遍布于城市住区之外的各个位置，居民交通能耗不光与住区的空间形态有关，更与宏观的城市空间结构密不可分。

住区层面家庭能耗的研究首先对案例城市住区形态演变趋势进行分析，本着面向我国城市住区未来发展的原则，本研究以高层住宅建筑类型为主，多层住宅建筑类型为辅，对这两类主要城市住宅建筑类型的能耗状况进行综合比较。这样我们既可以把握未来以高层为主的住区的发展方向，又能明确以多层为主的老旧住区的改善与提升的可能途径。

第二节 案例城市的选择

研究案例城市要从两个方面出发。首先从规模的角度选取未来中国城市化进程中最值得提倡、即综合效率（经济、社会、环境、能源）最优的城市规模区间；其次从地域角度选择拥有巨大节能潜力的地区中的城市。

一、城市规模与效率的平衡区间①

在我国城市化道路中，应该优先发展大城市还是中小城市，是一个一直存在争论的问题。这个问题背后隐藏着的实际上是一个老而新的话题——最优城市规模。现有的研究大都以西方经济学中最大化原理为出发点，从经济效益、社会效益或投入—产出(成本收益)及综合因素等角度去探讨最优城市规模[52]，研究更多考虑城市的经济效益，而忽视了城市对资源的消耗和对环境的污染，对社会产出的影响也因为指标获取的困难而有所忽视[53]。

在全球变暖与化石能源危机的大背景下，城市能源的有效利用日益受到社会各界的关注。从能源效率角度研究城市最优规模问题，对于我国建设节约型社会、加快经济结构转型和节能减排都有重要的现实意义。本部分拟对城市规模与城市能源效率的关系进行理论模型分析和实证研究，试图探讨：在我国，城市规模对能源使用有何影响？什么样的城市规模对于能源来说是适度的、最优的？

（一）城市规模与能耗

1. 理论假设

有关城市规模与能耗的关系，较成熟的理论背景是环境库兹涅茨曲线理论（EKC）。该理论是 20 世纪 90 年代一些环境经济学家最初提出的，用来解释人均收入与环境污染之间呈倒“U”形关系这个现象的[54, 55]。EKC 的实质是要研究

---

① 本小节主要研究结论已发表，详见张杰，解扬．基于能耗视角的我国城市最优规模问题研究 [J]. 城市规划学刊，2015(6): 121–126.

经济的发展对其环境质量或资源消耗的影响，即后者是前者的函数。当环境污染物的研究对象为二氧化碳时，EKC 就表现为二氧化碳库兹涅茨曲线 (EKC)。本节拟研究城市规模对能源消耗的影响，由于城市规模与经济发展水平有显著的正比例关系，因此我们将二氧化碳 EKC 作为本节理论假设的基础。

需要指出的是，虽然 EKC 曲线是以倒“U”形提出的，但在后续的大量实证研究中却被证明存在着 4 种不同的形状：（1）倒“U”形；（2）同步形；（3）“U”形；（4）“N”形[56]，对不同形状曲线的形成机制，各个研究都做出自己的解释。但由于经济与环境之间复杂的作用机制，有关 EKC 曲线的形状目前仍没有统一的结论。鉴于此，本研究在实证考察中选取 4 种曲线形式拟合度最高的一种。关于控制变量的选取，我们认为城市规模是城市的一个客观属性，通常 EKC 研究中控制的工业化水平、对外贸易程度、政策实施等因素是城市规模的“果”而不是“因”，因此不加入控制变量。

如前文所述，本研究选择城市直接能耗作为分析对象，可细分成生产直接能耗、生活直接能耗和交通直接能耗三大部分。下面从理论和常识分别判定城市规模对各种能耗的影响。

从既有研究看，生产能耗主要取决于城市产业结构[57]，我国制造业主要存在于大中城市，近年来很多特大城市都在积极实施“退二进三”的产业转型战略，因此城市生产直接能耗可能与规模呈现倒“U”形的关系曲线。

有关生活能耗，很多研究认为，居民交通能耗应该与规模正相关，因为规模大的城市居民生活范围大，平均出行距离长，尤其是通勤交通[58]。用电能耗可能同样与规模正相关，大城市电力运输管线损耗大，同时热岛效应强，空调用电量大[3]。取暖和炊事能耗可能与规模负相关，因为大城市集中供暖系统集成度更高，使用效率高；而大城市居民在家做饭的比例一般小于规模较小的城市。

在总交通能耗方面，规模的影响可能是负面的，因为本节所用的交通总能耗的数据是统计路面、铁道及空中航线上的碳排量，对城市尤其是中小城市而言很多是过境交通，平均到中小城市相对更小的人口数量上，交通能耗会变得很大，所以小城市的交通总能耗应该更高。

2. 数据获取

本部分所用的所有数据均为2010年以前的数据，没有2010年数值的指标选取最靠近2010年的数值。研究对象除特殊说明外，均为我国大陆除拉萨市和港、澳、台地区的286个地级以上城市。

城市规模数据包含人口规模和用地规模，人口规模用统计年鉴中的市辖区年平均人口数，用地规模则用城市建成区面积表示，数据均来自《中国城市统计年鉴2011》。

在中国各种宏观统计数据中，城市尺度的与能源消耗有关的数据包括以下几个方面。（1）地级以上城市的居民生活用电量；（2）居民生活消耗燃气量；（3）城市交通工具信息和居民集中供暖信息。由于城市尺度的工业能耗数据缺失，我们选取地级以上的286个城市的城市居民生活直接能耗（以下简称“生活能耗”）作为估计对象，具体由城市居民用电能耗、居民用气能耗、居民集中供暖能耗和居民交通能耗四部分组成。估算方法来源于IPCC（联合国政府间气候变化专门委员会）的《温室气体排放清单指南2006》。

表1-1 城市居民直接能耗估算公式，方法来自IPCC《温室气体排放清单指南2006》

C_1 人均用电能耗 EDCE	C_2 人均用气能耗 GDCE	C_3 人均交通能耗 TDCE	C_4 人均集中供暖能耗 CDCE
$C_1 = E_1 \times EF_{1i} / P$	$C_2 = F_2 \times NVI_1 \times EF_2 / P + F_3 \times NVI_2 \times EF_3 \times M_1 / P + F_4 \times NVI_3 \times EF_4 \times M_2 / P$	$C_3 = Q_1 \times L_1 \times \lambda_1 \times EF_5 / P + Q_2 \times L_2 \times \lambda_2 \times EF_6 / P + E_2 \times EF_6 \times Q_3 / Q'_3 \times P$	$C_4 = S \times N \times EF_7 / P$
E_1为城市家庭用电量；EF_{1i}为所在电网的碳排放因子；P为城市人口	$F_2/F_3/F_4$分别是城市液化气、煤气和天然气用量；$NVI_1/NVI_2/NVI_3$分别是液化气、煤气和天然气发热值；$EF_2/EF_3/EF_4$分别是城市家庭液化气、煤气和天然气碳排放因子；M_1/M_2分别是煤气和天然气的密度	$Q_1/Q_2/Q_3$分别是公交车、出租车和私家车的数量；Q'_3是城市所在省份的出租车数量；L_1/L_2分别是公交车、车租车的年行驶里程；λ_1/λ_2分别是公交车、出租车的百公里油耗系数；EF_5/EF_6分别是柴油、汽油的碳排放因子；E_2是城市所在省份家庭生活汽油消费量	S是供暖面积；N是单位面积供暖耗煤量；EF_7是标准煤的碳排放因子

注：核算公式中，城市居民的用电量、煤气、天然气、液化气用量、城市公交车、出租车数量、私家车数量、城市人口、人均工资、人均地区生产总值、建成区面积等数据来自《中国城市统计年鉴2010》。集中供暖面积数据来自《中国城市建设统计年鉴2010》。各种能源的发热值系数来自《中国能源统计年鉴2010》。天然气、液化石油气、柴油的碳排放系数来自《城市温室气体清单研究》。汽油、人工煤气的碳排放系数来自IPCC《温室气体排放清单指南2006》。各地电碳排放系数来自《中国区域电网基准线排放因子的公告》。各地单位供暖面积的耗煤量参照《中华人民共和国行业标准民用建筑节能设计标准（采暖居住建筑部分）》公布数据进行计算。私家车年均行驶里程及百公里油耗借鉴李永芳等的研究，并结合调研论证，调整为年行驶里程20000km／年，百公里耗油为10L[8]。公交车行车里程借鉴北京公共交通

集团网站数据，并结合调研论证，调整为车速16km/h，每天行驶12h，百公里耗油为32L。各城市出租车是耗汽油或天然气，在实际计算时由于各市燃气出租车数量无法获取，因此假定出租车均为燃油出租车。出租车的年均行驶里程及百公里耗油借鉴赵敏等研究，年行车里程为12000km／年，百公里耗油10L[9]。这里对于车辆年行驶里程并没有考虑各城市之间的差别，会对居民交通能耗估算带来影响，理想的情况是对每个样本城市展开抽样调查，确定各城市车辆的年行驶里程数，但这样的调查开展起来十分困难，本研究对车辆年行驶里程数作统一化处理。

如前所述，IPCC《温室气体排放清单指南2006》中给出了两大类自下而上的人均能耗核算方法：分部门的核算方法和基于能源表观消费量的核算方法[59]。在中国，各种能源表观消费量信息一般只细分到省一级，城市层面只有省会城市才有数据，所以本书采用分部门的核算方法。而中国各种工商业数据一般也只细分到省一级，因此本研究选取2009年的城市居民直接能耗进行估算，具体方法见表1–1。

为了全面考察城市规模与效率的关系，这里将城市生产能耗和总交通能耗也纳入考察。为此我们采用了欧盟的全球大气研究排放数据库（Edgar）的相关数据①。最终本节考查城市碳排放包括如下几种。（1）城市能源消费总碳排放（包括生产、生活和交通过程中所有的化石燃料燃烧碳排放，包括电力消费碳排放）；（2）生产过程能源消费碳排放；（3）生活过程能源消费碳排放（包括居民用电、交通、取暖和炊事）；（4）交通过程能源消费碳排放（包括公路、铁路、航运、航空和城市轨道交通）。

3. 实证分析

分析显示（图1–2）能耗随城市人口规模的变化呈现三个规律。第一，生产能耗没有通过显著性检验；第二，总能耗和交通能耗都与城市规模呈负相关关系；第三，生活能耗对城市人口有三次曲线关系。

首先，一般城市规模越大，服务业比重越高，因此产业能耗的大小主要是受城市产业结构而非城市规模的影响，所以城市规模对产业能耗的影响不显著。

① 该数据库提供全球0.1度（近似10km）的能耗网格，并有分项能耗数据。其中包括：生活能耗（和前文的定义不同，这里指居民取暖和炊事的化石燃料燃烧碳排放）、总交通能耗（包括公路能耗、航空能耗、轨道交通能耗和内河海运能耗）、生产能耗（化石燃料制造过程中的碳排放以及工业用电能耗）。另外，该数据库还包括电力生产过程中的能耗，但我们认为电力能耗应该以电力消费地点核算，因此本节采用表1–1中提到的居民用电能耗。

其次，总能耗和总交通能耗都随城市规模增大而降低，但降低速度却越来越小；尤其是人口大于 200 万之后，两条曲线基本平行于 X 轴。

最后，生活总能耗曲线在人口 400 万左右的城市到达最低值，之后一直上升，直到人口 1000 万处开始缓慢下降（图 1-2-b）。将生活能耗细分可以发现以下现象：（1）居民用电能耗随规模先升后微降。这可能是因为大城市居民收入相对较高，各种电器消费大，同时供电线路相对长，损耗高。（2）居民取暖与用气能耗单调递减，可能是大城市供暖设备效率高所致。（3）居民交通能耗同样是先升后微降。因为大城市空间范围大，居民的活动范围大，尤其是通勤交通长度要比小城市长。总体来看，三条曲线叠加形成了生活总能耗三次曲线的形状，总生活能耗在人口 400 万左右时达到最低点。

综上，从能耗角度看，对于我国现阶段，人口大于 200 万，尤其是 400 万左右的大城市能源利用效率是最高的。

表 1-2 各种能耗与城市规模的曲线拟合结果

因变量	方程形式	因变量形式	x	x^2	x^3	lnx	1/x	有效样本	R^2	调整 R^2
人均总能耗	s	Lny					16.807 *** (4.799)	286	0.075	0.072
人均总交通能耗	幂	Lny				0.831 *** (−14.38)		286	0.421	0.419
人均总生活能耗	三次	y	−11.022 *** (−5.033)	0.0189 *** (3.7)	0.000008 *** (−3.123)			286	0.106	0.097
居民人均交通能耗	三次	y	−0.395 *** (−2.4)	0.00153 *** (3.974)	−0.000000836 *** (−4.144)			286	0.11	0.101
居民人均用电能耗	二次	y	1.332 *** (4.227)	−0.000739 *** (−2.832)				286	0.077	0.071
居民人均取暖用气能耗	幂	Lny				0.169 *** (3.542)		286	0.042	0.039

注：表格中标星号的数字表示对应自变量的非标准化系数，其下方括号中的数字表示对应的t值，*表示显著程序10%，**表示显著程序5%，***表示显著程序1%。

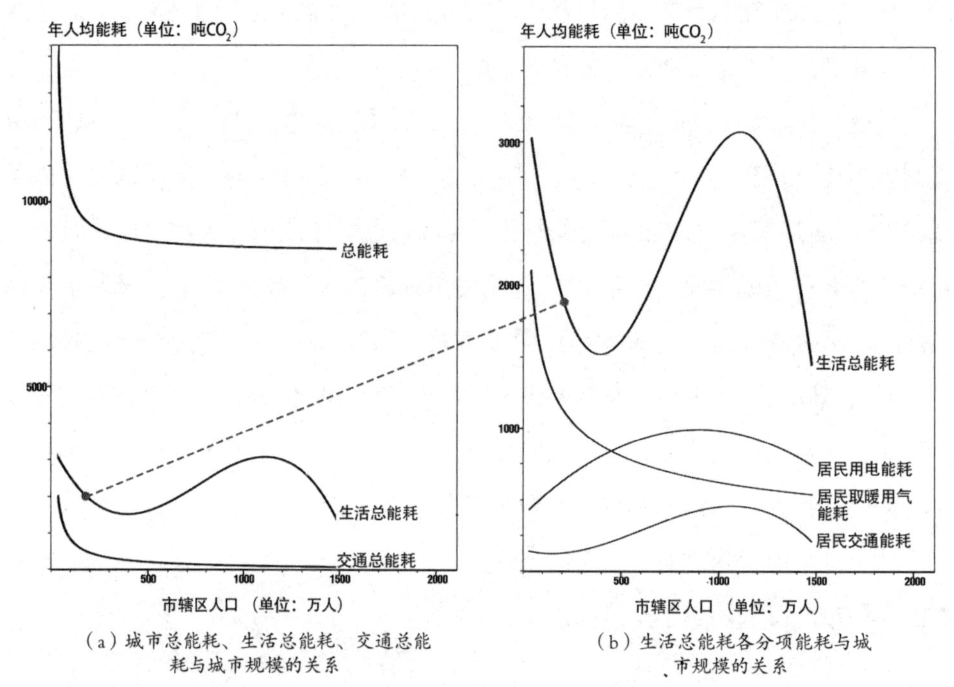

（a）城市总能耗、生活总能耗、交通总能耗与城市规模的关系

（b）生活总能耗各分项能耗与城市规模的关系

图 1–2　各种能耗与城市规模的曲线拟合结果

注：具体方法采用Spss22.0软件中的曲线拟合工具，对于曲线的取舍取决于哪种曲线的拟合度最高，且方程整体和各个系数都通过显著性检验。

（二）最优城市规模的综合论证

1. 经济视角

关于城市最优规模的探讨当然不能只从能源角度出发。目前比较主流的方法是在新经济地理和城市经济学的框架下对城市的总收益和总成本进行核算。城市具有集聚效应，大城市可以提供大规模的市场、良好的基础设施以及较完善的生产性服务，并且人口的集中在知识、技术等方面形成溢出效应，因而会产生较高的外部正效应。但同时，随着城市规模的扩大，其外部成本也会上升，包括由于人口密集导致的居住、交通、生产成本和管理成本增加、生存环境恶化等。为此城市需要付出巨额的公共基础设施投资以及环境治理成本。阿朗索等学者最早从成本和收益角度对最优城市规模进行了理论分析（图 1–3）[60]。

运用此思路分析我国城市最优规模问题的实证研究较有代表性的学者是王小鲁和夏小林[61]，他们运用 1980—1999 年的面板数据对我国 600 多个城市的总效益和总成本进行核算，得出我国最优城市规模在 100 万～ 400 万（图 1–4 中 E 点）。李秀敏[62]对王小鲁和夏小林的模型进行了改进，在城市总成本中加入了企业成本，得出的结论是我国城市最优规模为人口 270 万。此外，张应武[63]从城市 GDP 增长率角度入手，发现我国城市发展的最优规模拐点是人口 500 万。

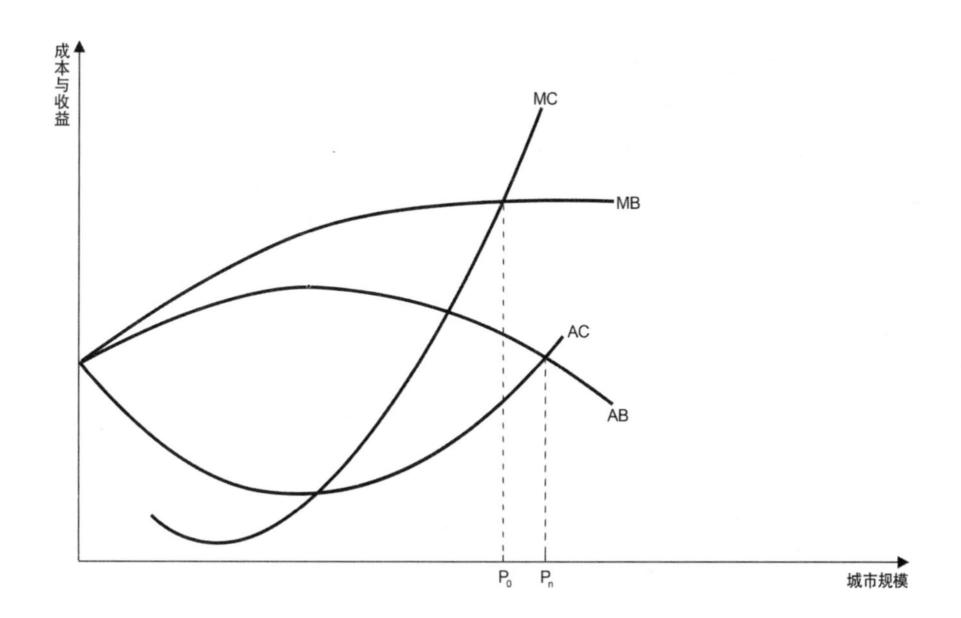

图 1–3　城市经济学关于城市最优规模的图示

注：图中MC为边际成本；MB为边际收益；AC为平均成本；AB为平均收益。当MC＝MB，即城市边际收益与边际成本相等时，P_0为理论上的最优城市规模。现实中因为私人成本与社会成本的差异，边际收益和成本难以测量，则当AC＝AB，即城市平均收益和平均成本相等时，确定P_n为最佳规模。

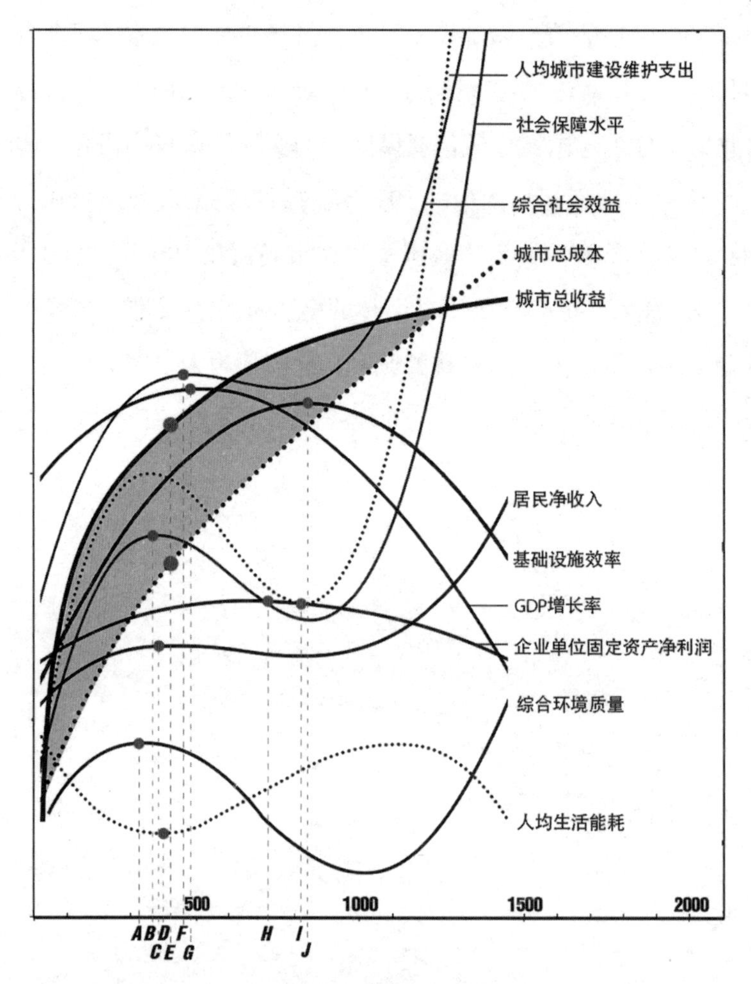

图 1-4 我国地级以上城市各种效率与规模的关系

注：其中实线代表该指标越大越好，虚线则表示该指标越小越好。

目前从经济角度入手探讨最优城市规模的研究大都从城市总体出发，着眼城市的总收益、总成本或是总体的城市 GDP 增长。实际上城市社会经济活动中存在三类主体，即居民、企业和政府，每一个主体在现实生活中做出理性判断的出发点都是自身利益的最大化，而非城市总体的利益。显然，从城市总体视角的研究缺乏对三类主体的利益的考察。这里我们从居民、企业和政府角度分别考察最优城市规模。

首先，我们考察居民的净收入和城市规模的关系。居民净收入的计算借用周阳[64]的研究，用城市居民平均工资减去周阳计算的基于居住成本的居民生活总成本。由表1–3和图1–4可见，居民净收入与城市规模呈三次关系，曲线由升到降的拐点C在380万人口处，之后小幅下降，再大幅上升。大城市虽然居民的生活成本高，但其高生产率带来的高工资使得居民的净收入仍然高过小城市。

其次，我们通过企业利润率分析企业效率与城市规模的关系。利润率是用《中国城市统计年鉴2010》中城市规模以上企业总利润除以城市规模以上企业总固定资产得到。表1–3和图1–4显示，居民净收入与城市规模呈二次曲线关系，曲线由升到降的拐点H在730万人口处。

最后，我们分析政府支出与城市规模的关系。用《中国城市统计年鉴2010》中的城市建设维护支出总额除以市辖区人口，得到城市人均建设维护支出额，用该指标表征城市建设、维护和管理的成本。从表1–3和图1–4可以清楚看到，城市人均政府支出与城市规模呈三次关系。曲线先升后降，然后在830万人口处到达最低点I，之后再大幅上升。随着城市的扩大，城市的基础设施建设、管理和环境卫生的维护成本必然上升，尤其是特大城市和中等城市成本较高。

2. 环境视角

除了经济效率外，可持续发展的其他两个维度——环境和社会——对最优城市规模问题同样重要[65]。许抄军[52]探讨了环境质量和城市规模的关系，发现城市综合环境质量与城市规模有三次关系（如图1–4中综合环境质量曲线）。城市综合环境质量随城市规模增大先提升，至图1–4中A点人口约320万处达到最优值，然后开始下降至人口1000万左右处，然后再上升。许抄军等[66]通过分析综合资源消耗和城市规模的关系，发现二者间同样存在三次曲线关系，而且人口超过1000万的城市人均资源消耗量较低。但该研究对综合资源消耗指标的选取存在争议。该研究将人均土地资源、人均水资源、人均电力资源、人均液化石油气、人均固定资产投资和人均GDP六项指标进行主成分分析，作为综合资源的消耗，这样就把自然资源和经济成果混杂在一起，反而不能反映通常意义上自然资源的消耗情况。我们在前文中探讨的能源消耗与城市规模的关系，可以说弥补了这一缺陷。从人均生活能耗来讲，人口 400 万左右的城市（D 点）能源效率最高。

3. 社会视角

我们从基础设施效率、服务设施水平和社会保障水平三个方面探讨城市规模对社会收益的影响，各个指标的计算方法见表 1–4。由图 1–4 和表 1–3 可以看到以下四个规律：（1）基础设施效率与城市规模的关系曲线为倒“U”形，最优规模点 J 对应人口约 850 万；（2）服务设施水平随城市规模增大单调递增；（3）社会保障水平和城市规模间有三次曲线关系，B 点为由增向减转变的拐点，对应人口约 400 万；（4）以上三项指标加和的综合社会效益与城市规模同样存在三次曲线关系，综合社会效益随城市规模扩大迅速升高，直至 F 点（人口约 480 万），随后小幅回落，至人口 800 万以后又迅速上升。

表 1–3　城市规模与各种效率表现的曲线拟合结果

内容	变量	方程形式	自变量	x	x^2	x^3	lnx	有效样本	R^2	调整 R^2
经济	居民净收入	三次	建成区面积	28.164 *** (3.289)	−0.043 ** (−2.155)	0.00001953 * (1.884)		264	0.091	0.081
	企业利润率	二次	市辖区人口	0.0004 *** (3.28)	−0.000000257 ** (−2.424)			276	0.045	0.038
	政府支出	三次	建成区面积	9.599 *** (5.631)	−0.017 *** (−4.198)	0.000008 *** (3.824)		286	0.166	0.158
社会	基础设施效率	二次	建成区面积	0.023 *** (9.16)	−0.000012 *** (−4.937)			248	0.345	0.34
	服务设施水平	对数	建成区面积				2.366 *** (10.183)	251	0.294	0.291
	社会保障水平	三次	建成区面积	0.0298 *** (8.143)	−0.000051 *** (−5.849)	0.000000024 *** (5.223)		283	0.304	0.296
	综合社会效益	三次	建成区面积	0.106 *** (8.043)	−0.000166 *** (−5.02)	0.0000000772 *** (4.423)		218	0.45	0.442

待续

续表

内容	变量	方程形式	自变量	x	x^2	x^3	lnx	有效样本	R^2	调整 R^2
能耗	人均生活能耗	三次	市辖区人口	-11.022 *** (-5.033)	0.0189 *** (3.7)	-0.000008 *** (-3.123)		285	0.106	0.097

注：表格中标星号的数字表示对应自变量的非标准化系数，其下方括号中的数字表示对应的t值，*表示显著程序10%，**表示显著程序5%，***表示显著程序1%。

表 1–4 部分指标的计算方法

变　量	计 算 方 法
居民净收入	城市职工平均工资减去人均生活总成本
企业利润率	城市规模以上企业总利润除以城市规模以上企业总固定资产
政府支出	城市建设维护支出总额除以市辖区人口
基础设施效率	以下各项指标标准化后再加和（均为市辖区）：人均公共汽车数量、人均出租车数量、平均每辆公交车的载客量、人均道路面积、建成区排水管道密度、人均本地电话数
服务设施水平	以下各项指标标准化后再加之和（均为市辖区）：人均大学生数、人均医生数、人均公共设施面积、人均图书馆藏书数、人均影剧院数量、人均公园面积、商业设施密度
社会保障水平	以下各项指标标准化后再加和（均为市辖区）：养老保险率、医疗保险率、失业保险率
综合社会效益	以上 3 项指标之和

4. 综合分析

综合以上从能源、经济、环境和社会各个方面的分析，图 1–4 给出了各项指标与城市规模间的关系曲线。每一个标出字母的点都代表对应该曲线的最优城市规模点。可见，这些最优规模点分布在 250 万～ 850 万人口区间，大部分集中在 200 万～ 500 万人口区间。前面提到，王小鲁和夏小林在 1999 年的实证研究结论是在我国 100 万～ 400 万人口城市效率最高。考虑到其所用数据较早，经过十多年发展我国城市的平均规模必然有所扩大，本文结论与其结论可以说是基本一致的。我们认为，就现阶段我国城市而言，人口在 200 万～ 500 万的大城市相对于中小城市和特大城市具有更高的效率。这意味着在未来可见的一个时期内，处于这一区间规模的城市在我国城镇化发展过程中将占有重要位置，其住区等构成要素的节能也应成为城市节能领域的重点。

二、地域：气候分区与能耗

在明确了规模对城市综合效率的影响之后，确定本文研究城市另一个需要考虑的因素就是城市所在的地域。气候条件对居民生活能耗有着巨大的影响，尤其是居民的用电能耗（主要部分是空调使用）和取暖能耗，它们直接受到城市当地的温度条件的影响，因此不同气候的地区的城市能耗有着不同的特点。我们按照《民用建筑设计通则》中对我国的气候区划（如图 1–7），考察不同气候分区的城市能耗特征，进而找出节能潜力最大的区域，作为挑选本研究案例城市的重要依据之一。

（一）居民能耗分布

1. 居民交通能耗

图 1–5 显示居民人均交通能耗较大的城市集中分布在华北地区北部和东南沿海区域。华北地区由于地势平坦开阔，像北京、石家庄等城市建成区蔓延现象严重，街区尺度普遍较大，导致居民的出行距离，尤其是私家车出行距离普遍较高。东南沿海地区的城市居民普遍比较富裕，私家车保有量相对较高，也带来较高的交通能耗。

2. 居民用电能耗

从空间分布上看（图 1–5），居民人均用电能耗较大的城市集中分布在东南沿海地区，尤其是珠三角和长三角地区。这两个区域是全国经济最发达的区域，同时两地气候炎热，夏季需要大量的空调制冷用电。同时长三角地区冬季没有集中供暖，会产生一些空调取暖能耗。

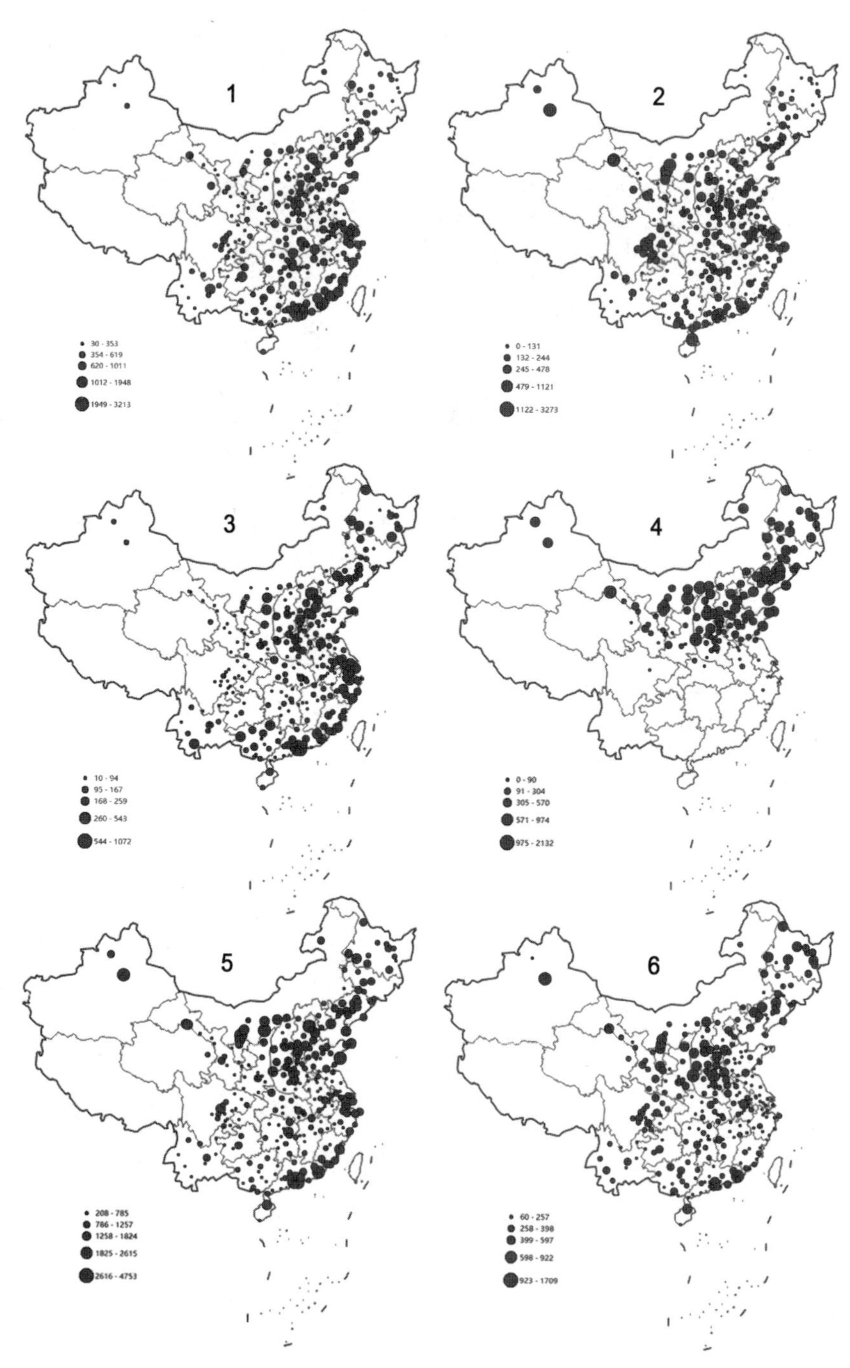

GS（2018）2845 号

图 1–5　各种居民能耗的空间分布

注：单位：1～5，千克/人；6，千克/元。1 用电；2 用气；3 交通；4 集中供暖；5 人均总能耗；6 单位GDP总能耗。

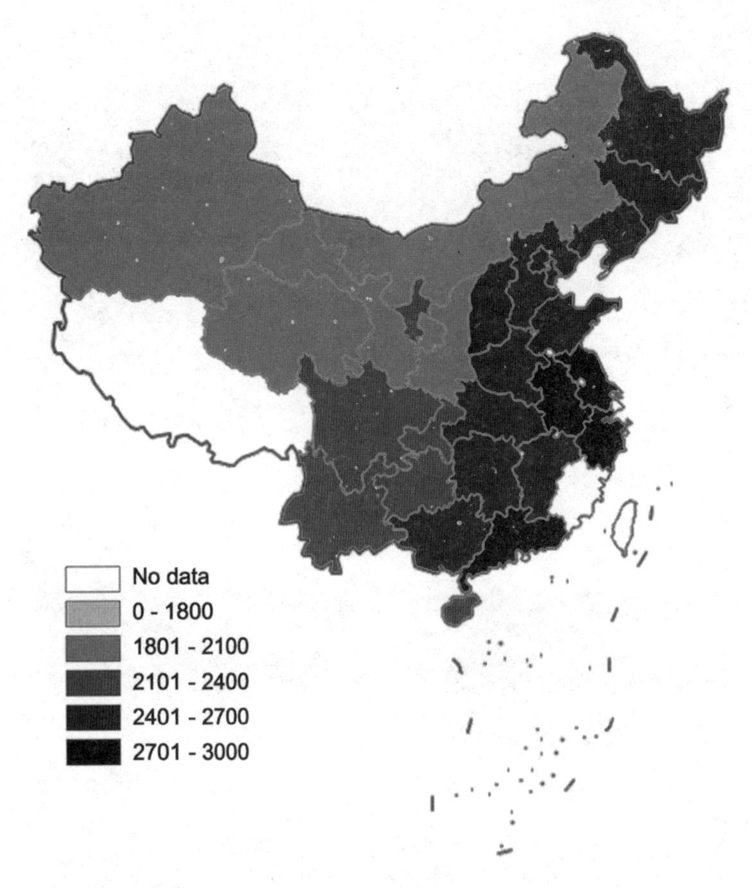

GS（2018）2845 号

图 1–6　2014 年 8 月各省天然气门站价格（含增值税）（单位：元／千立方米）

资料来源：国家发改委网站，访问时间2014年9月。http://www.ndrc.gov.cn/fzgggz/jggl/zcfg/201408/t20140812_ 622014.html。

3. 居民燃气能耗

居民人均用气能耗较大的城市主要分布在西部地区，如四川中东部、内蒙古中西部等地。这些区域都有着丰富的燃气资源，相对而言燃气的价格较低（如图 1–6 所示）。

4. 居民供暖能耗

人均集中供暖能耗较大的城市则主要分布在辽宁、内蒙古和山西等省（自治区）。这些省份冬季寒冷，采暖期长，同时煤炭资源丰富，相对便宜的价格导致更高的取暖能耗。

5. 生活总能耗

人均生活总能耗较高的城市分布在华北平原、东北地区和东南沿海，前两者主要是因为较高的采暖能耗，而东南沿海地区主要是较高的用电制冷能耗。长江中下游地区除了长三角城市外，人均总生活能耗普遍较低。

另外，从单位 GDP 角度看总生活能耗（单位 GDP 总生活能耗），数值较高的城市分布在东北地区、华北地区和西部地区。由此可见经济发展水平的微妙影响：从人均总生活能耗而言，经济发展水平越高的城市能耗越高；但对单位 GDP 总生活能耗来讲，经济发展水平越高的城市数值反而越低，这说明发达地区城市的能源利用效率其实是比较高的。

（二）气候分区的能耗特点

如前文所述，由于各种生活能耗，尤其是用电能耗和供暖能耗与城市的气候条件有着明显而直接的关系，我们按照《民用建筑设计通则》中对我国的气候区划，将 286 个地级以上城市按其所处的主气候区进行分组（图 1–7），考察 7 个主气候区城市能耗的特点。由图 1–7 可以看出，不同气候分区的城市体现出不同的能耗特征。

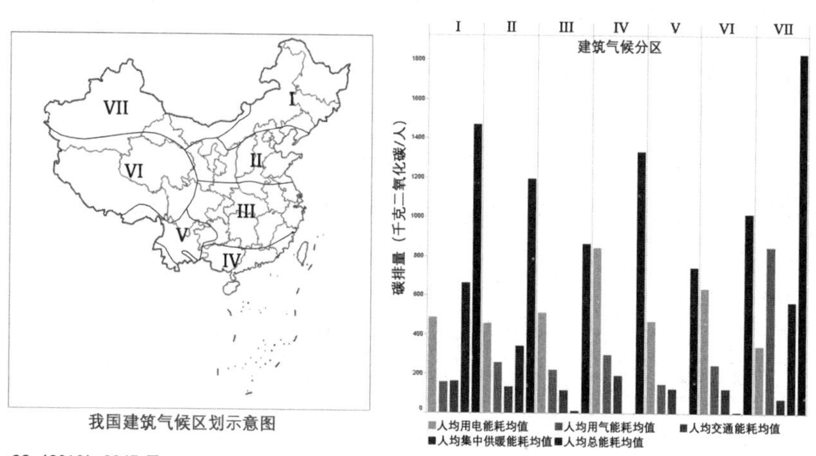

（a）我国建筑气候区划图示　　（b）各气候分区的能耗比较

图 1–7　我国 7 个建筑气候分区能耗

资料来源：《民用建筑设计通则》（GB 50352—2005）

气候 I 区的城市主要分布在东北地区，该地区又叫作“严寒地区”，顾名思义冬季非常寒冷，建筑物必须满足冬季保温、防寒、防冻等要求。该分区城市集中供暖能耗在所有 7 个气候分区中是最高的，用电能耗、用气能耗和交通能耗在 7 个分区中位于中游，生活总能耗由于较高的集中供暖能耗的影响，仅次于气候 VII 区。

气候 II 区主要覆盖华北平原、黄土高原区域，被称为“寒冷地区”，冬季较寒冷但不及东北地区，同时盛夏季节有酷热天气，像石家庄、郑州等城市近年来极端高温经常超过 40℃。该区建筑物在设计时既应满足冬季保温、防寒、防冻等要求，夏季部分地区应兼顾防热。该区各项能耗相对比较平均，用电能耗占了最大比例，其次是集中供暖能耗。需要注意的是，该地区内城市的经济发展水平差距较大，西部的甘肃、宁夏等省份城市相对落后，因此虽然本区的交通能耗平均值不是特别高，但从图 1–5（3）可以看出，华北平原城市的交通能耗相对较高。另外从图 1–5（6）可以看出，本区内的大部分城市的单位 GDP 生活总能耗较高，可以说此区域城市的节能减排工作有着很大空间和潜力。

气候 III 区覆盖了长江中下游流域的大部分城市，该区被称为“夏热冬冷地区”，但横向比较，该区城市总生活能耗的平均值仅高于 V 区，可以说是全国相对节能的区域。主要原因在于该区绝大部分城市都没有集中供暖系统，同时夏天又没有华南地区（即气候 IV 区）城市那样闷热，因此，总体上该区城市的能耗相对较低。此外，除了长三角城市外，该区其他地区的城市都位于中部省份，经济欠发达，从图 1–7 可见其交通能耗十分低，这也是致使该区生活总能耗均值低的一个原因。

气候 IV 区大致和华南地区的位置相同，主要包括广东、广西和福建三省，被称为“夏热冬暖地区”，该区城市能耗的重要特点是用电能耗尤其高，其均值位居各气候分区之首，从气候特点不难看出该区用电能耗的主要来源是空调制冷能耗。由于区内广东、福建等省份的大部分城市经济较发达，该区城市用气能耗和交通能耗的均值也是各气候区中较高的。从单位 GDP 生活总能耗来看，该区城市的数值并不是很高，也就意味着该区城市的能源利用效率较高。可见，该区城市能耗高主要是城市较高的经济发展水平所致，其节能空间并没有气候II区大。

气候 V 区位于云贵高原，被称为“温和地区”，四季如春，有“春城”之称的昆明就是典型代表。由于良好的气候条件，该区城市生活总能耗的均值是所有 7 个气候分区中最低的。

气候 VI 区和 VII 区位于西北地区，虽然覆盖面积很大，但区内的地级以上城市数量却很少，比如位于气候 VI 区的地级以上城市只有西宁一座，其生活总能耗位于各气候区的中游水平。气候 VII 区城市主要位于新疆，该区域油气资源丰富，因此该区城市用气能耗尤其高，不仅冠绝全国，而且几乎和气候 III 区、V 区城市的生活总能耗相等。

总结起来，不同气候分区城市有着截然不同的能耗特点。相比较而言，气候 II 区城市的节能空间最大。在气候 II 区内，位于东侧的华北平原城市节能空间相对更大一些。这一地区冬季较长且寒冷干燥，平原地区夏季较炎热湿润，高原地区夏季较凉爽，降水量相对集中。这一区域气温年差较大，日照较丰富；春、秋季短促，气温变化剧烈。区域内城市住宅建筑冬季采暖和夏季制冷能耗较大。同时，华北地区是我国主要的人口聚居区之一，人口保有量和增长潜力巨大，居住节能有巨大的空间。

三、研究城市的确定

以上我们从能源效率这个新角度对最优城市规模这个老问题进行了考察，发现人口在 200 万～ 500 万的大城市能源效率较高。进而将这一结论加入到城市最优规模的全面考察之中，从经济、社会、环境和能源各个角度来看，人口在 200 万～ 500 万的大城市的表现也都是比较高效的。

本章第一节关于气候分区与能耗的研究发现，建筑气候 II 区城市节能减排面临的任务最严峻，提升的空间也最大。综合这两小节的研究，我们认为对节能城市及节能住区研究而言，选取气候 II 区内人口在 200 万～ 500 万的大城市是最有意义的。

从图 1–8 气候 II 区城市人口分布图可知，该区域市区人口在 200 万～ 500 万的城市有济南、郑州、兰州等 14 座。这 14 个城市中，有一些因为地理位置特殊，与其他城市相比自然气候条件差异很大（比如兰州位于黄土高原，大连、唐山、青岛位于沿海区域），在分析能耗时可能有较大干扰，因此本研究在选取案例城市时首先将它们排除。剩下的城市空间分布比较集中，考虑到政治经济条件的相似性，本研究选择济南市（山东省）、石家庄市（河北省）、太原市（山西省）和郑州市（河南省）这 4 个省会城市作为研究案例①。

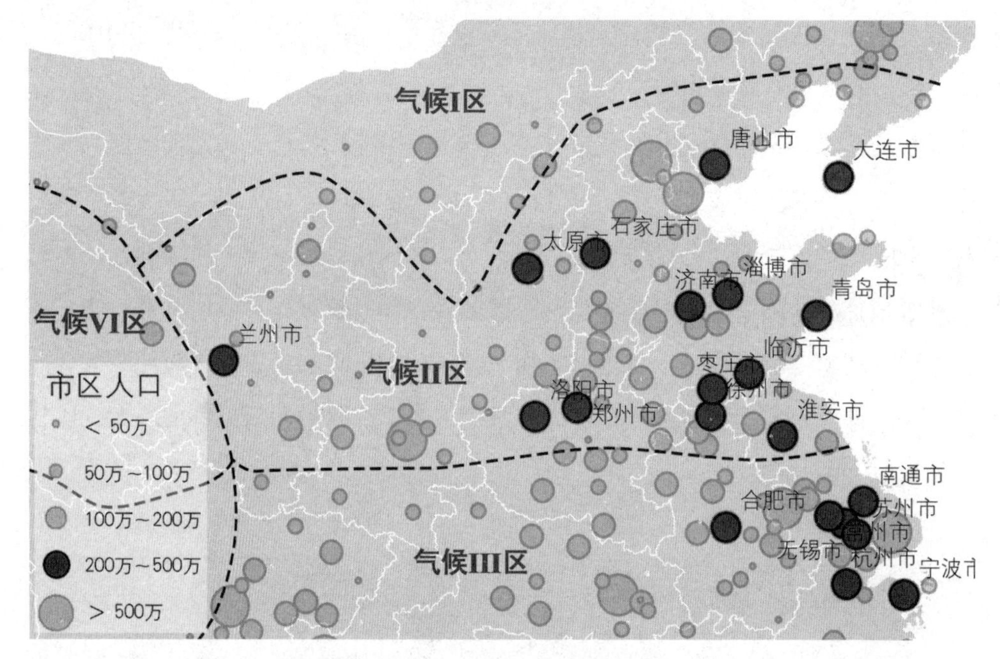

图 1–8　气候 II 区内人口在 200 万～ 500 万的大城市空间分布

资料来源：根据《中国城市统计年鉴2011》绘制

① 四城市人口均在 200 万以上，建成区面积在 100km² 以上。本课题“华北南部地区特大城市节能住区形态与设计”立项之时（2011 年）国务院关于特大城市的定义还是“市区常住人口 100 万以上的城市”。而按照 2014 年国务院关于城市规模的分类规定，市区常住人口 100 万～ 500 万的城市为大城市，所以本文以下部分以“大城市”称谓四个案例城市。

第三节　案例城市概况

一、自然经济社会条件

（一）济南

地理位置：济南位于山东省中西部，介于北纬 36°01′ ～ 37°32′、东经 116°11′ ～ 117°44′。南依泰山，北跨黄河，背山面水，分别与西南部的聊城、北部的德州和滨州、东部的淄博、南部的泰安和莱芜交界。

地形地貌：与一般古城选址常位于山南水北不同，济南南侧为泰山山地，北侧为黄河，故地势为东南高、西北低。最高海拔 1108.4m，最低海拔 5m，南北高差 1100 多 m。其由南至北分别为南部近山带、中部平原带、北部临黄带。

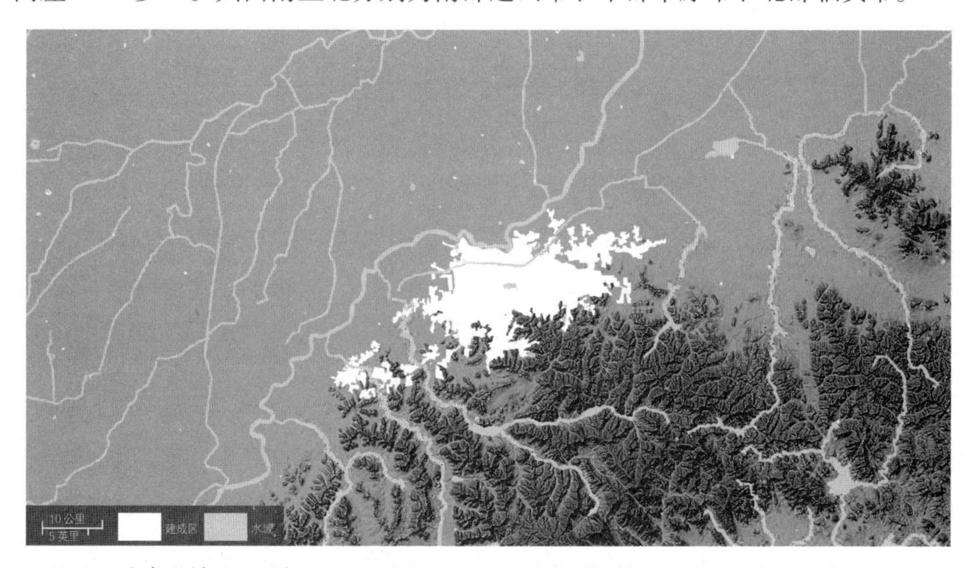

图 1–9　济南市地形图（根据 ArcGIS NatGeoWorldMap 改绘）

气候条件：济南地处中纬度地带，由于受太阳辐射、大气环流和地理环境的影响，属于暖温带半湿润季风型气候。其特点是季风明显，四季分明，春季干旱少雨，夏季温热多雨，秋季凉爽干燥，冬季寒冷少雪。年平均气温 13.8℃，最高月均温 27.2℃（7 月），最低月均温 –3.2℃（1 月）。无霜期 178 天，年平均降水量685mm。年日照时数1870.9小时。

人口规模：2010年济南市常住人口为681.40万人，市区人口433.59万。[①]

交通联系：济南作为山东省省会，是全国副省级城市之一，是全省的政治、经济和科技、教育、文化中心。济南交通便利，京沪铁路、胶济铁路、济青高速、济聊高速和京福高速等多条交通要道在此交汇，形成了辐射全省、连接全国的区域性交通枢纽。

经济发展：改革开放以来，济南经济发展迅速。根据《中国城市统计年鉴2011》，至2010年年底，济南市实现地区生产总值3910.5亿元，较去年增长16.0%。一产、二产、三产GDP结构比例约为1∶7.8∶9.7。人均GDP为6.47万元，是同期全国平均水平（约3万元/人）的两倍多。

（二）石家庄

地理位置：石家庄市地处河北省中南部，介于北纬37°042′～38°3021′、东经113°08′～114°4058′。东与衡水接壤，南与邢台毗邻，西与山西省为邻，北与保定市交界。

地形地貌：石家庄市域地跨太行山地和华北平原两大地貌单元，地势西高东低，西部太行山地海拔在1000m左右，东部平原海拔一般在30～100m。

气候条件：石家庄市地处中低纬度亚欧大陆东缘，临近太平洋所属渤海海域，属于温带季风气候。太阳辐射的季节性变化显著，地面的高低气压活动频繁，四季分明，雨量集中于夏秋季节。干湿期明显，夏冬季长，春秋季短。年平均气温13.4℃，最高月均温26.8℃（7月），最低月均温-2.3℃（1月）。无霜期187天，年平均降水量517mm。年日照时数2427.0小时。

人口规模：2010年石家庄市域常住人口1016万，市区常住人口245.35万。[②]

交通联系：石家庄是全国铁路运输的主要枢纽，被称为"火车拉来的城市"，京广、石太、石德、朔黄四条铁路干线交汇于此。石家庄火车站是全国特等站之

① 数据来源：济南市2010年第六次全国人口普查主要数据公报。

② 数据来源：石家庄市2010年第六次全国人口普查主要数据公报。

一，也是全国三大货车编组站之一、全国四大邮件处理中心之一，以及北京以南地区电信网络的重要枢纽。

经济发展：石家庄市是全国最大的医药工业基地和重要的纺织基地之一，是国家确认的首批生物产业基地。全市拥有年成交额超 10 亿元的大型市场 10 个，南三条、新华集贸中心连续多年跻身于全国十大集贸市场之列。

根据《中国城市统计年鉴 2011》，2010 年全市实现生产总值 3401.0 亿元，比上年增长 12.2%。一产、二产、三产 GDP 结构比例为 1:4.5:3.7。全市人均 GDP 达到 3.44 万元，略高于同期全国的平均水平（3 万元 / 人）。

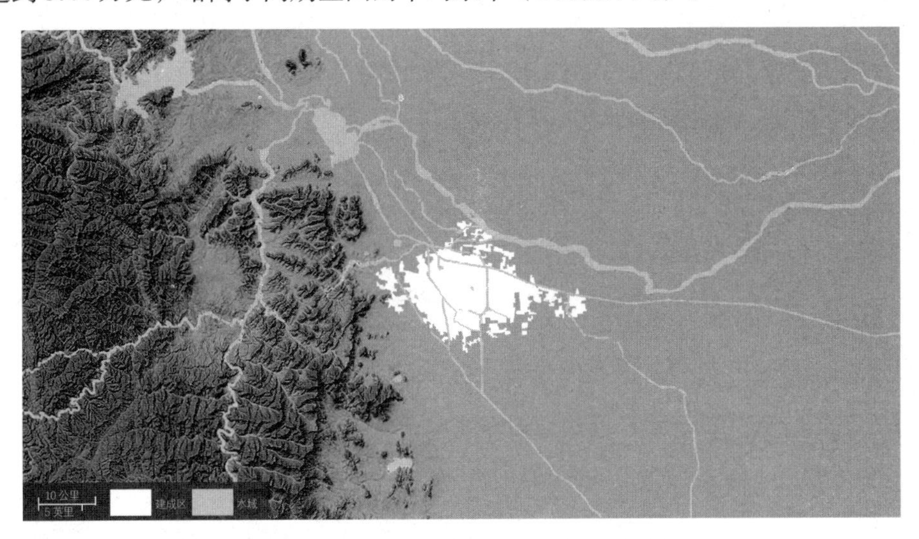

图 1–10　石家庄市地形图（根据 ArcGIS NatGeoWorldMap 改绘）

（三）郑州

地理位置：郑州位于河南省中部偏北，黄河下游。位于东经 112°42′ ～ 114°14′，北纬 34°16′ ～ 34°58′。北临黄河，西依嵩山，东南为广阔的黄淮平原，东面是开封市，西面为古都洛阳市，南面是许昌市，北面为焦作市和新乡市。

地形地貌：郑州市横跨中国二、三级地貌台阶，西南部嵩山属第二级地貌台阶前缘，东部平原为第三级地貌台阶的组成部分，山地与平原之间是低山丘陵地带。市区地势平坦，均处于海拔 200m 以下的黄河冲积平原。京广铁路刚好跨在第二、第三阶地的分界线上，把郑州市区分为东西两部分。京广铁路以西的市区部分是山地向平原的过渡地带，是由季节性河流形成的山前洪积倾斜平原，海拔高度在 100 ～ 200m。而京广铁路以东的市区部分，则是洪积冲积平原的前沿，向东直到中牟，属冲积扇平原，海拔则均在 100m 以下。

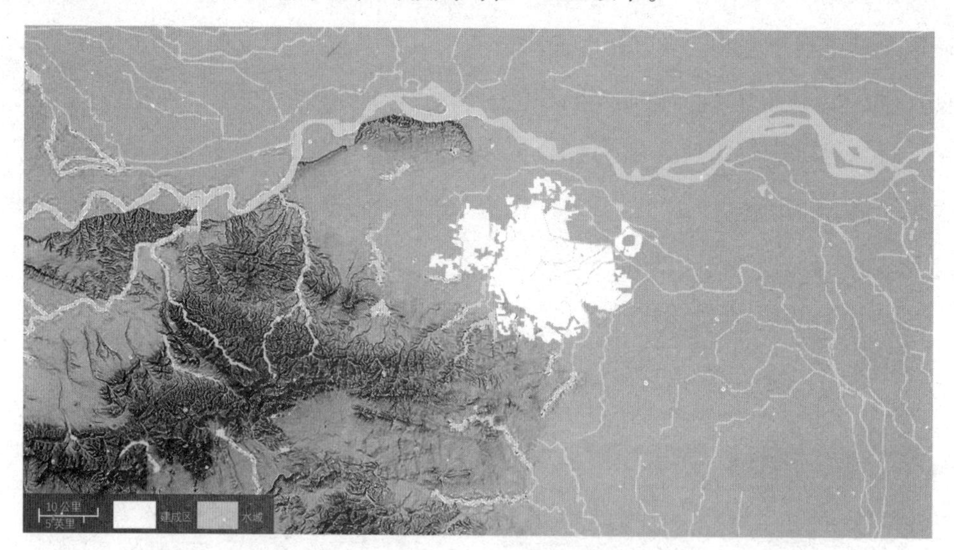

图 1–11　郑州市地形图（根据 ArcGIS NatGeoWorldMap 改绘）

气候条件：郑州市属暖温带—北亚热带过渡型大陆性季风气候，冷暖适中，四季分明，雨热同期，干冷同季。春季干旱少雨，夏季炎热多雨，秋季晴朗日照长，冬季寒冷少雨。郑州市的冬季最长，夏季次之，春季较短。郑州年平均气温 14.7℃，最高月均温 27.1℃（7 月），最低月均温 -3.7℃（1 月）。年平均降雨量 640.9mm，无霜期 220 天，全年日照时间约 2400 小时。

人口规模：2010 年郑州市常住人口为 862.6 万，市区人口 333.1 万[①]。

交通联系：郑州交通、通讯发达，处于中国交通大十字的中心位置。郑州铁路运输尤为发达，被称为“火车拉来的城市”。陇海铁路、京广铁路在这里交汇，107 国道、310 国道、京港澳高速公路和连霍高速公路穿境而过。郑州新郑国际机场与国内外 30 多个城市通航。郑州拥有亚洲规模最大的铁路客运站郑州东站、亚洲最大的列车编组站郑州北站和中国最大的零担货物转运站圃田西站，有一类

① 数据来源：郑州市 2010 年第六次全国人口普查主要数据公报。

航空、铁路口岸和公路二类口岸各 1 个，货物可在郑州联检封关直通国外。邮政电信业务量位居中国前列，是华中地区集铁路、公路、航空、邮电通信于一体的综合性核心交通通信枢纽。

经济发展：郑州是中国内陆中西部地区主要大城市之一，20 世纪二三十年代随着贯穿市域的中国铁路大动脉建成通车，郑州逐渐成为中国内陆重要商埠。如今郑州是中国中部地区主要经济中心，中原经济区和中原城市群的中心城市，极具发展活力，对周边区域辐射带动作用明显。郑州是内陆地区热点投资城市，吸引大量海外及国内沿海地区投资。

根据《中国城市统计年鉴 2011》，2010 年郑州全市实现生产总值 4040.9 亿元，比上年增长 22.1%。一产、二产、三产 GDP 结构比例为 1:18.1:13.1。全市人均 GDP 达到 4.20 万元，高于同期全国的平均水平（3 万元 / 人）。

（四）太原

地理位置：太原位于山西省中北部，介于东经 111°30′ ～ 113°09′，北纬 37°27′ ～ 38°25′，市中心位于北纬 37°54′，东经 112°33′。太原北接忻州，东连阳泉，西交吕梁，南邻晋中，是太原经济圈和中部地区中心城市、全国新材料和制造业基地。

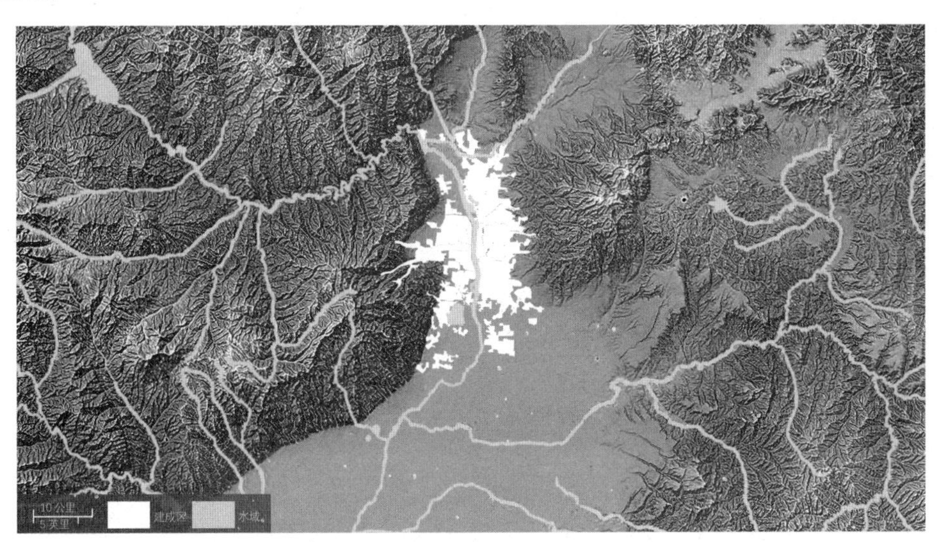

图 1–12 太原市地形图（根据 ArcGIS NatGeoWorldMap 改绘）

地形地貌：太原西、北、东三面环山，中、南部为河谷平原，整个地形北高南低，呈簸箕形，市区坐落于海拔 800m 的汾河河谷平原上。太行山雄踞于左，吕梁山巍峙于右，云中、系舟二山合抱于后，太原平原展布于前，汾水自北向南纵贯全境。

气候条件：太原由于其地形复杂多样，海拔高度差异较大，形成了北温带大陆性气候。冬无严寒、夏无酷暑、四季分明、日照充足，昼夜温差较大，夏秋降雨集中，冬春干旱多风。年平均温度为 9.5°C，最低月均温 –6.4°C（1 月），最高月均温 23°C（7 月）。霜冻期为 10 月中旬至次年 4 月中旬，无霜期平均 149 ～ 175 天。年均降水量 468.4mm，全年日照时间约 2808 小时，是四个城市中最长的。

人口规模：2010 年太原市常住人口为 420 万，中心城区常住人口 272.2 万。[①]

交通联系：太原市是山西省的交通枢纽，城区的路网结构以网状为主，最外为太原环城高速公路。太原市有诸多的汽车客运站连接到周边城市，其中以太原市新西客站为最大，它也是华北地区最大的汽车客运站。除公路之外，包括太中银铁路、北同蒲铁路等在内的多条铁路干线汇集于此。太原站、太原南站为主要的客运火车站。

经济发展：太原是中国重要的工业基地之一，形成了以能源、冶金、机械、化工为支柱，纺织、轻工、医药、电子、食品、建材、精密仪器等门类较齐全的工业体系，加上科研机构和大专院校集中及商业物资供应中心的优势，近年逐步形成不锈钢生产加工基地、新型装备制造工业基地和镁铝合金加工制造基地。

根据《中国城市统计年鉴 2011》，2010 年太原全市实现生产总值 1778.1 亿元，比上年增长 15.1%。一产、二产、三产 GDP 结构比例为 1:26.4:31.4。全市人均 GDP 达到 4.86 万元，高于同期全国的平均水平（3 万元 / 人）。

---

① 数据来源：太原市 2010 年第六次全国人口普查主要数据公报。

二、空间演变历程

（一）济南

济南古城历史悠久，经历了历下古城堡、秦汉历城县城、魏晋南北朝“双子城”、齐州州城“母子城”和济南府城的演变过程[67]，至明清基本定型。清咸丰年间，为防捻军，在府城外修筑土圩，同治年间又改筑成石圩，城区轮廓大致呈菱形，城市重新呈现“母子城”形态（图1-13），府城成为内城[68]。

19世纪下半叶，随着西方列强的入侵，特别是在德国势力的巨大压力下，1905年济南自开商埠，济南发展重心逐步由老城区转移到商埠区，呈现出一东一西“双中心”的发展格局。民国时期，商埠区蓬勃发展，逐渐与旧城区连成一体[67]。

新中国成立后，全国第一次城建会议确定了各类城市不同的建设方针，济南被列为局部扩建的城市[69]，所以“一五”期间，城市扩张不大。“大跃进”时期，济南城市建设畸形发展，近郊多处兴建了一些工业，后来经过调整，逐步形成东郊、北郊与西南郊三个重点工业区，城市用地大规模扩展。“文革”期间，在“三线”建设思想的指导下，济南建设了一批“五小”工业，并形成了党家庄孤立的工业片区，整个基本战线出现长、散、乱的被动局面[70]。此时期，济南主城区已形成集中成片，外带王舍人和党家庄两个工业区的空间格局。

改革开放以来，济南城市住宅、公共及市政公用设施的建设步伐加快，各级、各类开发区和近郊乡镇企业在城区外围陆续建设，旧城区也从局部修补，转向以综合开发及房地产开发为主的全面改造。其中居住建设集中在城南英雄山路南段两侧和城市东郊，基本形成以原有城区为中心，外加东、西、南、北五大片的分布格局。工业方面，1990年在王舍人工业区西部的贤文安排了经济技术开发区，1991年建立了高新技术产业开发区，而后两者合并，另增设了济南民营科技园，导致城市边缘和新开发用地的大规模扩展，城市形态基本形成“一城两团”（主城区和王舍人、党家组团）的格局[71]。

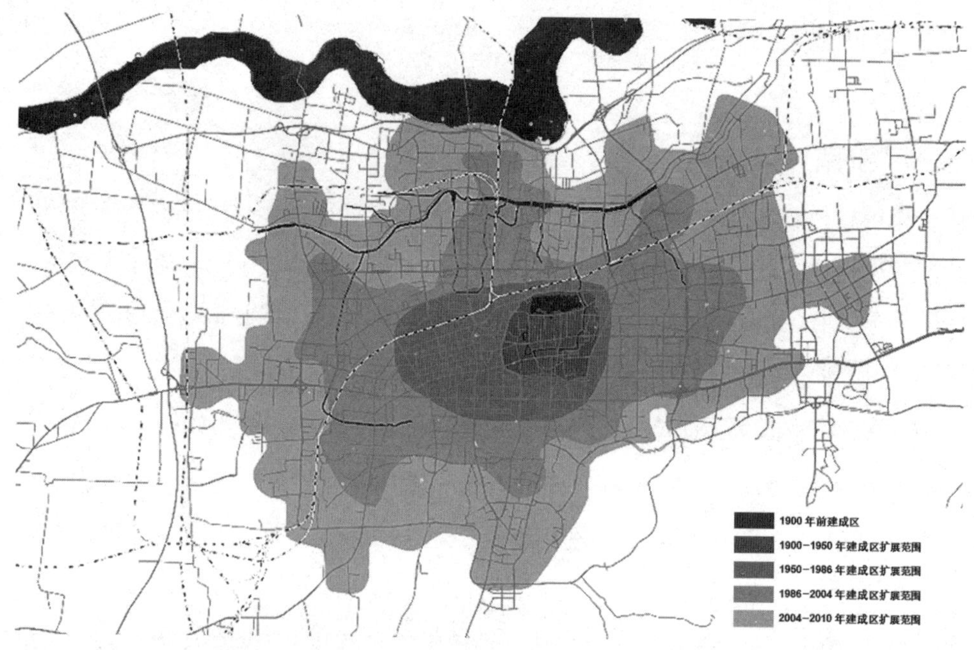

图 1-13　济南城市空间扩展历程（作者自绘）

（二）石家庄

石家庄经历了与济南相似的城市发展过程，但作为“火车拉来的城市”，石家庄的城市化历程更短一些，且与交通和工业设施的关系更为密切。

20 世纪初，石家庄只是个小村庄。1907 年京汉、正太两条铁路相继贯通，石家庄村成为两条铁路交会的交通枢纽，随之兴起转运业、商业服务业和工业企业。石家庄村东和村东南靠近车站的地方最先繁荣起来，形成商业区，之后迅速扩张。

1925 年，石家庄村和休门村合并成石门自治市。1928 年北道岔建成，北端交通状况显著改善，货栈不断增加，城市继续向北拓展。1930 年以后，由于车站附近商店拥挤、秩序混乱，大量生意人被当局驱赶到木厂街以南的荒凉地区，各类商店和大小十几座戏院在这一地区相继建成，形成三条花园街。但随后抗日战争爆发，石门被日军占领，日军制定了《石家庄都市计划大纲》，将石门定位为东南亚战争的后方基地，电力、上下水等基础设施得到了显著改善。城市道路改扩建力度尤大，完成了中等城市规模的干路系统，奠定了石家庄中心地区的基本格局。

新中国成立初期，石家庄城市主要沿现在的中山路发展，市区总面积 15km^{2}[72]。在“一五”期间，石家庄城从一个消费型为主的中小城市，发展成为我国轻纺工业基地之一，成为新兴的工业城市。1954 年政府对城市总体规划方案进行修改并通过国家批准，规划规定城市发展方向是控制铁路以西，发展铁路以东。“大跃进”期间，重工业的建设所占比重相当大，打乱了以轻纺工业为主的城市工业格局，城市建设滞后于工业发展。1967 年底石家庄成为河北省省会。到 1975 年底，石家庄市以纺织、医药、机械为主的工业体系基本形成，城市人口规模和用地规模分别达到 50.2 万人和 48km^2，但城市发展方向、城市结构和城市道路系统与总体规划相差较远，商业服务设施和办公机构仍集中在西部地区，并逐步向东部扩散，核心功能区跨铁路东西向发展的格局基本定型。

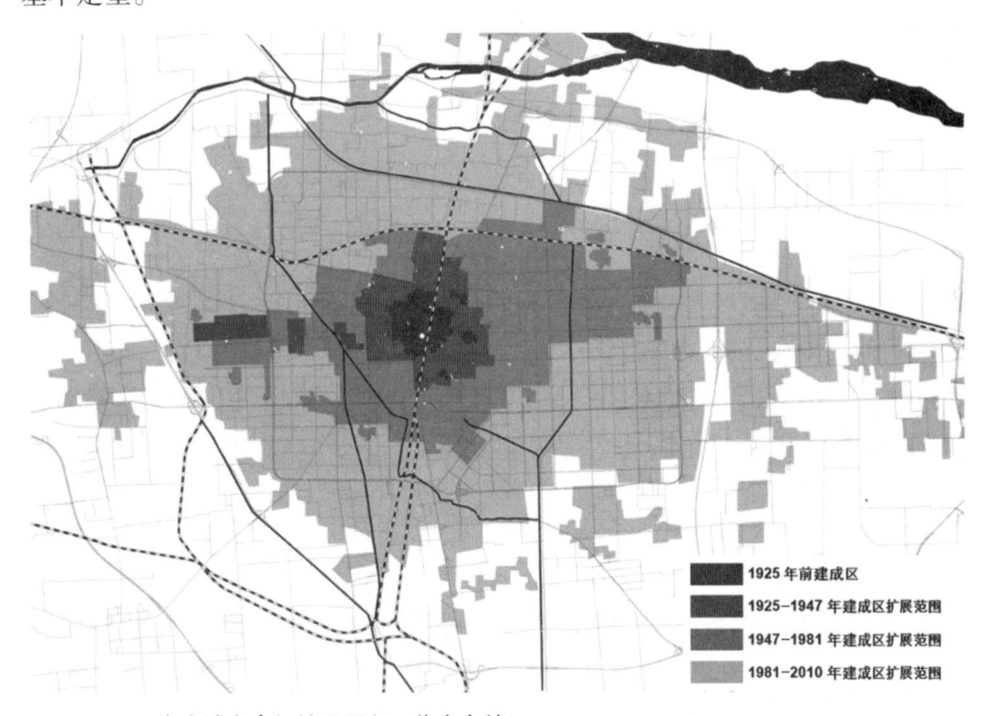

图 1–14 石家庄城市空间扩展历程（作者自绘）

改革开放以来，石家庄进入快速发展阶段。1981年编制的城市总体规划(1981—2000)放弃了中心区东迁的想法。至20世纪90年代末城市道路系统建设基本完成，内环路以内主要为居住和商业办公用地，外环线与今天的二环路基本重合，城市大的路网结构向环形放射型进一步转变，当代石家庄的城市结构已清晰可辨。之后1997年颁布的新总规确定主城区向东南方向适度发展，严格控制向西北方向发展。主城区采取集中布局并延续向东南方向发展，形成东北工业区、南部工业区、西南部工业区，中间为生活居住区的格局。主城区格局由一轴、一核、三环，即"113"格局构成[①]。在21世纪，最新一版总规提出在京珠高速以东兴建工业新区，以实现城市的跨越式发展。

（三）郑州

郑州地区早在殷商时代就已经出现城市建设活动，但至20世纪初已颓败为一个没落的小县城。1906—1908年，京汉铁路和陇海铁路汴洛段先后竣工通车并在郑州交会，使郑州一跃成为中原交通的枢纽。铁路带动了沿线地区煤矿、机械工厂的兴建，促进了郑州地区手工业和商业的迅速发展。民国时期，铁路主导着城市格局，城市逐渐突破旧城墙限制向外扩张。火车站和旧城西门之间形成商区，成为"二七商圈"的雏形，城市呈单中心、团块状发展。"抗战"时期郑州多次遭遇日军轰炸，城市几乎化为废墟。

新中国成立初期，城市空间扩展主要发生于老城区与京广铁路线之间，以火车站为中心沿铁路向南北方向扩展。"一五"期间，郑州地区的经济、政治地位日益突出，1954年河南省省会由开封迁至郑州，加速了郑州城市发展的步伐，城市呈现出三个特点：（1）以"二七广场"为中心的单中心圈层式城市空间结构初步形成；（2）城市跨越铁路迅速向西扩展，郑州市空间格局以京广铁路为界，陇海铁路为轴，向东西两个方向扩展；（3）整个市区道路以"二七广场"为中心，呈"放射＋环形"的单中心道路结构。这一时期基本确立了郑州市的框架和空间

---

① 石家庄规划展览馆网站：http://ghg.sjzghj.gov.cn/col/1318848413359/2011/10/18/1321613869724.html。

结构。“文革”期间，在“先生产，后生活”城市建设方针的影响下，郑州出现工业用地比例偏高且与居住混杂的现象，城市内部空间结构变得无序，城市建设基本处于停滞状态。

改革开放初期，郑州城市空间扩展方式以轴向扩展为主，京广线北段、陇海线两端和东明路成为城市用地扩展的三个发展轴。由于受到铁路沿线的阻隔及城市跨越铁路发展的经济门槛作用，城市外部空间呈星型扩展，但各个方向上的发展不均衡且布局松散。随着城市的发展，郑州市发展轴线之间的联系加强，城市发展轴线间用地被填满，城市边界不断被蚕食。20 世纪 80 年代初期，郑州市依托原有的工业用地分别向西北和东南方向拓展，随着高新技术开发区和经济技术开发区的建设，郑州市外围形成“飞地型”城市空间。进入 21 世纪，郑州开始兴建郑东新区，力图改变多年来单中心放射状圈层式发展的空间结构，同时希望通过外围的高新区、须水片区、惠济桥南新区的发展形成多中心、组团式的城市空间结构。

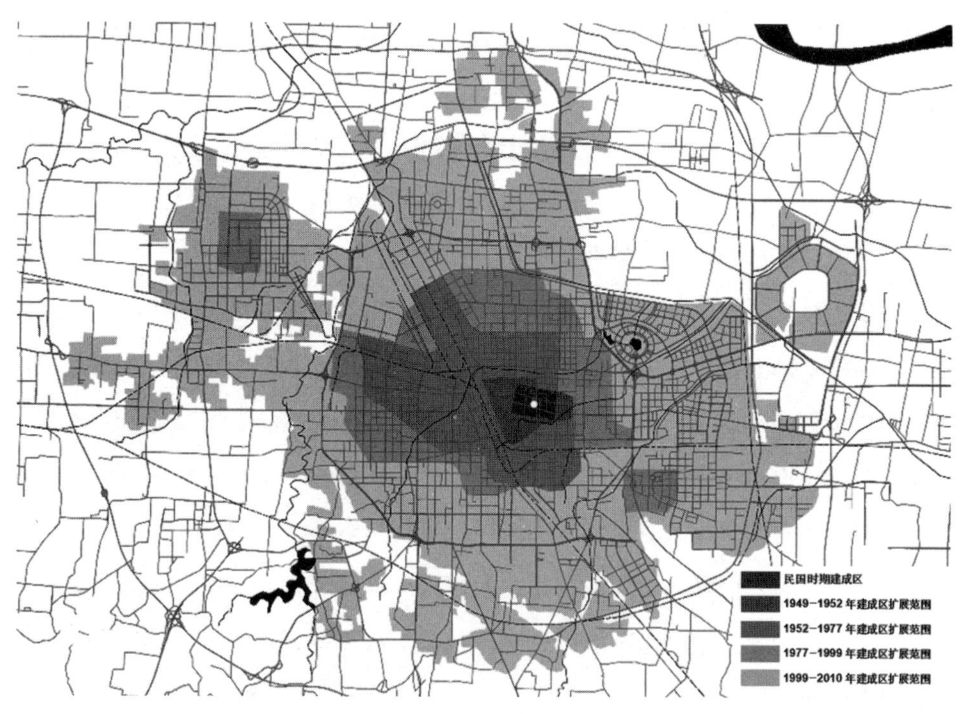

图 1–15　郑州城市空间扩展历程（根据《郑州市都市区空间发展战略规划》重绘）

（四）太原

太原是一座拥有 2500 余年历史的古城。春秋时期的晋阳城在北宋时被毁，后在东北 15km 的唐明镇基础上重建，设府治。后经明、清两代不断扩建，太原成为北方地区重要的州府中心城市，柳巷、桥头街更是太原乃至北方地区最繁华的闹市区。直至 1949 年太原解放，城垣和城内街道仍基本保持着明清格局，虽然近代工商业的发展，以及军阀阎锡山的专制统治下军事和交通的需求都一定程度地推动了太原市的空间拓展，但市区范围仍局限于汾河以东的盆地地区[73]。

新中国成立后，太原市首先进行了道路扩展，接着在“一五”期间被列为第一批国家重点投资建设城市之一，新建扩建了大量企业，当时国家在太原城区及城市边缘地区兴建的大型工业企业数量占到全国的 7%[74]，也配建了相应的行政区和生活区。“一五”时期后，由于当时特定的历史背景，太原的城市发展又趋于缓慢。但总体来看，新中国成立后的前 30 年里，太原市区仍有大规模的空间扩展，原本只局限于汾河东岸的城区已经形成汾河东西两岸并列发展的格局。由于东山地形阻碍了城市的东扩，河东地区的城市拓展转而向南、北两个方向展开。值得关注的是，1949 年时的太原市区还未越过汾河西岸，但是经过随后 30 年的发展，汾河西岸地区已经形成一个南北绵延 20km、东西约 6km 左右的带状城区。这使太原城近千年来只限于汾河东岸建设的格局变为两岸并列发展的格局，并为以后太原市区的拓展奠定了基础。

改革开放后，太原进入新的发展阶段，空间扩展也在原有的汾河两岸并列式城区格局的基础上稳步推进，主要特点是城市内部用地不断被填充，尤其是在汾河两岸之间以及汾河东岸内部沿汾河的区域。1991 年，太原国家高新技术产业开发区的建立以及机场产业区的发展使太原市区南部地区出现了跳跃式的空间拓展。另外，在南同蒲线太原至晋中的沿线地区也出现了新的轴状拓展区域。由于太原和晋中两市之间联系的日益加深，两市之间腹地成为城市空间拓展的首选区域。交通条件的改善，城市辐射的影响以及政府决策等，都加快了这一时期太原市区向南部拓展的进程。

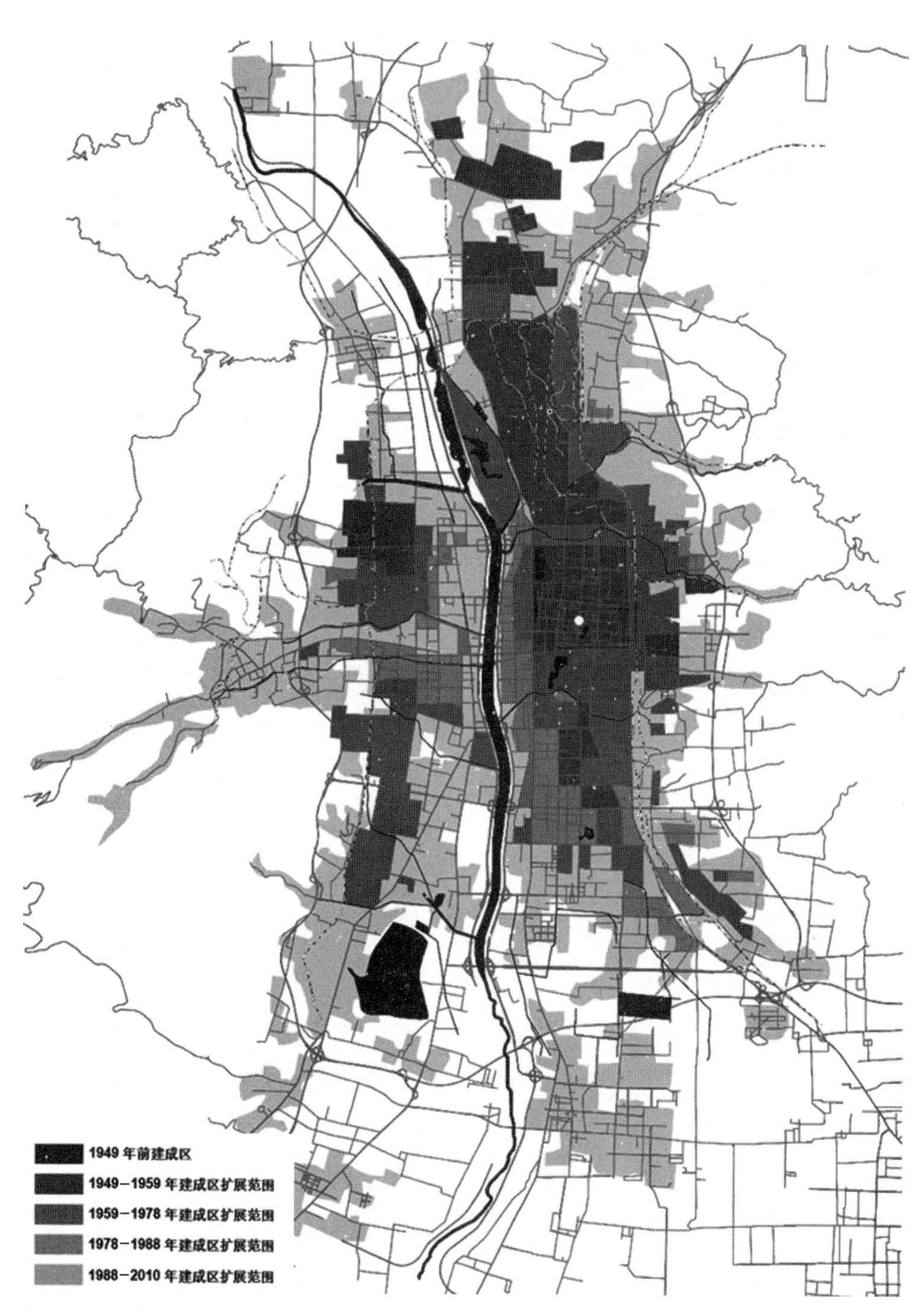

图 1–16 太原城市空间扩展历程

根据以下资料重绘：赵冰.黄河流域：太原城市空间营造[J].华中建筑，2013，30 (4)：1–4.

三、规模与密度特征

（一）人口与用地规模

城市规模主要考虑城市用地规模（城市建成区面积与城市建设用地面积）和城市人口规模（城镇人口）。20 世纪 90 年代以来，我国城市化率迅速提升，城市人口、建成区面积和建设用地面积均保持高速增长，其中面积增长速度高于人口增长速度，城市总体上呈现快速蔓延的趋势。

在本研究重点考察的四个省会城市中，济南和郑州城市建成区面积的增长速度明显高于石家庄和太原。从 1998—2010 年的 12 年间，济南和郑州的城市建成区面积分别增长了 232km^2 和 227km^2，年均增长率达到了 9.64% 和 9.45%，高于华北地区和全国的平均值；石家庄和太原的城市建成区面积分别增长了 95km^2 和 68km^2，年均增长率为 5.81% 和 3.19%，均低于全国的平均值。市区人口方面，四城市的增幅差距不大[①]。12 年间四城市市区人口增加了 60 万～90 万不等，年均增长率分别为：石家庄 3.73%、太原 2.05%、济南 2.54% 和郑州 3.09%，均低于华北四省和全国的平均值。需要注意的是，统计资料显示太原市的建成区面积在 1999—2004 年这 5 年间没有任何变化，这在现实中几乎是不可能的。

借助遥感图像可以分析四城市建成区近期的扩张情况。

从 DMSP 相关数据[②]整体上看来，本研究重点考察的华北四省会城市自 20 世纪 90 年代起经历了快速的城市空间扩展，建成区形态也从最初的单中心团状向轴向延伸过渡。在 1992 年，石家庄和郑州的城市建成区都呈明显的同心圆形状，济南主城区东北的王舍人组团尚未完全与中心城区融合在一起，太原由于汾河的分隔城市在东西两岸发展。此后，在快速的城市扩张过程中，四城市都呈沿交通

① 根据《中国城市统计年鉴 2011》的数据，2010 年郑州市区人口为 510 万，远大于 2009 年的 285 万；而《河南统计年鉴 2011》给出的 2010 年郑州市区人口为 294 万，笔者根据相关报道推断 510 万的数值可能是将市区外来非户籍人口算入其中，为保持数据的连贯性，此处取《河南统计年鉴 2011》给出的 294 万。

② 美国国防气象卫星计划 (Defense Meteorological Satellite Program) (DMSP) 搭载的可见红外成像线性扫描业务系统 (The Operational Linescan System, OLS) 传感器，自 1992 年以来收集并公布了连续 20 年的全球夜间灯光数据。由于夜间灯光与地区社会经济条件和科技水平密切相关，因此该数据被广泛应用于各种社会经济研究中，其中就包括城市范围的提取。

轴发展的显著特点。

济南呈东北—西南方向扩张，主城区斑块逐渐与王舍人、党家庄工业区融合，近期还呈现出向东与章丘市建成区逐渐融合的特点。石家庄的主要发展轴线为东西走向。一方面是市区跨过了二环线的范围，向东西两侧扩张，尤其是东侧扩过了京港澳高速，新建了工业区。另一方面石家庄市区向北已经与正定县城融合在一起。郑州比较明显的发展方向出现在最近 10 年的时期内，郑东新区、机场新区的建设使得郑州建成区范围逐渐向东扩展；同时郑州市建成区在西侧也逐渐沿郑上路与荥阳市接合。最后，太原建成区扩张的最主要特点是依托机场新区的发展，逐渐向东南方向与晋中市建成区交融在一起。

可以看出，随着建成区规模的逐渐变大，四城市正逐渐摆脱最初的单中心、同心圆发展态势，向着有明显发展轴的趋势转变。同时四城市在扩张过程中也逐渐向周边的建成区斑块靠拢，甚至融合在一起。

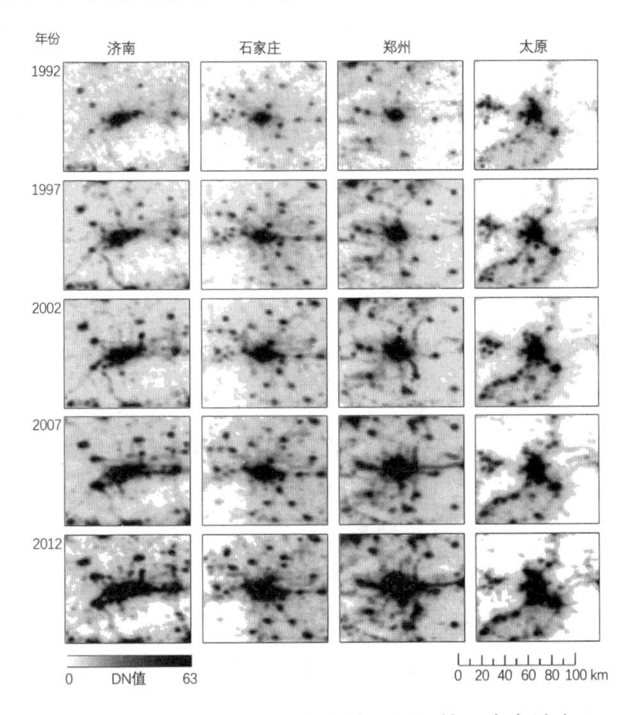

图 1-17　基于 DMSP/OLS 夜光地图提取的四省会城市 20 年来的空间扩展

注：DN值为夜光亮度值，数据来源：http://ngdc.noaa.gov/eog/dmsp/downloadV4composites.html。

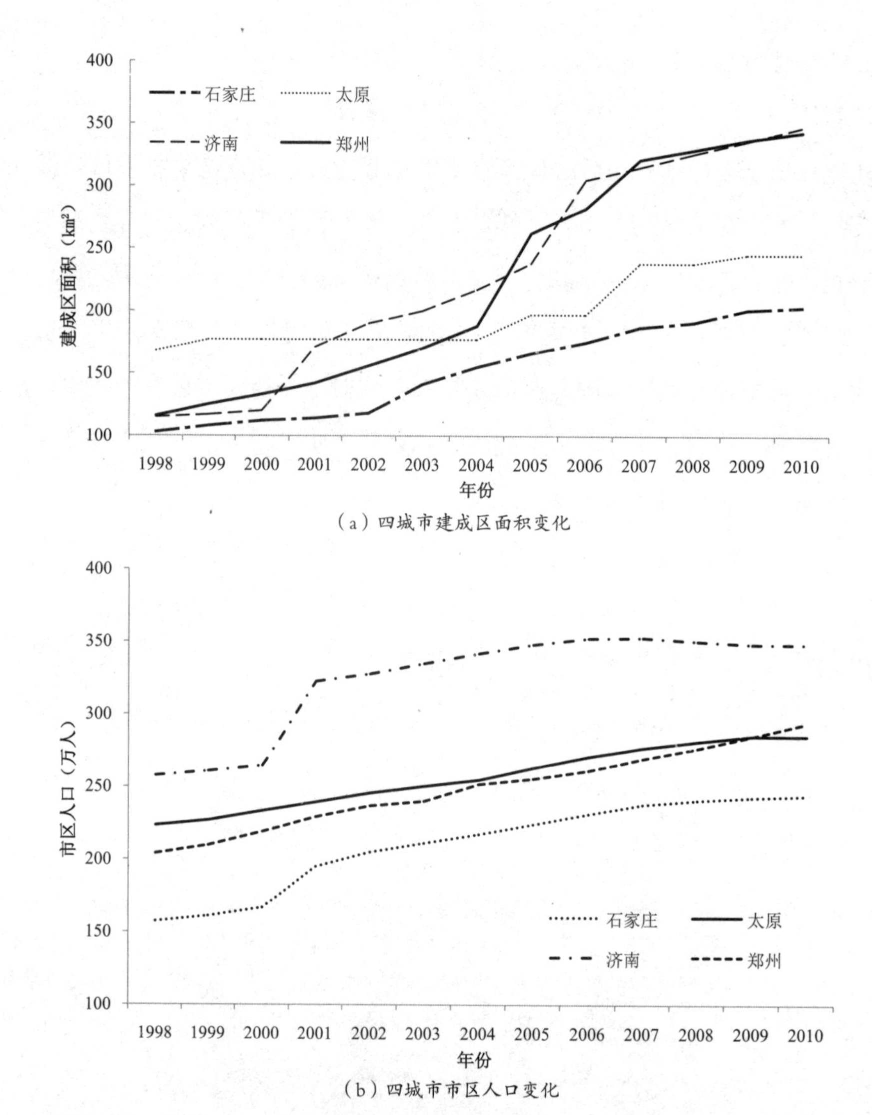

图 1–18 1998—2010 年四城市建成区面积、市区人口变化

资料来源：1998—2010年各年的《中国城市统计年鉴》。

（二）人口密度

关于城市的人口密度描述，最有实际意义的是城市建成区的人口密度，因为一般建成区内外的人口密度存在很大区别。我国年鉴中的人口和人口密度数据是以市辖区的行政范围进行统计的，所以其中有关人口密度的数据不能反映建成区内、外实际情况与差异[75]。根据目前统计资料的可获取性，我们对城市建成区人口密度进行重新计算，其计算公式为：

建成区人口密度 = 城市建成区人口 / 城市建成区面积 ①

经过调整后的城市建成区人口密度与城市建成区面积有着显著的正比例关系（p=0.000），即城市面积越大，人口密度越高，这也符合常识。像北京、上海这样的特大城市，其人口密度远高于一般的省会城市，而省会城市又远高于一般的中小城市。

进入 21 世纪后，无论是全国平均城市建成区人口密度还是四省会城市的城市建成区人口密度都呈现出下降的趋势。20 世纪 90 年代分税制改革后，地方政府财政压力增大，为了获得高额的土地收益，采取了以下四种措施：（1）低价征地，高价出让；（2）高地价带动高房价，以增加各项相关税收收入；（3）低价出让工业用地，带动地方经济和相关税收；（4）以土地作为融资工具[76]。这些行为导致城市建成区的加速扩张，因为户籍制度改革缓慢等原因，城市人口增长未能跟上，致使城市总体人口密度下降。

从全国范围来看，中西部尤其是中部地区的山西、陕西、河南、甘肃、贵州、

---

① 这里面有两点需要说明。第一，关于城市建成区人口。中国的统计数据中没有对应的指标，只有市区人口和城区人口这两个指标。市区是指城市行政区域，而城区的定义按照《中国城市建设统计年鉴》，包括："（1）街道办事处所辖地域；（2）城市公共设施、居住设施和市政公用设施等连接到的其他镇（乡）地域；（3）常住人口在 3000 人以上独立的工矿区、开发区、科研单位、大专院校等特殊区域。连接是指两个区域间可观察到的已建成或在建的公共设施、居住设施、市政设施和其他设施相连，中间没有被水域、农业用地、园地、林地、牧草地等非建设用地隔断。对于组团式和散点式的城市，城区由多个分散的区域组成，或有个别区域远离主城区，应将这些分散的区域相加作为城区。"从这样的定义看，城区更接近于城市建成区，但仍要比城市建成区大。主要原因如下。A）街道办事处所辖地域内包含农田、山体、水域等非建成区；B）分街道办事处本身远离主城区或城市主要组团，不属于城市建成区；C）部分独立工矿区、开发区、科研单位、大专院校等特殊区域可能远离主城区或城市主要组团（距主要组团 20km 以上），且没有完善的市政公用设施和城市公共设施，亦不属于建成区。

根据以上定义，从空间范围上各类区的规模应该是，市区 > 市辖区 > 城区 > 城市建成区；相应的城市人口规模顺序应该是：市区人口 > 市辖区人口 > 城区人口 > 城市建成区人口。现在要代替城市建成区人口，最理想的应该是城区人口，其次是市辖区人口。但即便使用城区人口代替建成区人口，也势必会导致人口密度值偏大。不过根据以上定义的比较可以认定，城市建成区以外的城区，其人口远小于建成区内的人口，因此在建成区人口密度的计算中可采用城区人口近似代替建成区人口。

第二，我国统计年鉴中城区人口的指标在 2006 年以后才有，因此在考察城市建成区人口密度的时序变化时，城市建成区人口指标用市辖区人口代替。理论上这会导致计算出来的人口密度比用城区人口算出来的更大，但从实际数据情况来看，绝大部分城市两者的数值差距甚小，因此这样的代替是可以接受的。

广西和东北三省的城市人口密度相对较高，东部平原地区的城市人口密度相对较小。这表明地形因素对城市人口密度的重要影响。中部地区丘陵、山地多，城市发展空间相对有限，城市人口分布相对集中。而在东部平原地区，城市发展空间广阔，城市建成区人口密度相对要低一些。

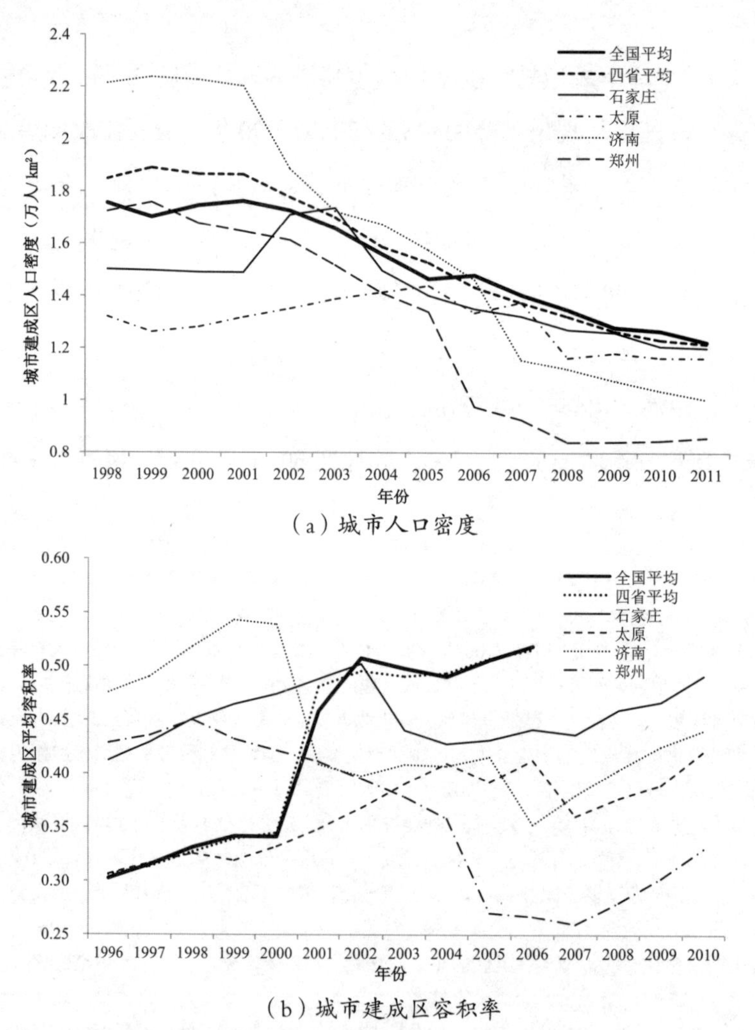

（a）城市人口密度

（b）城市建成区容积率

图 1–19　四城市城市人口密度与建成区容积率与全国的比较

资料来源：1998—2010年各年的《中国城市统计年鉴》。

济南、石家庄、郑州和太原四省会城市在 2010 年的建成区人口密度均低于华北和全国平均水平，且近年来四城市的人口密度都有快速下降的趋势，显示出四城市建成区快速扩张的空间态势。尤其是济南，从 1998 年的 2.21 万人 /km^2 下降到 2010 年的 1.01 万人 /km^2。另外值得一提的是，郑州城市人口密度偏低主要是因为郑州市的城区暂住人口一直没有算在市辖区人口内[①]。

再看四城市内部的人口密度分布情况。我们利用 Worldpop 数据[②]绘制出四省会城市内部的人口密度空间示意图。可以看出，四城市都呈现出明显的单中心趋势。需要说明的是，Worldpop 数据是建立在宏观统计数据基础上的，它是根据夜光图像、用地遥感图像等建立模型对人口进行分配的；因此其图像上会出现某个区域值明显高于其他区域的现象。比如郑州的金水区人口密度明显高于毗邻的其他区域。相比之下石家庄人口密度分布较为平均，除了市区东北的长安区外，其他市区人口密度分布相差不大。郑州的人口密度分布中心性最强，其人口密度峰值（2.47 万 /km^2）也最高，位于金水区靠南一侧。此外，济南的人口密度中心集中在历下区靠近大明湖的部分，太原的人口密度分布较高的区域都集中在迎泽区。

（三）建设强度

接下来考察建筑的密度，即城市建成区平均容积率的分布。理想的公式是用城市年末实有建筑面积除以城市建成区面积。但统计年鉴中城市年末实有建筑面积分城市数据只有 1996 年的，之后年份的数据可在 1996 年数值基础上依次累加每年的全年城市竣工房屋面积[③]。

总体来看，我国城市的城市建成区平均容积率基本都在 0.5 以下。由于全国平均水平在 2001 年的激增，很难判断四省会城市在全国中的位置。不过可以看出，

---

① 在 2011 年的统计数据中，郑州城区暂住人口数据才开始被计入，因此其市辖区人口从 2010 年的 294 万激增到 2011 年的 525 万。

② 采用 Worldpop 数据库中国 2010 年人口密度栅格数据，其分辨率在 100m 左右。

③ 需要注意的是，这个数据对应的应该是市辖区数据。《中国统计年鉴》的相关数据主要来自房地产开发部门，缺少城镇单位和农村投资，比实际数值小很多。而《中国区域经济统计年鉴》的数据对应的空间范围是市域，其中包括了市辖县，这又导致这个值偏大。因此根据地区生产总值比重对该数值加权，以排除市辖县的干扰。因为一般来说中心城区建设量增幅要大于市辖县的，用人口数加权不合适。当然。这个数据会导致容积率偏大，因为未减去每年废弃拆除的建筑面积，但中国大部分城市位于高速发展阶段，废弃拆除建筑所占比重不高，可以近似忽略。另外，有些城市自己的统计年鉴有直接的市辖区房屋竣工面积，则直接选用该值。

华北地区的数值和全国基本是一致的。四省会城市横向比较，石家庄、济南的容积率相对较高，太原和郑州相对较低。尤其是郑州，自 1998 年直到 2007 年容积率有持续的下降趋势，可能原因是这一段时间建成区面积的迅速增加，尤其是高新区、科技园区等工业用地的迅速扩展。

关于建设强度，除了城市建成区平均容积率外，本研究还利用各种城市设施点生成城市的设施密度图①，进而比较各个城市的城市设施平均密度。从图 1–20 可看出郑州的设施密度明显大于其他三个城市。在四城市内部，设施密度的空间分布均呈现出由中心向外递减的规律。其中石家庄、郑州的设施密度中心区明显被铁路分割成两片；太原中心区也被汾河分割成两片；济南的设施密度中心集中在商埠区、泉城广场这些市区偏南的位置。

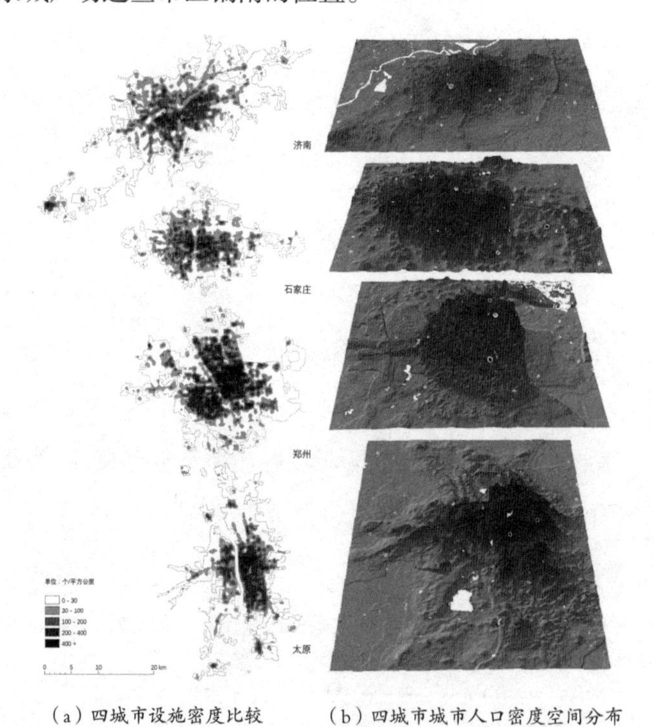

（a）四城市设施密度比较　　（b）四城市城市人口密度空间分布

图 1–20　四城市设施密度与人口密度分布图

注：由上至下依次为：济南，石家庄，郑州和太原。
资料来源：Worldpop数据库，http://www.worldpop.org.uk/

---

① 计算方法是将城市建成区按 10m × 10m 的分辨率栅格化，计算每一个栅格点周边 500m 范围内所有设施的核密度指数。

参考文献

[1] 陈锡康 . 完全综合能耗分析 [J]. 系统科学与数学 , 1981(1):69–76.

[2] 清华大学建筑节能研究中心 . 中国建筑节能年度发展研究报告 2013[M]. 北京 : 中国建筑工业出版社 , 2013.

[3] Ewing R, Rong F. The impact of urban form on US residential energy use[J]. Housing Policy Debate, 2008,19(1):1–30.

[4] 秦翊 . 中国居民生活能源消费研究 [D]. 山西财经大学 , 2013.

[5] Cervero R, Kockelman K. Travel demand and the 3Ds: Density, diversity, and design[J]. Transportation Research Part D: Transport and Environment, 1997,2(3):199–219.

[6] Ewing R, Cervero R. Travel and the Built Environment: A Synthesis[J]. Transportation Research Record: Journal of the Transportation Research Board, 2001,1780:87–114.

[7] Greenwald M, Boarnet M. Built Environment as Determinant of Walking Behavior: Analyzing Nonwork Pedestrian Travel in Portland, Oregon[J]. Transportation Research Record: Journal of the Transportation Research Board, 2001,1780:33–41.

[8] Handy S L, Boarnet M G, Ewing R, et al. How the built environment affects physical activity: Views from urban planning[J]. American Journal of Preventive Medicine, 2002,23(2, Supplement 1):64–73.

[9] Handy S, Cao X, Mokhtarian P. Correlation or causality between the built environment and travel behavior? Evidence from Northern California[J]. Transportation Research Part D: Transport and Environment, 2005,10(6):427–444.

[10] Lopez–Zetina J, Lee H, Friis R. The link between obesity and the built environment. Evidence from an ecological analysis of obesity and vehicle miles of travel in California[J]. Health & Place, 2006,12(4):656–664.

[11] Papas M A, Alberg A J, Ewing R, et al. The Built Environment and Obesity[J]. Epidemiologic Reviews, 2007,29(1):129–143.

[12] Chatman D G. Residential choice, the built environment, and nonwork travel: evidence using new data and methods[J]. Environment and Planning A, 2009,41(5):1072–1089.

[13] Cao X J, Mokhtarian P L, Handy S L. The relationship between the built environment and nonwork travel: A case study of Northern California[J]. Transportation Research Part A: Policy and Practice, 2009,43(5):548–559.

[14] Ewing R, Cervero R. Travel and the Built Environment[J]. Journal of the American Planning Association, 2010,76(3):265–294.

[15] Glaeser E L, Kahn M E. The greenness of cities: carbon dioxide emissions and urban development[J]. Journal of Urban Economics, 2010,67(3):404–418.

[16] Louf R, Barthelemy M. How congestion shapes cities: from mobility patterns to scaling[J]. Scientific Reports, 2014,4.

[17] Makido Y, Dhakal S, Yamagata Y. Relationship between urban form and CO_2 emissions: evidence from fifty Japanese cities[J]. Urban Climate, 2012,2:55–67.

[18] Oliveira E A, Andrade Jr J E S, Makse H A N A. Large cities are less green[J]. Scientific Reports, 2014,4.

[19] 万霞，陈峻，王炜．我国组团式城市小汽车出行特性研究 [J]. 城市规划学刊，2007(03):86-89.

[20] Dieleman F M, Dijst M, Burghouwt G. Urban form and travel behaviour: micro-level household attributes and residential context[J]. Urban Studies, 2002,39(3):507-527.

[21] Schwanen T, Dieleman F M, Dijst M. Travel behaviour in Dutch monocentric and policentric urban systems[J]. Journal of Transport Geography, 2001,9(3):173-186.

[22] Cervero R, Wu K L. Polycentrism, commuting, and residential location in the San Francisco Bay area[J]. Environment and Planning A, 1997,29(5):865-886.

[23] Cervero R, Wu K L. Sub-centring and commuting: evidence from the San Francisco Bay area, 1980-90[J]. Urban Studies, 1998,35(7):1059-1076.

[24] Modarres A. Polycentricity and transit service[J]. Transportation Research Part A: Policy and Practice, 2003,37(10):841-864.

[25] Schwanen T, Dieleman F M, Dijst M. Car use in Netherlands daily urban systems: Does polycentrism result in lower commute times? [J]. Urban Geography, 2003,24(5):410-430.

[26] Schwanen T, Dieleman F M, Dijst M. The impact of metropolitan structure on commute behavior in the Netherlands: a multilevel approach[J]. Growth and Change, 2004,35(3):304-333.

[27] Naess P, Sandberg S L. Workplace location, modal split and energy use for commuting trips[J]. Urban Studies, 1996,33(3):557-580.

[28] Wang F. Modeling commuting patterns in Chicago in a GIS environment: A job accessibility perspective[J]. The Professional Geographer, 2000,52(1):120-133.

[29] Wang F. Explaining intraurban variations of commuting by job proximity and workers' characteristics[J]. Environment and Planning B, 2001,28(2):169-182.

[30] Owens S E. Energy, planning and urban form[M]. London, UK: Pion, 1986.

[31] Giuliano G, Small K A. Is the journey to work explained by urban structure?[J]. Urban Studies, 1993,30(9):1485-1500.

[32] Gordon P, Richardson H W, Jun M. The commuting paradox evidence from the top twenty[J]. Journal of the American Planning Association, 1991,57(4):416-420.

[33] Gordon P, Richardson H W. Are compact cities a desirable planning goal?[J]. Journal of the American Planning Association, 1997,63(1):95-106.

[34] Baker N, Steemers K. Energy and environment in architecture: a technical design guide[M]. England: Taylor & Francis, 2000.

[35] 王丹寅，唐明方，任引，等．丽江市家庭能耗碳排放特征及影响因素 [J]. 生态学报，2012(24):7716-7721.

[36] Ewing R, Rong F. The impact of urban form on US residential energy use[J]. Housing Policy Debate, 2008,19(1):1-30.

[37] Lee S, Lee B. The influence of urban form on GHG emissions in the U.S. household sector[J]. Energy Policy, 2014,68:534-549.

[38] 叶红，潘玲阳，陈峰，等．城市家庭能耗直接碳排放影响因素——以厦门岛区为例 [J]. 生态学报，2010(14):3802–3811.

[39] Yun G Y, Steemers K. Behavioural, physical and socio-economic factors in household cooling energy consumption[J]. Applied Energy, 2011,88(6):2191–2200.

[40] 江亿，林波荣，曾剑龙，等．住宅节能 [M]. 北京：中国建筑工业出版社，2006.

[41] 中华人民共和国建设部．JGJ26–2010 严寒和寒冷地区居住建筑节能设计标准 [S]. 2010.

[42] 江海燕，肖荣波，吴婕．城市家庭碳排放的影响模式及对低碳居住社区规划设计的启示——以广州为例 [J]. 现代城市研究，2013(2):100–106.

[43] Kaza N. Understanding the spectrum of residential energy consumption: A quantile regression approach[J]. Energy Policy, 2010,38(11):6574–6585.

[44] Kahn M. The environmental impact of suburbanization[J]. Journal of Policy Analysis and Management, 2000(19):569–586.

[45] Holden E, Norland I T. Three challenges for the compact city as a sustainable urban form: household consumption of energy and transport in eight residential areas in the greater Oslo region[J]. Urban Studies, 2005,42(12):2145–2166.

[46] 霍燚，郑思齐，杨赞．低碳生活的特征探索——基于 2009 年北京市“家庭能源消耗与居住环境”调查数据的分析 [J]. 城市与区域规划研究，2010,3(2):55–72.

[47] Cheng V, Steemers K, Montavon M, et al. Urban form, density and solar potential, 2006[C].2006.

[48] Heisler G M. Effects of individual trees on the solar radiation climate of small buildings[J]. Urban Ecology, 1986,9(3):337–359.

[49] Donovan G H, Butry D T. The value of shade: Estimating the effect of urban trees on summertime electricity use[J]. Energy and Buildings, 2009,41(6):662–668.

[50] 胡永红，秦俊，等．城镇居住区绿化改善热岛效应技术 [M]. 北京：中国建筑工业出版社，2010.

[51] Jensen R R, Boulton J R, Harper B T. The relationship between urban leaf area and household energy usage in Terre Haute, Indiana, US[J]. Journal of Arboriculture, 2003,29(4):226–230.

[52] 许抄军．基于环境质量的中国城市规模探讨 [J]. 地理研究，2009(3):792–802.

[53] 王业强．倒 U 型城市规模效率曲线及其政策含义——基于中国地级以上城市经济、社会和环境效率的比较研究 [J]. 财贸经济，2012(11):127–136.

[54] Grossman G M, Krueger A B. Environmental impacts of a North American free trade agreement[M]// Garber P M. The US - Mexico Free Trade Agreement. Cambridge, MA: MIT Press, 1993:13–56.

[55] Arrow K, Bolin B, Costanza R, et al. Economic growth, carrying capacity, and the environment[J]. Ecological Economics, 1995,15(2):91–95.

[56] 李玉文，徐中民，王勇，等．环境库兹涅茨曲线研究进展 [J]. 中国人口、资源与环境，2005(5):11–18.

[57] 印颖．中国能耗强度的决定与影响因素——基于产业部门维度的实证分析 [J]. 特区经济，2013(11):180–181.

[58] 孙斌栋，潘鑫，吴雅菲．城市交通出行影响因素的计量检验 [J]. 城市问题，2008(7):11–15.

[59] Eggleston H S, Buendia L, Miwa K, et al. IPCC guidelines for national greenhouse gas inventories[M]. Hayama, Japan: Institute for Global Environmental Strategies (IGES), 2006.
[60] 刘永亮 . 置疑中国最优城市规模 [J]. 城市规划 , 2011(5):76–81.
[61] 王小鲁 , 夏小林 . 优化城市规模 , 推动经济增长 [J]. 经济研究 , 1999(9):22–29.
[62] 李秀敏 , 刘冰 , 黄雄 . 中国城市集聚与扩散的转换规模及最优规模研究 [J]. 城市发展研究 , 2007(2):76–82.
[63] 张应武 . 基于经济增长视角的中国最优城市规模实证研究 [J]. 上海经济研究 , 2009(5):31–38.
[64] 周阳 . 基于生活成本调整的真实产出和中国地级以上城市的适宜规模研究 [D]. 华中科技大学 , 2012.
[65] 陈卓咏 . 最优城市规模理论与实证研究评述 [J]. 国际城市规划 , 2008(6):76–80.
[66] 许抄军 , 罗能生 , 吕渭济 . 基于资源消耗的中国城市规模研究 [J]. 经济学家 , 2008(4):56–64.
[67] 李百浩 , 王西波 . 济南近代城市规划历史研究 [J]. 城市规划汇刊 , 2003(2):50–55.
[68] 马正林 . 中国城市历史地理 [M]. 济南 : 山东教育出版社 , 1998.
[69] 曹洪涛 , 储传亨 . 当代中国的城市建设 [M]. 北京 : 中国社会科学出版社 , 1990.
[70] 中共济南市委研究室 . 济南市情 (1949–1984)[M]. 济南 : 山东人民出版社 , 1985.
[71] 中国城市规划设计研究院 , 济南市规划设计研究院 . 济南市城市空间战略及新区发展研究——城市空间战略篇（讨论稿）[R].2002.
[72] 栗永 , 梁勇 , 杨俊科 , 等 . 石家庄城市发展史 [M]. 北京 : 中国对外翻译出版公司 , 1999.
[73] 李小兵 . 太原城市空间拓展及驱动力研究 [D]. 西南大学 , 2009.
[74] 储金龙 . 城市空间形态定量分析研究 [M]. 南京 : 东南大学出版社 , 2007.
[75] 周建高 , 王凌宇 . 城市人口密度的中日比较及对城市研究的反思 [J]. 现代城市研究 , 2013(7):76–81.
[76] 戴双兴 . 土地财政与地方政府土地利用研究 [J]. 福建师范大学学报 , 2007(4):21–26.

第二章

城市空间结构与居民交通能耗

第一章我们已经就城市规模与综合效率的关系进行了探讨，明确了我国现阶段200万～500万人口规模的大城市是综合效率最优的；此外，考察了气候分区与居民能耗之间的关系，得出气候Ⅱ区是节能潜力最大的区域。由此，确定了本研究的四个案例城市——建筑气候Ⅱ区的济南、石家庄、郑州和太原，并简要介绍了四个城市的自然经济概况、空间演变历程和规模、密度特征。

在开始具体的住区层面家庭能耗研究之前，本章首先对宏观城市空间结构与居民交通能耗的关系展开研究。一般而言，个体居民的日常出行活动（如就业、购物、娱乐等）的目的地遍布在城市内部住区之外的不同地点，因此，居民交通能耗不光与住区的空间形态有关，更与宏观的城市空间结构有着密不可分的关系。因此，开展宏观城市空间结构与居民交通能耗的关系研究是十分有必要的。

建成环境与个体居民出行行为的关系是一个被广泛探讨的热点[1-10]。Cervero和Kockelman提出的“3Ds”理论奠定了这一领域的理论基础。他们的相关研究指出，高密度、多样性、步行友好设计的城市建成环境有助于通过引导低碳出行方式、提升短距离出行比例、降低机动车出行距离等多种途径，有效降低居民出行能耗[1]。尤因（Ewing）和Cevervo在2010年的一篇集萃分析中详尽地总结了目前学术界的研究成果[10]，从中可以得出三个基本结论：

（1）研究对象以西方国家城市为主。现有研究很少涉及其他地区，尤其是发展中国家的城市。发展中国家，尤其是东亚各国高密度、高混合度的建成环境特征与欧美国家相差非常大[11]，因此对中国城市建成环境的研究非常有必要。

（2）现有研究集中在微观层面。20世纪中叶以来的交通决策行为研究主要以微观经济学的效用与约束模型为基础，以个体居民或家庭为研究单位，阐述其出行的决策机制，进而分析建成环境在决策过程中的影响机制。相对而言，以城市为单位的宏观研究较少。城市是一个复杂系统，这已日益成为学术界的共识，微观个体层面的结论不能简单推广到宏观城市层面。因此，宏观层面的建成环境影响居民交通能耗的研究还是十分必要的。

（3）宏观研究中表征空间结构的指标少。在为数不多的宏观研究中，以Cervero和Murakami 2010年对美国370个城市的研究为例[12]，表征城市空间结构的指标仅有人口/就业岗位密度和住区30分钟车程内就业/商业设施的可达性。更多表征宏观城市空间结构的指标亟须引进。

针对以上特点，本章以286个中国地级以上城市为例，着重探讨城市宏观空间形态对居民出行能耗的影响。城市形态最重要的特征之一就是各种经济、社会活动聚集在层层嵌套的多层级中心结构中[13–15]。单中心、多中心城市结构对居民出行的影响一直是一个研究热点[16, 17]。因此，为了全面描述城市宏观空间结构，除了密度（Density）、多样性（Diversity）、路网形态（Design，步行环境设计，主要体现为路网形态）这三个“3Ds”框架下的维度外，中心度（Centrality）将作为另外一个重要的维度加入此研究，即以3D+C的框架考察286个中国地级以上城市的宏观城市空间结构与居民交通能耗之间的关系。

第一节　城市空间结构影响居民交通能耗的理论解释

一、个体出行行为的时空特点

正如Chapin所言，城市规划与政策最终的服务对象是城市的使用者——个体居民[18]。要了解建成环境对交通能耗的影响，需要深入研究个体出行的时空特点与决策规律。

（一）个体出行行为的微观效用模型

在个体层面，相关研究侧重于个体出行具体的决策机制，包括出行目的地、出行方式的决策，注重建成环境在一系列决策过程中的作用。学者们总结设计经验，得出城市形态可能影响交通效用的以下4种途径[4, 19]：（1）城市环境设计对各类交通模式的效用不同，如步行环境越舒适的设计，可能通过限制机动车的速度而增加步行的效用，降低机动车的效用；（2）居住密度和土地混合度的提高便于步行交通，对步行有促进作用；同时，这类城市环境可以通过增加停车成本、降低行车速度等措施抑制机动车的使用。（3）高密度的城市环境因为可以增加行人间的交往机会从而提高步行出行的效用；（4）纽约第五大道、巴黎香榭丽舍大街等城市环境提供的休闲感受，可能吸引步行活动。

（二）个体出行时间预算恒定假说

大量研究表明居民对通勤时间的预算存在一个大致不变的定值——通勤时间预算恒定。Zahavi[20]首先提出交通出行时间预算恒定的假设（Zahavi推断），他根据实证研究得出全世界的人平均每天大约花费1小时在交通出行上。马切提（Marchetti）[21]通过11个不同国家城市的例子也发现了同样的规律，将之称为“马切提恒值”（Marchetti's constant）。艾哈迈德（Ahmed）和斯托弗（Stopher）[22]对此问题进行了全面的综述，尽管有少量质疑的声音[23]，但绝大部分研究都支持这一假说，即居民一天平均出行时间基本恒定在1～1.3小时。从理论上讲，城市居民一天24小时周期内的生活实际上是一系列按时间排列的活动的组合，包括工作、学习、一日三餐和休息这样的固定活动，也包括购物、看电影、参加聚会等偶发性的非固定活动。出行时间长度不应造成体能的过度消耗影响到固定和非固定活动，所以经过长期的经验习惯堆积，居民的出行最适宜的时间稳定在平均每天1小时左右[23]。

（三）个体出行目的地圈层结构

一般来说，居民对不同目的活动的出行时间与方式有不同的偏好，因此，居民出行目的地在空间上往往形成以家庭为中心的圈层结构，即不同出行目的地与家庭间的距离存在显著差异。

个体出行目的地圈层结构明显体现在居民的购物活动上。Berry和Parr将消费者行为纳入理论，架构重建了中心地理论，能够较为完善地解释城市商业空间等级结构[24]。仵宗卿等[25]在中心地理论基础上建立了购物出行空间等级结构模式。该研究通过天津的问卷分析，发现不同类型的商品出行距离有明显层级特征。它们分别是：蔬菜食品类商品（0.4km）、日用品（1km）、衬衣袜子类商品（2km）、家用电器类商品（5km）、西装外衣类商品（7.38km）。

通勤活动的出行距离通常比购物活动更远。如周素红和杨利军[26]调研广州市居民的通勤特征，发现公共汽车是最主要的通勤方式（31.5%），对应的平均出行距离是5.5km；其次是摩托车（24.7%，对应平均距离4.9km）和自行车（20%，平均距离 3km）。休闲和社交活动的出行距离比消费活动更远，出行方式也更多依赖于小汽车。Frandberg 和 Vilhelmson[27] 的研究表明，2006 年瑞典居民探亲访友和休闲娱乐的出行距离分别为 24.1km 和 20.4km，对应的是购物行为与获取公共服务的出行距离为 9.0km 和 8.1km。

这样城市的物质结构（功能、空间等）是否与个体出行目的地的圈层结构相耦合，就成为影响个体出行方式与时间的重要因素。

二、“3Ds”与居民交通能耗

（一）密度与居民交通能耗

在微观层面，现有研究普遍认为高密度紧凑型住区有助于通过以下两种方式降低居民出行能耗：第一，高密度住区能够拉近出行目的地和起始地之间的距离，从而鼓励短距离的步行出行，抑制机动车出行。第二，紧凑型住区通常具有更好的公交服务，更少的停车空间，更高的土地利用混合度，以及更大比例的低收入住户，这些因素都能够降低机动车出行比例[1]。

在宏观层面，密度对居民出行能耗的负向影响已被大量实证研究证实，即密度越高的城市居民出行能耗越低[28-30]。然而也有研究指出，密度与居民出行能耗之间可能存在“U”形曲线关系，因为过高的密度可能带来严重的交通拥堵，反而使得居民出行能耗变高[31-33]。仔细观察可以发现，密度在全球范围内的差距是十分明显的。亚洲城市的人口密度显著高于美国、澳大利亚等地依赖小汽车出行的城市[11]。基于西方国家的实证研究结论比较稳定，都表明密度高的城市居民出行能耗低；但基于亚洲国家研究的结论并不稳定。因此中国城市密度对居民出行能耗的影响，亟须直接的实证研究的支持。

（二）多样性与居民交通能耗

多样性一般是指各种功能设施在土地面积、建筑面积和就业岗位等方面的多样程度[1]。在住区或就业地点步行适宜出行范围（10 分钟，500 ～ 800m）内，布置各种公共服务和商业设施，如便利店、餐馆、幼儿园、诊所等，能够提升居民步行出行的概率，抑制机动车出行[1]。同时在公交站点周边布置零售、服务设施，方便居民在通勤换乘时顺便完成一些购物等活动，可以减少多余的机动车非通勤出行[34]。

实证研究方面，弗兰克（Frank）和恩格尔克（Engelke）发现住区周边的土地利用混合度（熵指标）与家庭平均出行距离有反向关系，土地混合度越高，居民人均出行距离越低[35]。弗兰克（Frank）等证实土地利用混合度高的地区居民更倾向于使用公共交通通勤[36]。此外Schönfelder等的研究表明，相比于就业场所，更多的短距离出行发生在家庭周边。因此，家庭周边步行范围内各类设施的可达性对居民出行有着更重要的影响[37]。

总结起来，相关研究对各种设施的分类比较笼统，鲜有的细分设施的研究[38, 39]基本也都是以欧美国家城市为案例展开的。由于住区规划的硬性要求，中国城市住区周边通常配备较完善的商业和服务设施，和郊区化蔓延严重的美国城市差别很大。因此，有必要针对中国城市探讨各类细分设施的可达性对居民出行能耗的影响。

（三）路网形态与居民交通能耗

设计维度在各个文献中主要指的是路网形态以及步行环境的设计。研究普遍认为小网格、步行友好的路网设计有助于提升步行出行比例，同时也有利于鼓励自行车出行，提升公共交通服务的水平，从而降低居民出行能耗[1, 10, 40]。

在实证研究中，建成环境的设计维度主要以街坊平均面积、道路交叉口密度、人行道覆盖率等指标体现。Boarnet等发现道路交叉口密度与居民步行距离显著正相关，即小网格街坊能够有效促进居民的步行出行[41]。Targa和克利夫顿（Clifton）运用街坊面积这一指标，发现越小的街坊里的居民步行出行次数越多[42]。尤因（Ewing）等的研究发现，人行道覆盖率越高的区域居民有更高的概率选择步行出行[43]。Zhang证实路网连通性对居民就业出行的方式选择有显著影响，路网连通性高的住区居民更倾向于步行或自行车出行[44]。

总结起来，目前以“3Ds”理论为框架的建成环境与居民出行关系研究主要集中在微观层面，宏观层面的研究一般仅包含密度指标，因此本章将着重考察城市宏观空间结构的多样性和路网形态指标。

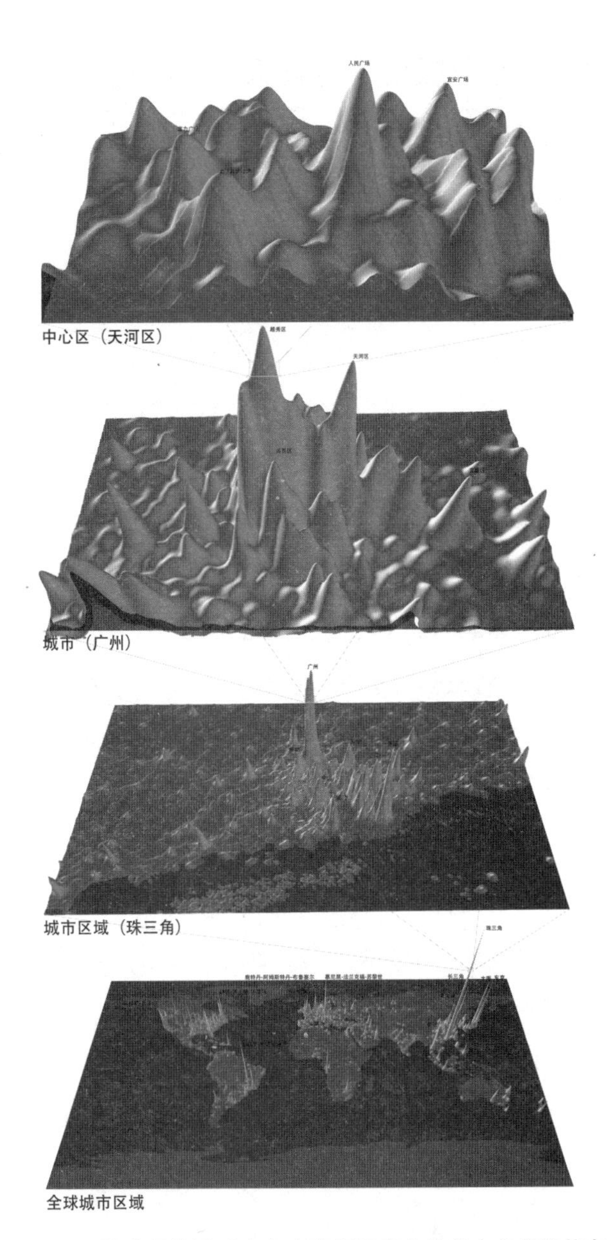

图 2–1　社会经济活动在多个空间尺度上的多中心集聚状态

注：由下至上：（1）全球尺度，图示为全球2010年DMSP–OLS夜光增益数据，分辨率为1度，可见全球范围内夜光值代表的经济活动集聚在东亚、北美、西欧等几个全球城市区域。（2）城市区域尺度，图示仍然为全球2010年DMSP–OLS夜光增益数据，分辨率为5km，在更小的分辨率下可见我国珠三角区域内部的经济活动也是集聚在几个中心城市如广州、香港、深圳等。（3）城市尺度，图示为以各类场所设施的点文件运用核密度分析生成的设施密度图，分辨率为1km，可见广州市内部各类设施在越秀区、天河区、海珠区等几个中心处的集聚。（4）中心区尺度，图示为以各类场所设施的点文件运用核密度分析生成的设施密度图，分辨率为50m，在广州天河区内部，各类设施集聚在人民广场、宜安广场和富力广场等几个中心位置。

三、城市内部多中心层级结构与居民交通能耗

（一）城市内部多中心层级结构

城市形态最重要的特征之一就是各种经济、社会活动聚集在层层嵌套的多层级中心结构中[13, 14]。无论是城市之间还是城市内部，在不同的空间尺度上，人类社会各种物质、能量和信息点都集中在若干中心节点上（图 2-1）。对此规律的研究以往主要集中在区域尺度（城市之间），探讨城镇之间（inter-urban）的规模分布特征[14, 45-49]。城市是系统中的系统[50]，城市内部（intra-urban）的多中心层级结构需要得到与城市之间层级结构同样的重视。

在城市内部中心层级结构中，各级中心的规模（或对应的腹地范围）分布如何确定，是一个十分关键的问题，对于需要运用空间规划手段的城市规划学者更是如此[51]。大量城市规划先驱有过宝贵探索[45, 52-56]，近年兴起的新城市主义运动更是得到规划界的广泛关注。以公共交通为导向的土地利用开发模式（Transit Oriented Development，TOD）强调将一个社区的主要区域限定在以公共交通站点为中心的2000英尺（约600m）的步行半径范围内，次级区域限定在1英里以内[40]。

从日常交通出行的角度看，人们出行的线路组织方式是先集聚到较低等级中心（如社区中心），再从这个中心向更高等级中心集中（如片区中心），经过不同层级的转换，最后达到更高等级中心（如城市中心）[57]。在新城市主义思潮的影响下，依托公交系统，逐级构建城市公交枢纽，借此构建可持续的城市空间结构逐渐成为规划学者们的共识[58]。纽曼（Newman）和肯沃西（Kenworthy）基于出行时间预算，在澳大利亚的实际城市空间利用的背景下，将悉尼大都市区的空间等级划分成 3 个层级[59]。戴德胜[60]基于对世界典范性城市与中国城市的比较研究，从中心地理论入手推导了公共交通模式下城市空间各个层级单元的空间人口规模和地理尺度。然而诚如作者自己所言，“对于这些在苛刻的假设性理想条件下推导出的结论……还需要配合实证研究才能得出可以信服的结论”，这也正是以上工作面临的共同问题。

（二）不同交通方式的优势出行距离

建立以公交节点为核心的可持续城市空间形态，需要对不同交通工具的优势出行距离进行研究。Van Wee 等[23] 给出了一个居民选择出行方式的理论模型，各种出行方式的速度与便捷程度不尽相同，速度较快的公交车、地铁等方式换乘到站点需要一定时间。速度较慢的步行和自行车出行比较灵活便捷，因此在短距离内更有优势。沙伊纳（Scheiner）运用德国近 30 年的数据证实了各种交通工具的优势出行距离[61]。研究发现在汽车可用性恒定的前提下，30 年间各种交通方式的优势出行距离基本恒定，步行在 1km 以内，自行车在 1 ～ 3km，公共交通在 5 ～ 7km，小汽车使用频率则在 1km 以上明显增高。

此外，大量文献针对某种特定出行方式的优势出行距离进行了研究。Millwardet al. 以加拿大哈利法克斯地区的居民为例，详细分析了步行出行的目的地、持续时间和距离特征[62]。研究发现住宅是步行出行频率最高的出发点与目的地，步行去购物（而不是去上班）是频率最高的目的；绝大多数步行出行在 600m（10 分钟）以内，很少超过 1200m。Heinen 等[63] 在一篇关于自行车出行的综述中指出，0.5 ～ 3.5km 是自行车最常用的距离[64, 65]，男性自行车出行距离上限（11.6km）一般比女性（6.6km）高[66]。王明生等对石家庄公交数据的研究表明公交出行一般在 3 ～ 7km，以 4 ～ 5km 频率最高[67]。罗思（Roth）等通过伦敦地铁大数据揭示出：地铁出行一般在 5 ～ 10km 出行距离最频繁，20km 以上的出行概率明显下降[15]。

（三）单中心多中心与居民交通能耗

有关单中心与多中心城市结构孰优孰劣的争论由来已久[13, 17]，在气候变化、能源危机的大背景下，两种结构的（居民交通）能源效率更是被广泛讨论，得出的观点也大相径庭。Buliung 和 Kanaroglou[16] 给出了一篇全面的概述，总结了单中心多中心城市结构对居民出行行为（出行方式、出行距离 / 时间）的影响。对于出行方式，多中心结构城市居民更加依赖小汽车出行是学者们的一个共识[68–75]。然而关于城市结构对出行时间 / 距离的影响，学者之间分歧较大。多中心支持者[76–81] 运用“区位再选择假设”（co-location hypothesis），认为家庭和企业总是周期性地通过空间位置的调整来实现居住—就业的平衡，从而使交通总量降低并且分散在更广的区域里，达到缩短通勤距离和通勤时间的目的。单中心论支持者[68-71, 73-75]认为，就业的分散化即多中心结构没有达到就业—住宅的平衡，导致城市居民通勤距离和通勤时间增加。

从不同文献关于单中心多中心的争论中，可以隐约看出城市中心规模与交通能耗之间存在类似环境库兹涅茨曲线[82]的“U”形二次关系。对此我们提出假设，在城市内部中心层级结构中，每一级中心的中心密度（中心个数除以建成区面积）与居民交通能耗存在“U”形曲线关系。对于特定级别的中心，如果其中心密度过低（对应的腹地范围过大），则会导致腹地边缘居民的出行距离变大，从而增加交通能耗。如果中心密度过高（对应的腹地范围太小），非就业设施相对分散时的居民活动空间范围变大，居民会倾向更加灵活的私家车出行；同时集聚效应较弱使得就业岗位及种类不完善，出行时间恒定预算的存在、双职工家庭的大量存在[83]等因素都会造成职住更加分离的状况。

第二节　城市空间结构影响居民交通能耗的实证分析

承接上一节所讨论的相关研究进展，本节采用多元线性回归的方式实证考察我国城市空间结构的各个维度与居民交通能耗之间的关系。采用多元线性回归的方法可以排除诸如收入、规模等对居民交通能耗有着巨大影响的变量的干扰，单独考察各个空间维度对居民交通能耗的净影响。

一、我国城市空间结构的度量维度

（一）密度（Density）

密度维度的研究一般以人口密度作为常用指标，但也有不少研究采用地块容积率作为表征密度的指标，因为在现有的城市规划体系中，容积率作为表征建设强度的重要指标，直接出现在总规、控规等各个层面的空间规划中。本书这里就采用容积率作为表征密度维度的指标，由于本书主要是探讨居民能耗，因此这里考察城市居住用地的平均容积率，其计算公式如下（等式中应用到的数据都来源于《中国建设统计年鉴 2009》）。

$$城市居住用地平均容积率=\frac{城市居住用地总建筑面积}{城市居住总用地面积}\approx\frac{人均住宅建筑面积}{人均居住用地面积}$$

需要注意的是，等式最右边的分子理论上应该是“城市居住用地总建筑面积/城市人口”，而人均住宅建筑面积的含义是“城市住宅建筑面积/城市人口”，二者之间是有差别的，前者比后者大，因为城市居住用地上还有很多非住宅建筑，如商业配套、幼儿园、中小学等，所以导致这里计算得到的城市居住用地平均容积率要比实际数值小。286 个地级以上城市居住用地平均容积率的描述统计见表 2–1。

表 2–1　各变量的描述统计

指　　标	N	极小值	极大值	均值	标准差
居民人均交通能耗（Kg/人）	286	9.625	1071.632	139.058	104.606
建成区面积（km^2）	286	0.985	1465.684	109.797	181.142
人均财政收入（元）	286	374.869	64022.126	6412.908	5907.627
城市居住用地平均容积率	286	0.15	2.44	0.888	0.341
日常购物	286	0.302	17.935	6.319	3.400
农贸市场	286	0.148	9.250	1.689	1.161
购物中心	286	0.004	8.820	1.768	1.275
药店	286	2.087	17.777	7.670	3.182
非日常购物	286	10.718	140.125	44.534	23.033
餐馆	286	5.842	52.559	18.349	7.890
饮料	286	0.270	28.844	3.500	3.983
快餐	286	0.159	14.557	2.310	2.105
糕点	286	0.083	8.028	1.785	1.135
幼儿园	286	0.376	6.141	2.015	0.931
小学	286	0.077	2.230	0.867	0.353
中学	286	0.097	2.259	0.628	0.287

待续

续表

指　标	N	极小值	极大值	均值	标准差
大学	286	0.000	1.867	0.419	0.302
医院	286	0.801	11.064	3.741	1.478
诊所	286	0.550	16.938	3.308	2.039
体育设施	286	0.000	4.332	1.117	0.698
公园	286	0.000	0.828	0.188	0.140
博物馆	286	0.022	2.066	0.451	0.270
影剧院	286	0.000	0.665	0.130	0.108
KTV	286	0.241	10.599	1.427	1.237
酒吧	286	0.000	9.841	0.822	1.188
邮局	286	0.000	3.388	0.673	0.383
电网营业厅	286	0.006	1.947	0.461	0.314
电信营业厅	286	0.796	11.286	2.890	1.423
银行	286	1.969	19.593	6.357	2.095
干洗	286	0.000	5.335	1.569	0.969
美容美发	286	1.029	18.617	7.182	3.654
宾馆	286	1.273	29.902	6.122	3.626
写字楼	286	0.013	7.638	1.499	1.269
公司	286	2.053	21.119	8.984	3.501
工厂	286	0.000	2.375	0.501	0.355
政府机构	286	2.387	59.212	11.722	6.251
街坊面积均值（公顷）	286	35715.560	562364.425	187296.312	72016.010

注：各类设施可达性表示住区周边500m范围内该类设施的平均个数

（二）多样性（Diversity）

由 Schönfelder 等的研究可知，相比于就业场所，更多的短距离出行发生在家庭周边[37]，因此我们侧重研究住区周边的设施可达性，以城市内部住区周边500m 范围内各种设施的数量作为表征城市空间多样性 / 设施可达性的指标。以500m 为界限是因为 500m 的直线距离对应的最大路径距离大约是 800m（方格路网对角线的情形），符合 Millward 等描述的步行出行特点，即大部分步行在

600m 范围内，很少超过 1200m[62]。具体的设施点文件提取自开放街道图（Open Street Map，OSM），然后参考谷歌（google）历史地图对各种就业点进行增补、校核和分类，分成如下 7 大类，32 个子类。

（1）购物类设施：具体有日常购物（便利店、中小超市、小商店）、农贸市场（菜市场、水果店、副食店等食品类销售点）、购物中心（商业街、大超市、百货大楼）、药店和非日常购物（除以上提到的类别之外的其他所有购物设施）。

（2）餐饮类设施：具体有餐厅（中餐馆和外国餐馆）、饮料（茶馆、咖啡厅、冷饮店、冰淇淋店等）、快餐店（麦当劳、肯德基、必胜客等连锁快餐店，及其他小吃、面条等小店）和糕点店（如味多美、金凤成祥等）。

（3）教育类设施：包括幼儿园、小学、中学和大学。

（4）医疗类设施：包括医院（一级医院以上级别的综合医院，含一级医院）和诊所（卫生院、卫生所和社区卫生站等小规模医疗机构）。

（5）娱乐类设施：包括体育设施（各种运动场馆，如体育馆、足球场、台球厅、保龄球馆、旱冰场等）、公园（指有一定规模的城市级别的公园，街边绿地因数据难以全面获取没有包括）、博物馆（博物馆、美术馆、展览馆、科技馆、文化馆、活动中心等大型文化设施）、影剧院（电影院、剧院等大型观演设施）、KTV 和酒吧（酒吧和夜总会等夜间消费场所）。

（6）服务类设施：包括邮局、电网营业厅、电信营业厅（如中国移动、中国联通等的地方营业厅）、银行、干洗店、美容美发（理发店、美容院、洗浴、桑拿等提供各种个人护理服务的场所）和宾馆。

（7）就业类设施：包括写字楼、公司、工厂和政府机构（党政机关、事业单位、社会团体、居委会村委会等）。

286 个城市内部的住区周边 500m 范围内各种设施数量的描述统计详见表 2-1，部分设施数量的空间分布见图 2-2、图 2-3。

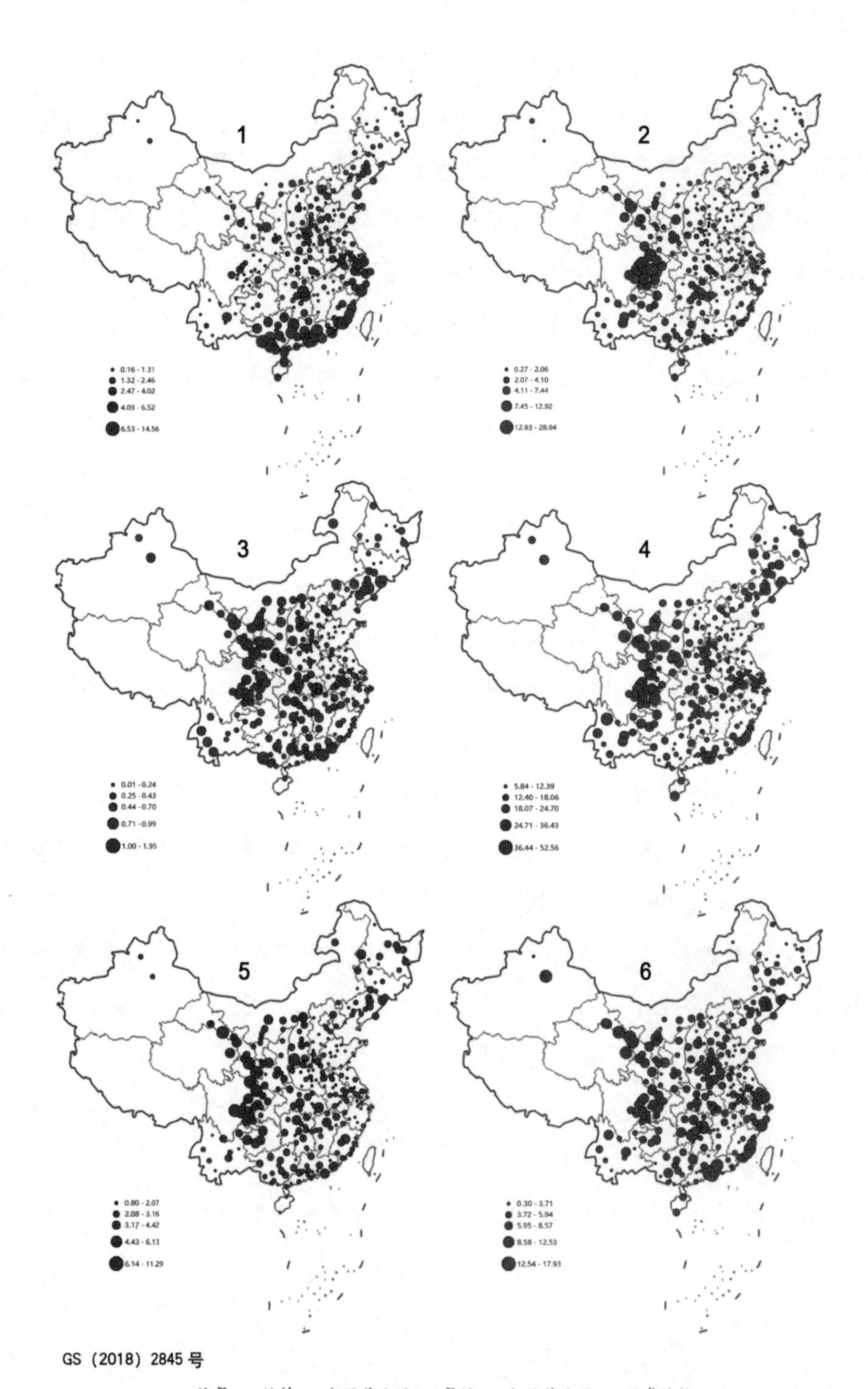

GS（2018）2845 号

1 快餐；2 饮料；3 电网营业厅；4 餐馆；5 电信营业厅；6 日常购物

图 2–2　设施可达性指标的空间分布

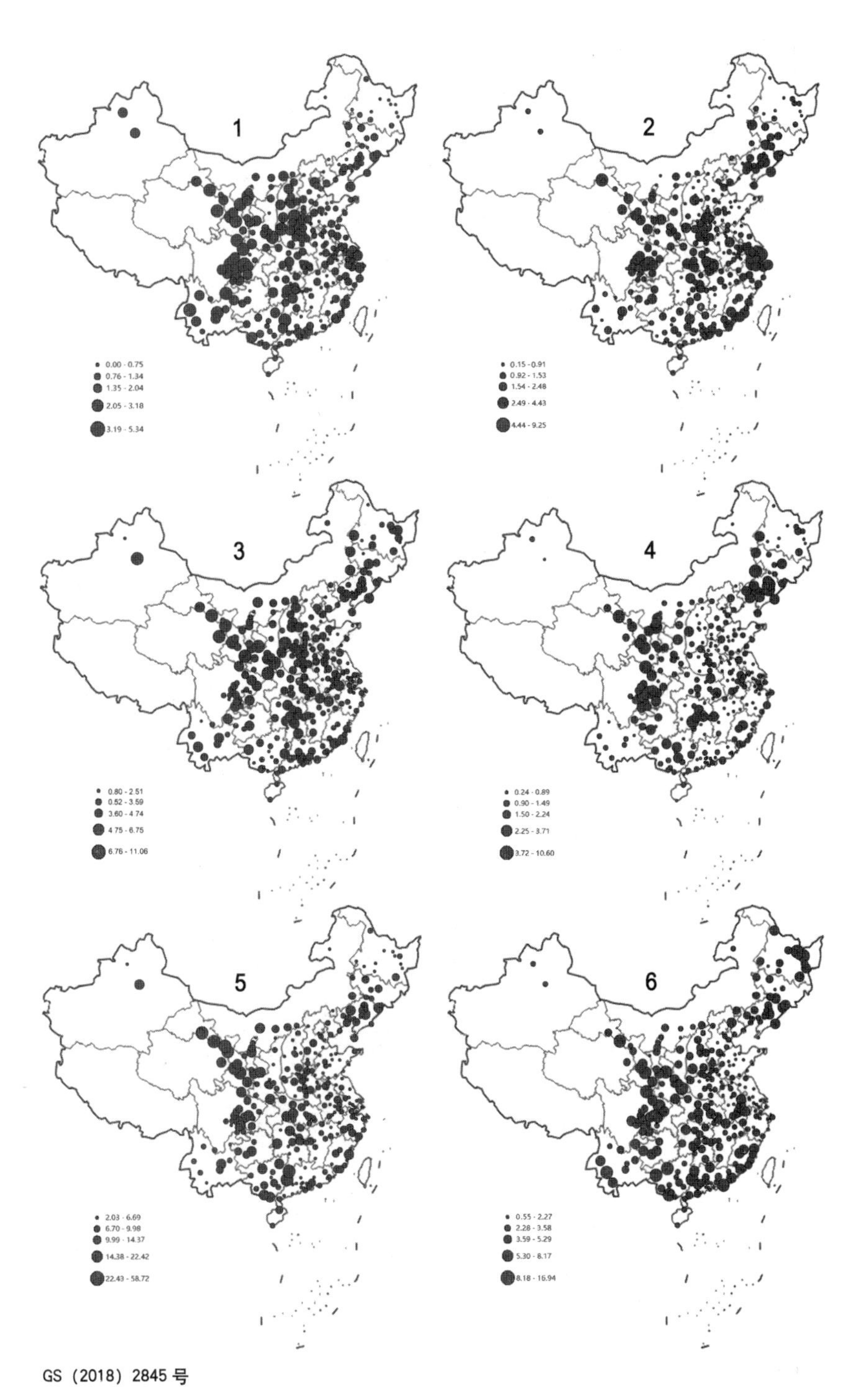

GS（2018）2845 号

1 干洗店；2农贸市场；3 医院；4 KTV；5 诊所；6 政府

图 2–3　设施可达性指标的空间分布

（三）路网形态（Design）

现有研究中表征路网形态的变量一般选用道路交叉口密度或街坊平均面积。为了方便计算，我们以城市街坊的平均面积作为路网形态的表征指标。具体的操作方法如下。（1）首先提取 OpenStreetMap 中的中国全境路网文件，根据《GB 50688—2011 城市道路交通设施设计规范》中规定的各级公路道路宽度，在 ArcMap 10.1 中运用缓冲区命令，得到中国城市全境道路的面状文件。（2）在 ArcMap 10.1 中，用每个城市的建成区面状矢量文件减去上一步得到的道路面状文件，得到每个城市建成区内的街坊面状文件。（3）最后运用按位置选择命令，剔除在空间上没有和任何设施点相交的街坊（如水域、防护绿地等），得到城市建成区内有实际意义的街坊面状文件，计算街坊面积的平均值。

由图 2–4 可见城市街坊面积均值分布具有明显的地域性，北方城市街坊平均面积明显大于南方城市。南方城市通常水网密布，地形崎岖；北方城市大多地形平坦，路网布置不受限制。因此在后面针对路网形态的回归分析中，有必要将城市的地形因素作为控制变量考虑在内。

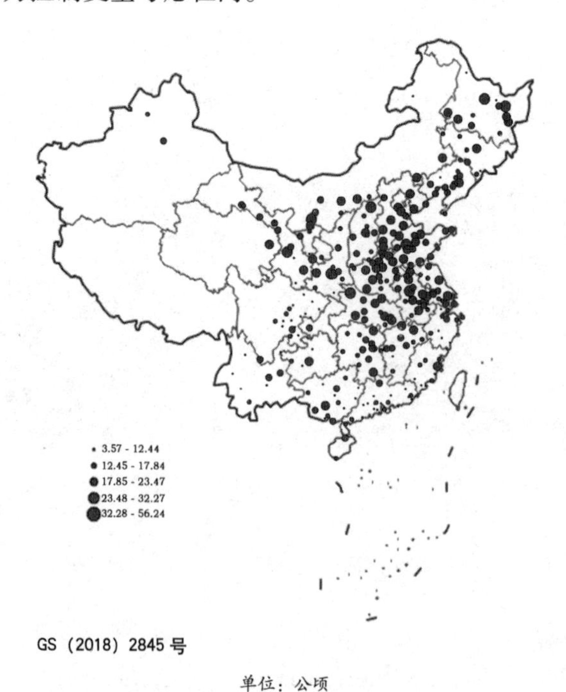

图 2–4　街坊平均面积的空间分布

（四）中心度（Centrality）

基于就业岗位的密度阈值法仍是目前公认的提取城市中心最常用的方法[15]。Thurstain-Goodwin 和 Unwin[84] 运用伦敦的例子，演示了如何运用核密度分析，将点要素或面要素转换成连续的空间密度栅格来提取城市中心。我们沿用此方法，以前文提到的建成区范围内所有的设施点文件为源文件，提取 2010 年中国 286 个地级以上城市的就业中心、商业中心和邻里中心。

我们以商业中心为例，介绍其提取过程。依据文献综述部分的假设，商业中心对应的主要是购物和餐饮等活动，我们提取购物中心、非日常购物和所有餐饮类设施，在 ArcMap10.1 中运用核密度分析法（半径 500m 的圆形掩膜），生成分辨率为 20m、范围涵盖中国大陆全境的商业设施密度栅格。然后用每个城市的建成区空间范围文件提取各个城市的商业设施密度栅格。为了确定商业中心的提取阈值，我们尝试用 ArcGIS 提供的各种栅格分类方法划分商业设施密度栅格，对照北京、石家庄、济南、太原、郑州等城市总体规划中对商业中心的描述，选出最贴近实际的提取方法。最终我们采用的方法是将每个城市的商业设施密度栅格按照栅格数值高低分成 100 份，取数值最高的 5% 栅格为商业中心。

从假设中可知，就业中心对应的主要是就业活动，因此我们以所有设施点为源文件（因为理论上所有类型的设施都会产生就业岗位），采取类似商业中心的操作流程，提取每个城市的就业中心。不同的是，就业中心提取的阈值是将每个城市的就业设施密度栅格按照栅格数值高低分成 100 份，取数值最高的 2% 栅格为就业中心。

以类似的方法，我们提取邻里中心的数据，以日常购物、农贸市场、药店、诊所、幼儿园这五类和居民每日生活都密切相关的设施作为源文件；采取类似商业中心的操作流程，提取每个城市的邻里中心。不同的是，邻里中心提取的阈值是将每个城市的邻里设施密度栅格按照栅格数值高低分成 100 份，取数值最高的 10% 栅格为邻里中心。

此外交通能耗采取的是基于联合国政府间气候变化专门委员会（IPCC）温

室气体排放指南给出的估算方法，对中国 2009 年 286 个地级以上城市居民交通能耗的估算值，具体方法参见第一章第二节。多个研究显示建成区面积和收入因素对居民出行能耗有重大影响 [30, 85–88]，因此我们在接下来的回归分析中需要将建成区面积和居民收入作为控制变量。其中表征人口收入的城市级别变量有人均GDP、人均职工平均工资、人均可支配收入、人均消费性支出、人均财政收入和人均财政支出等 6 个指标。各个指标表达的含义互不相同，各有侧重，但相互之间具有很高的相关性。为了选出最有效的控制变量，我们对这 6 个变量与 286 个地级以上城市的居民人均交通能耗进行了简单相关分析，选取与居民人均交通能耗相关性简单相关系数最大的人均财政收入作为表征居民收入的控制变量。人均财政收入直接表达地方政府修建养护交通基础设施的能力，而交通基础设施的基本情况与居民出行有着非常直接的关联。

图 2–5 北京市不同级别的中心密度栅格

注：上：就业栅格；中：商业栅格；下：邻里栅格

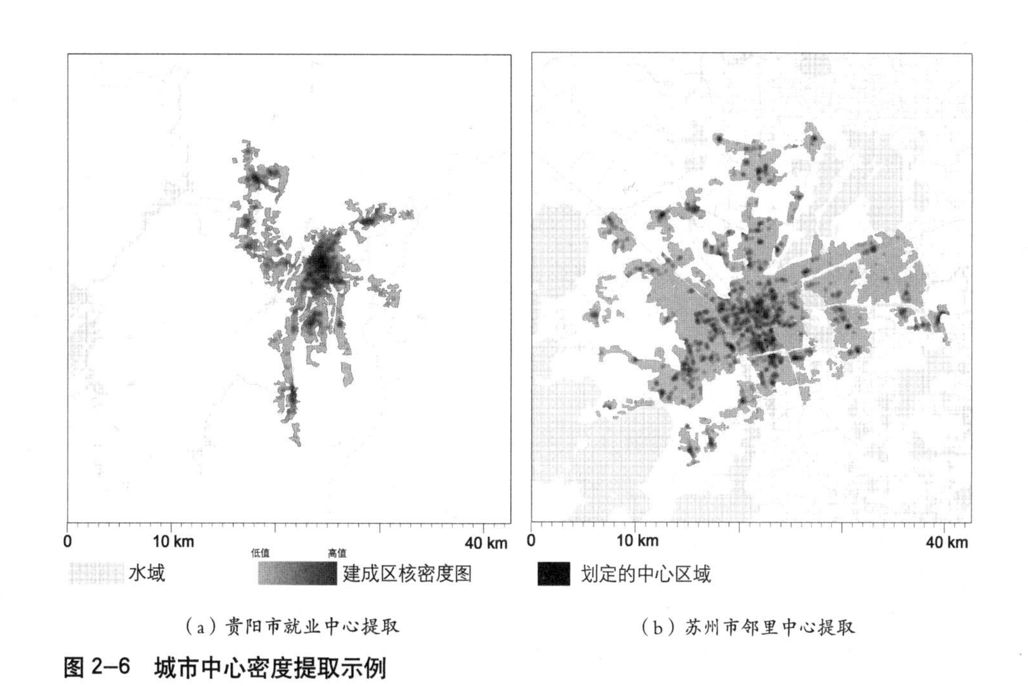

（a）贵阳市就业中心提取　　（b）苏州市邻里中心提取

图 2–6　城市中心密度提取示例

二、“3Ds”与居民交通能耗的回归分析

（一）密度与居民交通能耗

前文的文献回顾中提到，容积率与居民人均交通能耗的关系可能是“U”形的二次曲线关系，为此我们以建成区面积、人均财政收入为控制变量，运用多元线性回归分析考察城市居住用地平均容积率二次项、一次项和居民人均交通能耗的自然对数值（取自然对数值是为了消除异方差性）之间的关系。结果（表 2–2）显示，对我国 286 个地级以上城市来说，城市居住用地容积率与居民人均交通能耗之间存在“U”形曲线关系，当容积率约等于 1.01 时，对应的居民人均交通能耗最低。

容积率对居民交通能耗有两方面的影响。一方面，高密度发展模式可以拉近出行目的地和出发地之间的距离，提升各种设施的可达性，从而减少出行距离，鼓励步行、自行车等适合短距离的低碳出行方式[87–89]，也有利于公共交通的开展[87]。

另一方面，高容积率城市交通拥堵状况可能更严重[90]，使得居民出行时间更长，速度更慢，百公里油耗更大[91]，从而使得居民交通能耗更高。因此总体上容积率与居民交通能耗呈现“U”形曲线关系。关于这个最优容积率值1.01，可以这样解释：（1）我国城市新区的建设强度标准大致是1万人/km^2。（2）我国286个地级以上城市目前居住用地比重均值是32.1%，人均居住建筑面积的均值是30.7m^2（两个数据都来源于《中国城市建设统计年鉴》）。（3）根据以上两个数据，对我国286个地级以上城市而言，1万人/km^2的建成区密度对应容积率在0.956左右①。（4）1.01的最优容积率可以说和1万人/km^2的发展强度在本质上是相差不大的，所以此处的结论从交通节能的角度验证了1万人/km^2这一惯常的新区发展强度的科学性。

最后需要强调的是，由于已有数据条件的缺陷，本小节使用的“城市居住用地平均容积率”这一数值要比真实值偏低，这里需要对本小节得出结论的可信度进行探讨。（1）居住用地平均容积率与居民交通能耗之间存在的“U”形曲线关系，作为趋势性的结论是可以肯定的。（2）节能角度最优容积率与1万人/km^2的新区发展强度在本质上相差不大这一结论，由于是在同一套数据体系下验算得到的，因此也是可以肯定的。（3）由于各个城市的居住用地平均容积率都比真实值偏低，因此这里计算得出的节能视角最优容积率数值应该也比真实值偏低。至于偏低多少，还有赖于未来数据的进一步精确。

表2–2 城市居住用地平均容积率与交通能耗之间的回归关系

指 标	（常量）	建成区面积（km^2）	LN人均财政收入（元）	居住用地平均容积率	居住用地平均容积率二次项
非标准化系数	−0.471	0.001	0.628	−0.517	0.255
标准误差	0.348	0.000	0.037	0.310	0.136
T值	−1.356	4.204	16.809	−1.666	1.876
Sig.（显著性）	0.176	0.000	0.000	0.097	0.062

注：因变量为LN_居民人均交通能耗；方程调整R^2=0.578，n=283，sig=0.000

① 1km^2城市土地面积对应的居住用地面积为：1×32.1%=0.321km^2=321000m^2；1万人的居住建筑面积大约为：10000×30.7=307000m^2，故居住用地的容积率为：307000/321000=0.956。

（二）多样性与居民交通能耗

上文已经证明人口密度对居民交通能耗有着显著影响，同时人口密度与其他维度的形态指标都有着密切关系 [10]，因此在之后的回归分析中，我们将人口密度也加入到控制变量中。

由于我们选用的多样性（设施可达性）指标较多，而且各种设施在空间分布上存在一定的相关性，因此我们首先以建成区面积、人均财政收入和人口密度为控制变量，运用偏相关分析依次考察各个设施可达性指标与居民人均交通能耗的关系，结果如表 2–3 所示。可见饮料、电信营业厅、KTV、工厂、电网营业厅、干洗店、餐馆、快餐、诊所、农贸市场、日常购物、政府机构和医院这 13 类设施的可达性与居民人均交通能耗之间有显著的线性关系。

为了排除这 13 类设施可达性之间的相关性，接下来我们以其余 12 个设施可达性指标为控制变量，依次考察各个设施可达性指标与居民人均交通能耗的偏相关系数，得到各个设施可达性对居民人均交通能耗的净影响。从表 2–4 中可见，饮料、餐馆、电网营业厅、日常购物、电信营业厅和农贸市场对居民人均交通能耗有着显著的负向净关系，即住区 500m① 范围内，这些设施的数量越多，居民人均交通能耗越低。这样的结果符合常识认知，居民日常活动如日用品采购、餐饮、交电话费、电费等的发生频率较高，如果对应的设施布置在住区周边步行适宜范围内，有助于降低居民的出行能耗。

从回归结果中还可以发现，工厂和快餐的设施可达性与居民人均交通能耗有显著正向关系，即住区周边 500m 范围内的工厂和快餐设施越多，居民人均交通能耗反而越高，这似乎有悖于一般的常识。（1）对于快餐店，观察图 2–2 的分布，可见快餐设施可达性高的城市集中分布在沿海发达地区。这些城市本身居民的消费水平高，快餐设施数量较多，因此快餐设施可达性对居民交通能耗的正向影响可能是由于整个城市快餐设施密度（快餐设施数量除以建成区面积）高造成的。

① 根据本书第三章第四节的分析，通常认为居民日常生活圈的范围是以住宅为圆心、半径 800m 的圆形区域。作为城市尺度的研究，本章为了方便计算，取住区边界向外扩张 500m 直线距离所形成的范围作为居民日常生活圈。

在将快餐设施密度作为控制变量后，快餐设施可达性与居民交通能耗之间就不存在显著线性关系了（p=0.325）。（2）观察图 2–7 的分布，可见工厂可达性高的城市集中分布在长三角、珠三角这些以出口加工为主的沿海地区以及辽宁、华北平原等老工业基地。这些城市的工厂绝对数量多，且大部分都分布在建成区边缘地带（图 2–7）。由于计划经济时期职住一体的单位制的解体[92]，这些工厂的职工居住地普遍分散在城市各个角落，通勤距离较长，因此工厂设施可达性高的城市出行能耗要高一些。

此外从回归结果中我们还可以看到，包括幼儿园、小学等教育设施以及诊所、医院等医疗设施的可达性与居民人均交通能耗并没有显著的净关系，这可能与中国城市的建成环境特点有关。（1）在我国的城市建设中，由于住区规划的硬性规定，住区周边普遍配建有完备的医疗和教育设施，因此这些设施的可达性在各个城市之间的差别不大，在回归中它们对居民交通能耗没有体现出显著影响。（2）当然这不是说这些服务设施对居民的交通能耗没有影响。如果现状这些设施的配置情况不同的话，将对不同地区的居民的交通出行需求产生较大影响。以西方城市为例的大部分研究[93, 94]都证实了这一点。（3）此外，本研究受制于数据条件，并没有区分出优质的教育医疗资源（例如重点中小学、三甲医院等）。从现实生活经验可知这些优质的公共服务资源对居民的居住地选择、通勤和非通勤出行行为都有着重要的影响。未来随着数据条件的改善，可以深入探讨重点中小学、三甲医院等优质公共服务资源可达性对居民交通能耗的影响。

表 2–3　各类设施可达性与居民人均交通能耗的偏相关分析

变量	饮料	电信营业厅	KTV	工厂	电网营业厅	干洗店	餐馆	快餐	诊所	农贸市场	日常购物	政府机构	医院	酒吧	宾馆
相关性	−0.295	−0.228	−0.199	0.192	−0.169	−0.144	−0.141	0.147	−0.130	−0.122	−0.114	−0.119	−0.103	−0.064	−0.061
显著性（双侧）	0.000	0.000	0.000	0.000	0.000	0.001	0.002	0.002	0.004	0.009	0.014	0.014	0.026	0.168	0.186
df	281	281	276	281	281	279	281	281	281	281	281	277	281	274	281

待续

续表

变量	博物馆	幼儿园	糕点店	美容美发	中学	药店	银行	影剧院	体育设施	购物中心	中学	公园	邮局	公司	写字楼
相关性	−0.054	−0.052	0.055	−0.049	−0.044	−0.039	−0.036	0.029	−0.028	−0.027	−0.026	0.023	−0.023	0.018	0.016
显著性（双侧）	0.230	0.249	0.257	0.322	0.332	0.409	0.456	0.535	0.556	0.562	0.570	0.614	0.620	0.685	0.750
df	281	281	281	278	280	278	278	281	279	281	281	281	281	281	281

注：以建成区面积、人均财政收入和人口密度为控制变量

表 2-4　13 类设施可达性与居民人均交通能耗进一步的偏相关分析结果

变量	饮料	工厂	快餐	餐馆	电网营业厅	日常购物	电信营业厅	农贸市场	干洗店	KTV	医院	诊所	政府机构
相关性	−0.313	0.280	0.212	−0.169	−0.149	−0.121	−0.110	−0.104	0.097	−0.089	−0.016	−0.007	0.007
显著性（双侧）	0.000	0.000	0.000	0.006	0.015	0.048	0.073	0.090	0.114	0.145	0.793	0.904	0.913
df	266	266	266	266	266	266	266	266	266	266	266	266	266

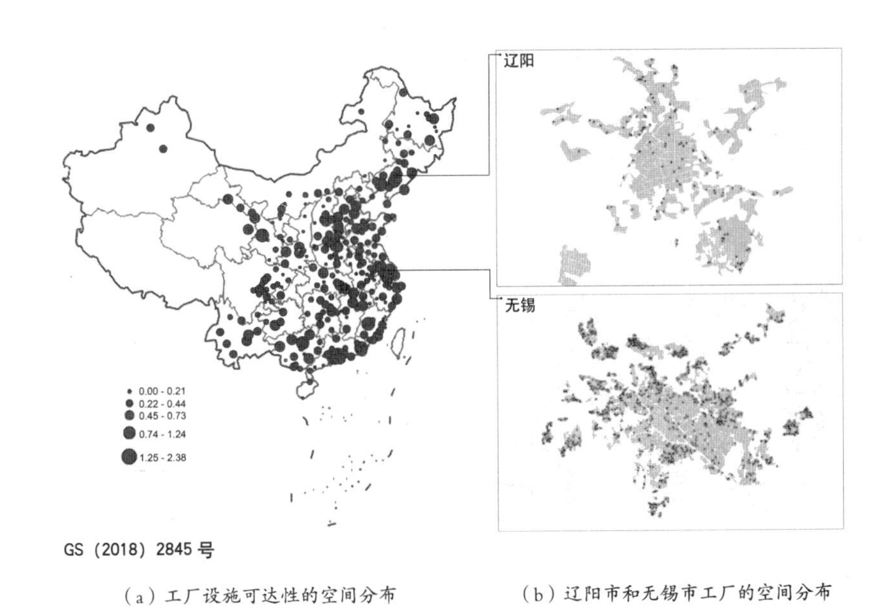

（a）工厂设施可达性的空间分布　　（b）辽阳市和无锡市工厂的空间分布

图 2-7　286 个地级以上城市工厂设施可达性空间分布与城市示例

（三）路网形态与居民交通能耗

根据图 2-4 各个城市街坊平均面积的分布可以看出，路网形态分布具有明

显的地域性，地形因素对路网形态有重要的影响。因此这里将城市是否为平原城市[①]这一虚拟变量也加入到控制变量中，对街坊平均面积与居民人均交通能耗的自然对数值进行多元线性回归分析。结果如表 2–5 显示，城市街坊平均面积与居民交通能耗有正向线性关系，街坊面积越大的城市居民交通能耗越高，与类似文献的研究结果相同[39, 95]。相对而言小街坊沿街面比例比大街坊的更高，有利于土地功能的混合开发。同时小网格路网道路的宽度相对要小，方便行人过马路，步行环境更友好，从而促进居民的低碳出行，降低其交通能耗[1]。

表 2–5 路网形态与交通能耗之间的回归关系

指标	（常量）	建成区面积	人均财政收入	人口密度	是否是平原城市	街坊平均面积
非标准化系数	3.721	4.978E–04	6.375E–05	4.636E–05	0.225	8.380E–07
标准误差	0.112	0.000	0.000	0.000	0.067	0.000
T 值	33.264	2.479	11.325	2.868	3.383	1.781
Sig.（显著性）	0.000	0.014	0.000	0.004	0.001	0.076

注：因变量为LN居民人均交通能耗，方程调整R^2=0.457，n=285，sig=0.000

三、中心度与居民交通能耗的回归分析

城市的各级中心密度受到城市建成区面积的影响很大。从表 2–6 可以看出，建成区规模越大的城市，各级中心的中心密度越低。因此对中心度的回归分析需要按照城市规模进行分组考察。

对照国务院最新的城市分类标准，我们将 286 个地级以上的城市按人口分成 50 万人以下的小城市，50 万～ 100 万的中等城市，500 万以上的特大城市[②]。至于 100 万～ 500 万人的大城市，王小鲁等[96, 97]的分析表明 200 万～ 500 万是中国城市综合效率最优的区间，本文取 100 万～ 200 万为一组，200 万～ 500 万为另一组，这样共有 5 组（表 2–6）。

---

① 以海拔 200m 为界，海拔 200m 以下的城市为平原城市，数值为 1；其他城市为非平原城市，数值为 0。

② 1000 万以上为超大城市，但数量太少，将其并入特大城市组内。

表 2–6　按规模分组的各级中心密度的描述统计

类　别		N	极小值	极大值	均值	标准差
500 万人口以上城市	就业中心密度	12	0.001	0.010	0.006	0.003
	商业中心密度	12	0.011	0.039	0.027	0.009
	邻里中心密度	12	0.271	0.718	0.432	0.135
200 万～ 500 万人口城市	就业中心密度	35	0.002	0.030	0.009	0.007
	商业中心密度	35	0.003	0.060	0.023	0.013
	邻里中心密度	35	0.212	1.275	0.486	0.202
100 万～ 200 万人口城市	就业中心密度	83	0.005	0.221	0.026	0.030
	商业中心密度	83	0.007	0.221	0.036	0.031
	邻里中心密度	83	0.203	2.476	0.667	0.351
50 万～ 100 万人口城市	就业中心密度	107	0.007	0.244	0.034	0.031
	商业中心密度	107	0.007	0.244	0.043	0.034
	邻里中心密度	107	0.153	7.145	0.794	0.758
50 万以下人口城市	就业中心密度	49	0.008	1.015	0.069	0.141
	商业中心密度	49	0.016	1.015	0.077	0.141
	邻里中心密度	49	0.053	8.440	1.123	1.543

（一）邻里中心密度与居民交通能耗

我们以建成区面积、人均财政收入和人口密度为控制变量，运用多元线性回归分析考察邻里中心密度[①]二次项、一次项和居民人均交通能耗的自然对数值之间的关系。结果（表 2–7）显示在 200 万～ 500 万人口城市组中，邻里中心密度一次项和二次项系数都是通过检验的，其中二次项系数为正，一次项系数为负，邻里中心密度与居民交通能耗之间的关系曲线是一个开口向上的二次曲线（图 2–8），当邻里中心密度大约是 0.675 时（每个中心对应的腹地范围约为 1.48km^2 时），城市居民交通能耗最低。

① 用邻里中心的个数除以城市居住用地总面积。这不同于就业中心密度和商业中心密度的计算方法。因为就业中心和商业中心级别高，服务各种用地，而邻里中心一般只服务居住用地。

表 2–7 200 万～500 万人口规模的城市各级中心密度与交通能耗之间的回归分析结果

中心级别	R^2	调整 R^2	SIG	有效个案		中心密度二次项	中心密度	人口密度	建成区面积	人均财政收入	常数项
就业中心	0.680	0.621	0.000	33	非标准化系数	2695.993	−82.170	2.479E−05	1.391E−03	4.441E−05	4.446
					sig	0.057	0.064	0.448	0.106	0.009	0.000
					t	1.990	−1.932	0.770	1.674	2.802	10.745
商业中心	0.628	0.562	0.000	34	非标准化系数	605.931	−35.133	1.605E−05	1.032E−03	5.344E−05	4.590
					sig	0.045	0.043	0.622	0.168	0.000	0.000
					t	2.094	−2.123	0.498	1.414	3.946	12.609
邻里中心	0.632	0.564	0.000	33	非标准化系数	1.826	−2.465	2.454E−05	9.160E−04	4.662E−05	4.951
					sig	0.023	0.028	0.415	0.185	0.001	0.000
					t	2.403	−2.322	0.829	1.362	3.606	12.355

一般来说，在城市内部较小的空间尺度上，受城市道路形态的影响，中心的腹地形状是正方形的，而不是通常中心地理论描述的六边形的[24, 98]。在一个均质的方格网城市中，任意一点出发的等时线一般都是一个与路网呈 45 度夹角的正方形。对于一个腹地面积为 1.48km^2 的最节能的邻里中心密度而言，这样的邻里中心到其腹地内最远点（正方形的四个顶点）的路径距离为 860m。这样的空间模式和佩里[53]提出的邻里单位和 TOD 模式①倡导的发展单元在空间尺度上是一致的，符合人类步行出行的习惯。如果中心密度太低，势必有部分居民离邻里中心距离超过 860m，超出了步行出行的适宜范围，从而更有可能选择机动车出行，使得交通能耗变高。相反，如果邻里中心密度过高，每一个邻里中心的设施种类可能并不齐全，居民为了获取全面的商品或服务从而产生越级出行，通过私家车或公共交通到更高级别的中心获取本该在邻里中心得到的商品或服务，同样使得交通能耗变高。

① Transit Oriented Development，公交引导的发展模式。

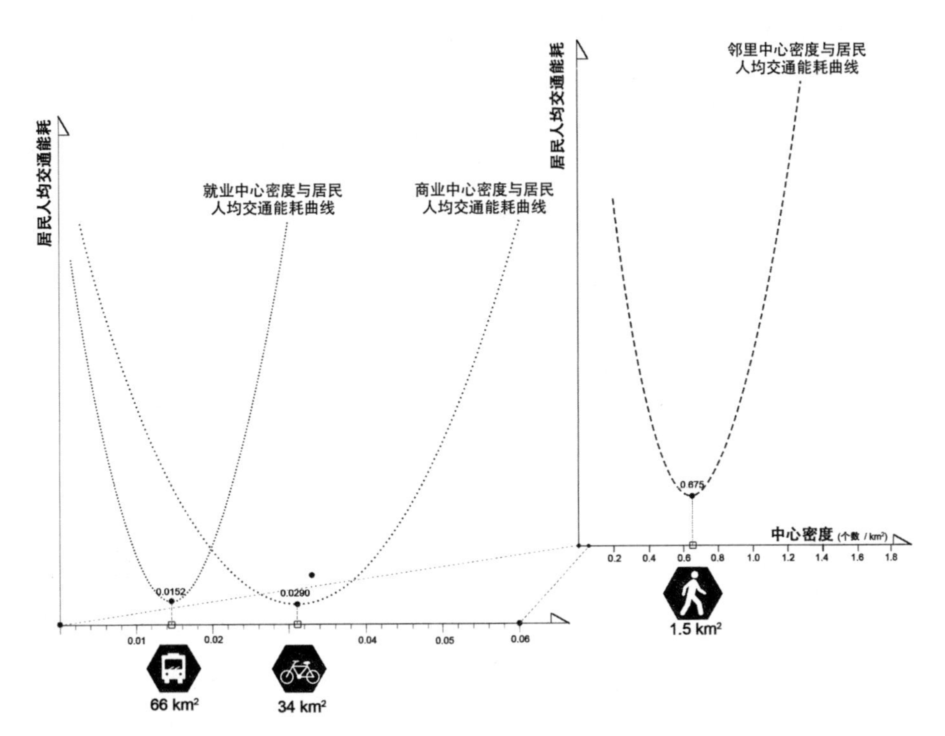

图 2–8　各级中心密度与交通能耗之间“U”形曲线图示

（二）商业中心密度与居民交通能耗

通过类似的考察，我们可以发现在 200 万～ 500 万人口城市组，商业中心密度同样与居民交通能耗之间存在“U”形曲线关系（表 2–7，图 2–8）。当商业中心密度大约是 0.0290 时（每个中心对应的腹地范围约为 34.5km^2 时），城市居民交通能耗最低。

根据之前关于购物出行圈层结构的研究结论[25, 99]，除了高档服装和家用电器等购物频率较低的商品外，大部分购物活动的出行距离都在 4km 以内。相关研究[61, 100]表明自行车的优势出行距离在 1 ～ 3km，很少超过 4km。对于最节能的商业中心布局模式，其腹地形状类似于最节能的邻里中心布局模式，只不过前者的腹地面积是后者的 5 倍，商业中心到腹地范围内最远点的距离大约是 4km，恰好符合自行车出行的上限距离。这样一个最节能的商业中心布局模式能够保证商业中心腹地范围内的各个点都处在可接受的自行车适宜出行范围内，从而有效减少居民购物活动对小汽车出行的依赖。而过低的商业中心密度会导致部分居民到商业中心距离过远而不得不使用私家车出行，过高的商业中心密度使得部分商业中心因为集聚效应不强，商品 / 服务级别不够高、种类不够全，居民可能因此产生更多的越级出行，同样会使得交通能耗变高。

（三）就业中心密度与居民交通能耗

同样在 200 万～ 500 万人口城市组，就业中心密度同样与居民交通能耗之间存在“U”形曲线关系（表 2–7，图 2–8）。当就业中心密度大约是 0.0152 时（每个中心对应的腹地范围约为 65.6km^2 时），城市居民交通能耗最低。

需要解释的一点是，三个级别的中心密度只有 200 万～ 500 万人口组中心密度的回归结果是显著的。当城市人口太少时，集聚效应不显著，没有条件形成适当级别的中心。人口规模过大时，城市发展常常陷入混乱，缺乏中观层面的空间结构 [60]，因此只有在适当的规模分组里，中心密度与能耗之间的规律关系才得以显现。

对于就业中心，回归得到的中心的最佳密度是 0. 0149 个 /km^2，即每 66km^2 建成区存在一个中心，与商业中心腹地面积的比值是 1/2，k=2。根据 Berry 和 Parr 给出的四边形中心地体系的图示 [24]，就业中心应该位于四个相邻的商业中心形成的正方形的质心上，其腹地就是一个平行于路网，边长为 8km 左右的正方形。这样在公交车腹地范围内，到达中心最远的距离（正方形四个顶点）是 5.6km 左右，仍然处在学者们研究的公交车适宜出行距离范围之内 [61, 67, 100]。和商业中心类似，就业中心腹地范围内的各个点都处在可接受的公交车到达范围内，从而有效减少居民就业活动对小汽车出行的依赖，降低居民交通能耗。这样通过实证分析，一个交通能源效率最优的城市内部中心层级结构呈现在我们眼前（图 2–9）。具体来说，邻里中心的空间范围在 800m 半径内，空间单元面积为 1.5km^2 左右，满足步行 10 分钟可达需求，提供每日必须的商品和公共服务需求，如菜市场、便利店等。商业中心腹地的空间范围在 2 ～ 3km 半径内，面积为 32km^2 左右，满足自行车 10 ～ 15 分钟的出行可达需求，提供非日常购物活动。就业中心腹地的空间范围在 5.5 km 半径内，面积约为 67km²，满足公交出行 20 ～ 30 分钟的可达需求，是个体居民就业活动的中心。

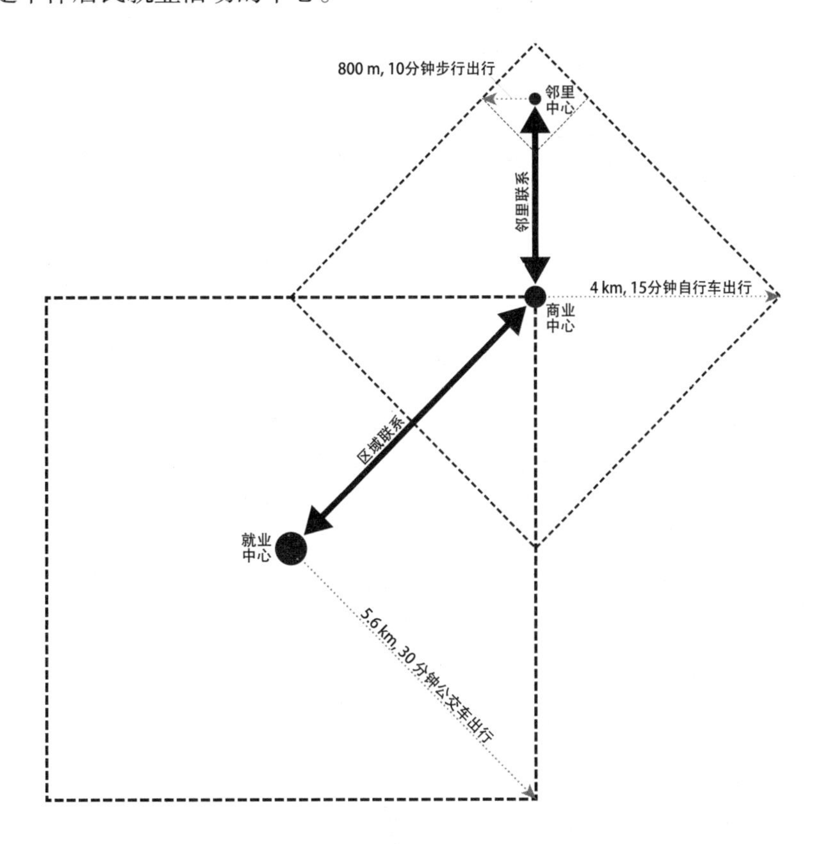

图 2–9　200 万～ 500 万人口规模城市居民交通能耗最小化的城市内部中心层级结果图示

第三节　案例城市空间结构与能耗

前两节已经就城市空间结构影响居民能耗的一般规律展开分析，本节将以济南、石家庄、郑州和太原四个城市为例，具体阐释宏观城市空间结构的各个维度是如何对居民能耗产生影响的。需要说明的是，之前的回归分析中由于加入了诸如收入、规模等对居民交通能耗有巨大影响的控制变量，得到的结论是城市空间结构各个维度与居民交通能耗的“净”关系；而本节对四个案例城市的分析由于案例数量有限，所以只能对它们进行简单排序对比，相应得到的是居民交通能耗与城市空间结构之间的“毛”关系，和回归分析得到的一般结论可能有所出入，需要具体的解释分析。

一、案例城市能耗特点

首先来看四个案例城市的居民能耗基本情况。如表 2–8 所示，在居民人均生活总能耗方面，四城市的数值都高于全国 286 个地级以上城市的平均值，与 35 个 200 万～ 500 万人口大城市的居民人均生活总能耗平均值则相差不多。这说明相比规模较小的城市组来说，200 万～ 500 万人口大城市的居民生活总能耗相对较高。其中郑州在四城市中是最高的，石家庄和太原相差不多，济南是四个城市中最低的。从组成结构来看，居民用电能耗和集中供暖能耗占据了居民生活总能耗的大半部分，相对而言交通能耗和用气能耗的比重较低，因此降低空调能耗是四城市节能工作的重点。

表 2–8 四个案例城市各类能耗具体数值

城　　市	人均用电 CO_2 排放量 kg/ 人	人均用气 CO_2 排放量 kg/ 人	人均交通 CO_2 排放量 kg/ 人	人均集中供暖 CO_2 排放量 kg/ 人	人均总能耗 kg/ 人
286 个地级以上城市平均值	535.3096	245.6724	139.0586	209.6565	1129.697
35 个 200 万～ 500 万大城市平均值	796.6169	346.6643	170.8555	224.3779	1538.515
石家庄市	514.6894	58.14877	149.6984	809.3187	1531.855
太原市	561.6056	265.8761	97.8665	611.0254	1536.374
济南市	758.61	175.7431	126.4527	414.7301	1475.536
郑州市	1067.762	330.8711	206.8237	178.4639	1783.921

具体来看各个细分能耗。居民用电能耗方面，四个案例城市除了石家庄外，其余三个城市都高于全国 286 个地级以上城市的均值，其中郑州的居民人均用电能耗更是比 35 个 200 万～ 500 万人口大城市的均值还要高出许多。四城市居民人均用电能耗从低到高的顺序是石家庄、太原、济南和郑州，恰好与四个城市地理位置由北到南的顺序一致。居民用电能耗中的主要部分是空调制冷能耗，与城市所处位置的气候条件有很大关系。四个城市都处于北温带，地理位置越靠南相对而言气候越炎热，因此居民人均用电能耗也就越高，符合我们的常识认知。

居民用气能耗方面，四个案例城市用气能耗在全国 286 个城市均值上下浮动，但都低于 35 个 200 万～ 500 万人口大城市的均值，说明总体而言四个案例城市用气能耗在大城市中较低。郑州和太原的居民人均用气能耗明显高于石家庄和济南。一般来说居民用气能耗主要受天然气供应价格的影响，而天然气价格和城市所处地理位置到主要天然气产地的距离关系密切，靠近天然气产地的城市其天然气供应价格会低一些。我国主要的天然气产地分布在新疆、四川盆地、陕北地区等，郑州靠近四川盆地和中原油田，太原靠近陕北地区，相对而言天然气供应价格更低一些，因此人均用气能耗更高一些。

居民交通能耗方面，郑州和石家庄的居民人均交通能耗要高于济南和太原，尤其是郑州的居民人均交通能耗更是高于 35 个 200 万～ 500 万人口大城市的均值。郑州和石家庄是典型的平原城市，城市空间形态呈现典型的单中心同心圆发展模式，路网间距普遍较大，相对而言交通能耗要高一些。济南和太原由于自然地形的限制，城市以组团形式发展，多中心结构更明显，相对而言交通能耗要低一些。

需要强调的是，本章使用的交通能耗数据是根据统计年鉴数据按照 IPCC 的估算方法求得的各个城市的人均值（以下简称“宏观交通能耗”），后文第三章至第六章中使用的交通能耗数据都是基于问卷调查得到的样本小区人均能耗（以下简称“微观交通能耗”），两类能耗数据在样本城市的相对排序上存在一定差异。宏观交通能耗四城市从大到小的排序是郑州 > 石家庄 > 济南 > 太原，微观交通能耗四城市从大到小的排序是郑州 > 济南 > 石家庄 > 太原。两个排序之间的差异是济南和石家庄的相对排序。出现这样的差异可能有以下四个原因：第一，宏观交通能耗是出行距离和出行方式的乘积。第二，微观小区调研数据得到的人均出行距离的排序是郑州 > 石家庄 > 济南 > 太原（详见后文第五章第二节的分析），这个排序和宏观交通能耗四城市的排序是一致的，石家庄要比济南高。第三，微观小区调研数据显示，四城市私家车出行比例的大小排序是郑州（34.6%）> 济南（26.4%）> 石家庄（22.3%）> 太原（20.3%），石家庄的私家车出行比重低于济南。第四，微观调查数据中石家庄的交通能耗之所以低于济南，是因为石家庄问卷抽样小区居民的私家车出行比例明显较低。由于石家庄抽样小区中存在铁道大学宿舍、御翔园等公务员家属院小区，这些小区居民的职住距离都很小，居民可以采取步行这种节能的出行方式，从而导致石家庄居民问卷调研的微观交通能耗要低于济南。

最后居民集中供暖能耗方面，四城市除郑州外，都高于全国 286 个地级以上城市的均值以及 35 个 200 万～500 万人口大城市的均值，因为从全国范围来看，四个案例城市均属于北方城市，冬天相对寒冷，供暖需求较大。四个城市居民人均集中供暖能耗由高到低分别是石家庄、太原、济南和郑州，与居民人均用电能耗的顺序正好相反。供暖能耗和用电能耗类似，受自然气候的影响较大，四城市纬度较高的石家庄和太原相对而言冬季更加寒冷，因此供暖能耗要高一些。

下面我们对四城市空间结构的各个维度进行详细考察，解释空间结构是如何影响城市能耗的。

二、案例城市功能多样性特征

在第一章第三小节我们已经介绍过四城市的人口密度特征，这里我们从四城市的多样性，即住区周边的设施可达性特征开始介绍。需要说明的是，从理论上讲，住区周边的各类设施可达性主要与居民非通勤能耗有关系。由于非通勤能耗在总交通能耗中的比重较小（参见本文第五章交通能耗的具体分析），因此直接分析非通勤能耗与设施可达性之间的关系是最合适的。但宏观层面的交通能耗数据并不能区分通勤能耗和非通勤能耗各自所占的比重，因此这里我们只能考察四城市总交通能耗与设施可达性之间的关系。更加深入细化的分析可参见本文第五章——家庭非通勤能耗与设施可达性之间的关系分析。

由前一节的回归分析可知，饮料、餐馆、电网营业厅、日常购物、电信营业厅和农贸市场等设施的可达性与居民交通能耗有显著的负相关关系，即这些日常服务设施的可达性越高，居民的交通能耗越低。下面我们就按照细分种类考察四个案例城市这些设施可达性特征与居民交通能耗的关系。

首先来看四城市小区周边 500m 范围内购物类设施的可达性（表 2–9）。总体来看，四城市大超市、购物中心的可达性都低于全国 286 个地级以上城市的平均水平和 35 个 200 万～ 500 万人口大城市的平均水平，日常购物、农贸市场和药店设施的可达性在全国 286 个地级以上城市的平均水平和 35 个 200 万～ 500 万人口大城市的平均水平上下浮动。住区周边日常购物设施和药店数量较多，平均在 4 ～ 10 个。大超市、购物中心的数量较少，平均每个住区周边有 1 个左右。住区周边的农贸市场数量在 1 ～ 3 个。四城市中，郑州和太原的购物设施可达性比较高，济南和石家庄的购物设施可达性比较低。从空间分布上可以看出（图 2–10），郑州和太原两城市商业设施本身的数量较多，因而小区周边商业设施数量较多，这和两城市所在区域悠久的商业传统密不可分。太原前身晋阳古城是我国古代著名的商业都会，郑州所处的中原地区也是中国商业文化的发源地。济南由于建成区边缘形状比较破碎，有一些无法被商业设施在步行范围内辐射到的住区，因而整体的商业设施可达性较低。

由前一节的回归分析可知，购物设施中日常购物与农贸市场的可达性与居民交通能耗有显著负向关系。四城市中，太原和郑州这两类设施的可达性均明显高于石家庄和济南。由前文可知，四城市居民人均交通能耗由高到低的排序是郑州>石家庄>济南>太原，太原市建成区内日常购物和农贸市场的步行可达性最好，因而其居民交通能耗最低，符合之前回归分析的结论。与回归结论有出入的是郑州市，其建成区内日常购物和农贸市场的步行可达性在四城市中是仅次于太原的[①]，但其居民交通能耗是最高的。这是因为居民交通能耗并不是受城市空间结构的单一维度影响的。下文分析的路网形态特征和中心度特征显示，郑州市城市呈“摊大饼”式的单中心模式发展，小网格街坊比重偏低，这些都不利于降低居民交通能耗。因此总体上看，郑州在案例四城市中的居民交通能耗是最高的。需要指出的是，回归分析的意义在于找出样本的一般规律，上一小节的回归分析针对的是200万～500万人口规模城市组得出的一般规律，对于这四个样本城市而言，其相对顺序不见得一定与总体规律保持一致。

表2–9 案例城市的购物类设施可达性

城　市	大超市 mall	药店	日常购物	农贸市场
286个地级以上城市平均值	1.768	7.670	6.319	1.689
35个200万～500万人口大城市平均值	1.840	7.494	7.724	2.015
石家庄市	0.606	7.263	6.157	1.225
太原市	1.325	5.975	11.196	2.831
济南市	0.773	4.352	5.834	1.159
郑州市	1.395	7.384	10.905	2.837

① 基本与太原相当。

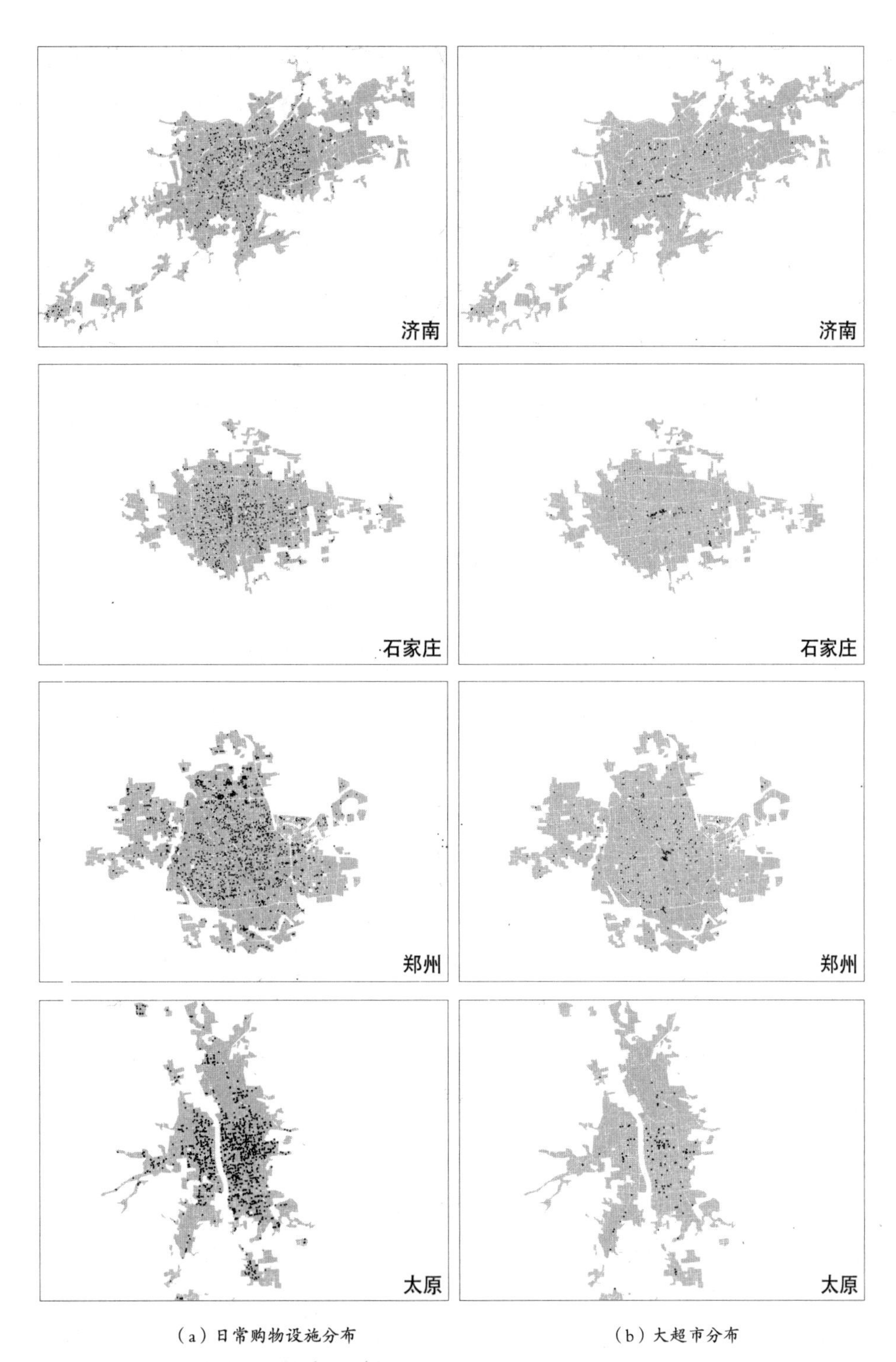

（a）日常购物设施分布　　（b）大超市分布

图 2–10　案例城市商业设施空间分布

下面再来看四城市小区周边500m范围内餐饮类设施的可达性（表2–10）。和购物设施可达性类似，四城市中郑州的餐饮设施可达性仍然是最高的[①]。四城市中，正式的餐厅（包括中餐馆和西餐馆）数量最多，平均每个住区周边都有超过10个；其余三类相差不多，平均每个住区周边有2个左右的饮品店（咖啡厅、茶馆和冷饮店）、快餐小吃店和糕点店。从空间分布上（图2–11），可见餐厅类设施由于数量多，分布相对分散，建成区内各个区位都有一定数量的餐厅。饮料设施由于数量少，都集中分布于中心城区。

上一节的回归分析显示在餐饮设施中，饮料和正餐厅的步行可达性与居民交通能耗成反比。四城市中，太原市的饮料设施可达性是最高的，正餐厅的设施可达性也是较高的（仅次于郑州），其居民交通能耗也是四城市中最低的，可以印证前面回归得到的一般规律。与一般规律有较大出入的仍然是郑州市，其正餐厅和饮料设施的可达性均较高，但其居民人均交通能耗也是四城市中最高的。正如我们在前面购物设施可达性分析中叙述的那样，郑州市居民交通能耗较高是受到城市空间结构其他方面的影响。同时郑州市商业文化发达，因此包括餐饮设施在内的各类商业服务设施数量都比较多，使得居民住区周边各类设施的可达性都比较好。

表2–10　案例城市的餐饮类设施可达性

城　　市	餐厅	饮料	快餐	糕点
286个地级以上城市平均值	18.349	3.500	2.310	1.785
35个200万～500万人口大城市平均值	18.012	2.926	3.625	2.437
石家庄市	10.227	1.366	2.142	1.865
太原市	14.952	2.012	3.522	2.061
济南市	12.548	0.709	2.693	1.159
郑州市	25.905	1.784	5.124	3.895

① 高于全国286个地级以上城市的均值以及35个200万～500万人口大城市的均值。

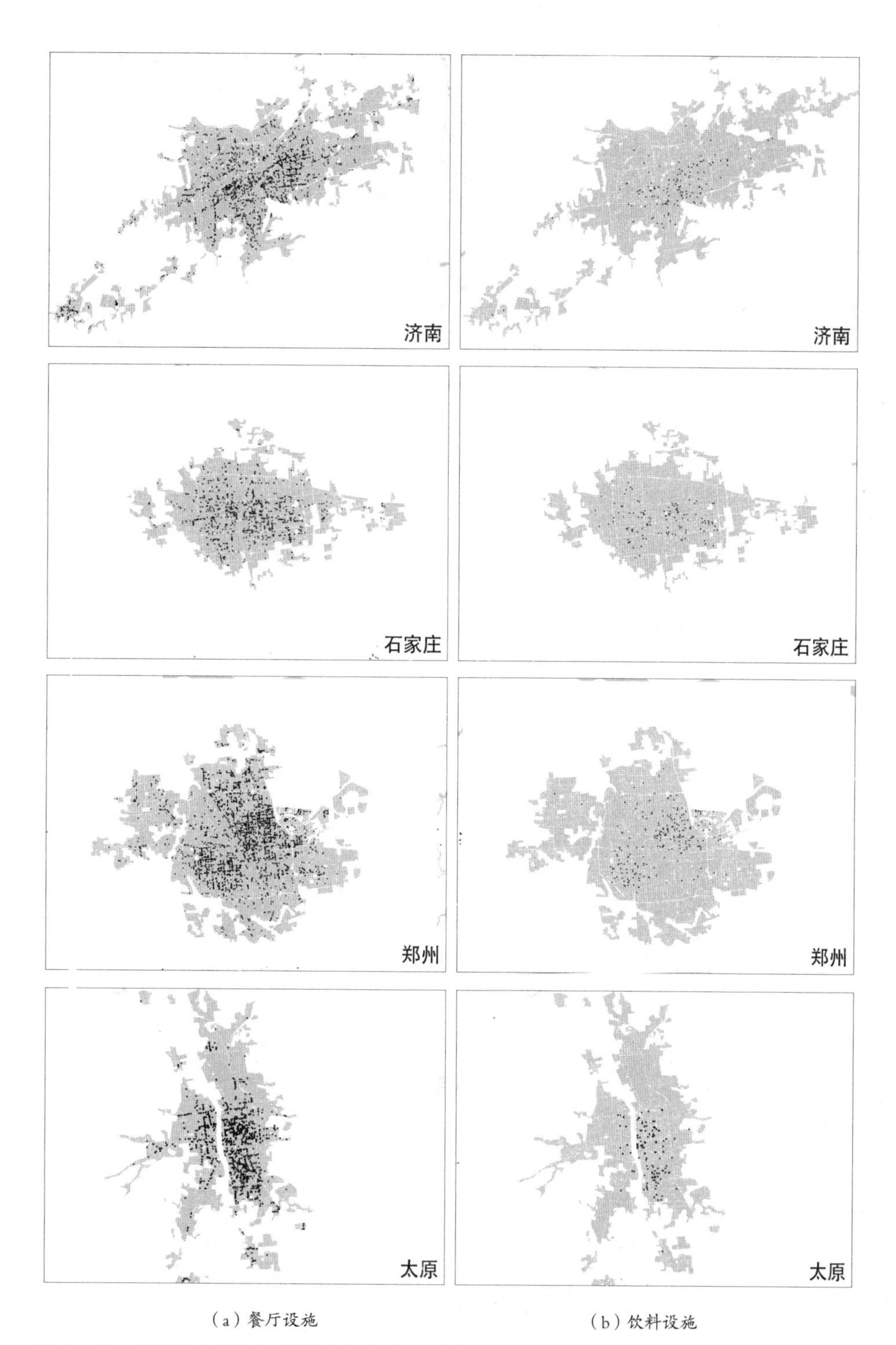

（a）餐厅设施 （b）饮料设施

图 2–11 案例城市餐厅和饮料设施的空间分布

再来看四城市的教育、医疗设施的可达性（表 2–11）。总体来看，四城市住区周边平均有 2 个幼儿园，1 个小学和不到 1 个中学。其中郑州的幼儿园可达性明显高于其他三者，太原的中小学可达性比其他三个城市稍高，但总体上四城市教育设施的可达性指标稍高于全国 286 个地级以上城市的平均值。医疗设施方面，四城市住区周边平均都有 2 个以上的医院和诊所[①]。

总体来说，四城市的教育设施和医疗设施的均布程度都较高，住区居民都能够在步行适宜范围内到达，这和我国住区规范对教育、医疗设施配建的硬性要求是分不开的。这也印证了前一节回归分析得到的一般规律，即教育和医疗设施的可达性对居民交通能耗并没有显著影响，其原因就在于我国城市住区周边教育医疗设施的配建一般都比较完善，相对的差异比较小，正如这四个案例城市显示的那样。

表 2–11　案例城市的教育、医疗类设施可达性

城　市	幼儿园	小学	中学	医院	诊所
286 个地级以上城市平均值	2.015	0.867	0.628	3.741	3.308
35 个 200 万～ 500 万人口大城市平均值	2.022	0.895	0.592	3.743	3.315
石家庄市	1.890	1.109	0.594	2.953	4.387
太原市	1.752	1.311	1.059	5.375	3.364
济南市	2.068	0.727	0.318	3.851	2.467
郑州市	3.558	0.993	0.696	4.953	4.087

① 医院设施在统计的时候，门诊部、急诊部、住院部和部分单独设置的科室是独立统计的，因此在空间上部分点是重叠的。

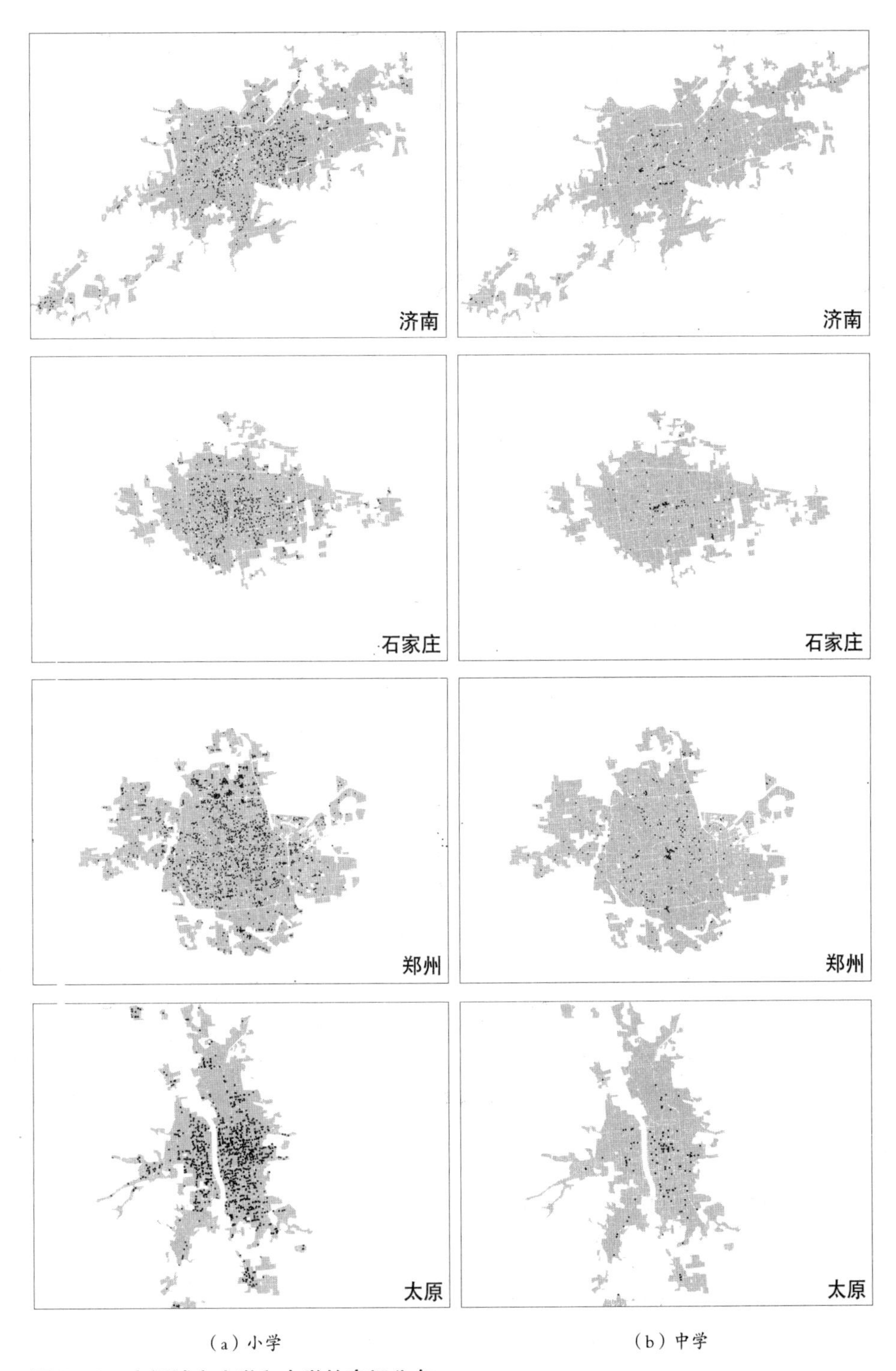

图 2-12 案例城市小学和中学的空间分布

再来看四城市娱乐设施的可达性（表 2–12）。总体来看，四城市博物馆、影剧院、体育设施和公园的可达性和全国 286 个地级以上城市的平均值和 35 个 200 万～ 500 万人口大城市的平均值相差不多，KTV 和酒吧的可达性则普遍低于全国 286 个地级以上城市平均水平和 35 个 200 万～ 500 万人口大城市的平均值。从图 2–14 的 KTV 设施可达性全国分布可以看出，KTV 设施可达性较高的城市分布在东北、四川、湖南等地区，华北地区的 KTV 和酒吧等娱乐设施数量较少，可达性指标较低。这和各地区的气候条件、文化习惯都有一定关系。东北地区常年气候寒冷，室内娱乐活动场所如酒吧、歌厅等数量较多。四川盆地的休闲娱乐文化历史悠久，休闲文化发达。湖南省的娱乐文化产业在全国层面都名列前茅，湖南卫视在地方卫视中的影响力甚大。案例四城市娱乐业相对而言不算发达，因此住区周边娱乐设施数量落后于全国城市的均值。

表 2–12　案例城市的娱乐设施可达性

城　　市	博物馆	影剧院	体育设施	KTV	酒吧	公园
286 个地级以上城市平均值	0.451	0.130	1.117	1.427	0.822	0.188
35 个 200 万～ 500 万人口大城市平均值	0.493	0.178	1.431	0.962	0.926	0.214
石家庄市	0.448	0.170	0.738	1.103	0.099	0.273
太原市	0.337	0.236	1.146	0.893	0.240	0.220
济南市	0.388	0.124	0.906	0.724	0.054	0.104
郑州市	0.386	0.185	1.824	0.914	0.252	0.217

从上一节回归分析得到的一般规律来看，娱乐设施可达性对居民交通能耗并没有显著影响。究其原因，一方面是全国大部分城市（除了上文提到的四川、湖南等个别地区）娱乐设施步行可达性相差不大，正如华北这四个城市所显示的，导致统计规律不显著。另外一个原因可能是相对购物、基础服务等活动，居民参与娱乐活动的频率并不是那么高，因此对娱乐活动的出行距离预期相对也大一些（参见本章第一节），不见得一定要在步行范围内解决，因此步行范围内娱乐设施的可达性对于出行来说也就不那么重要了。

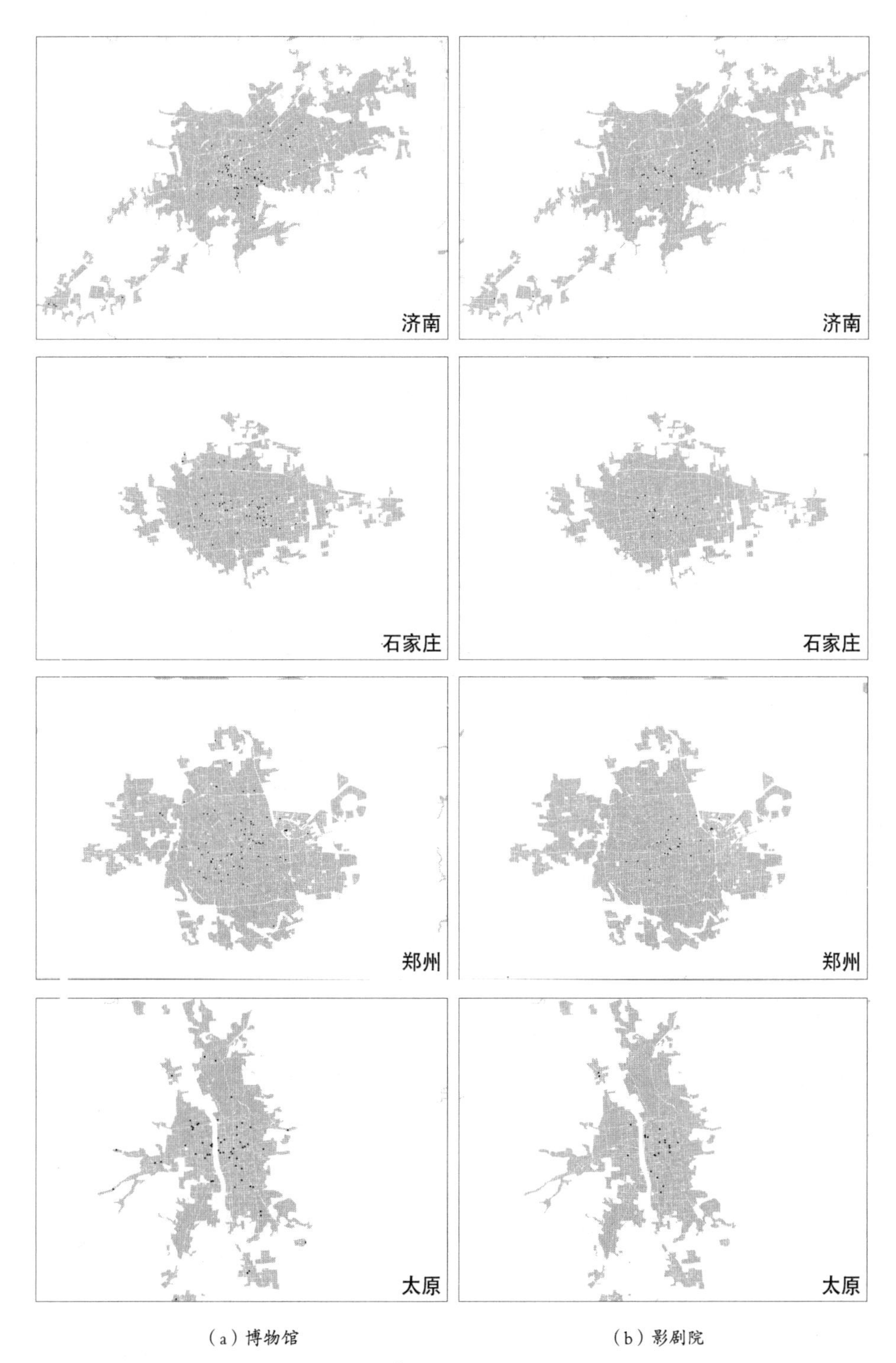

（a）博物馆　　（b）影剧院

图 2–13　案例城市博物馆和影剧院的空间分布

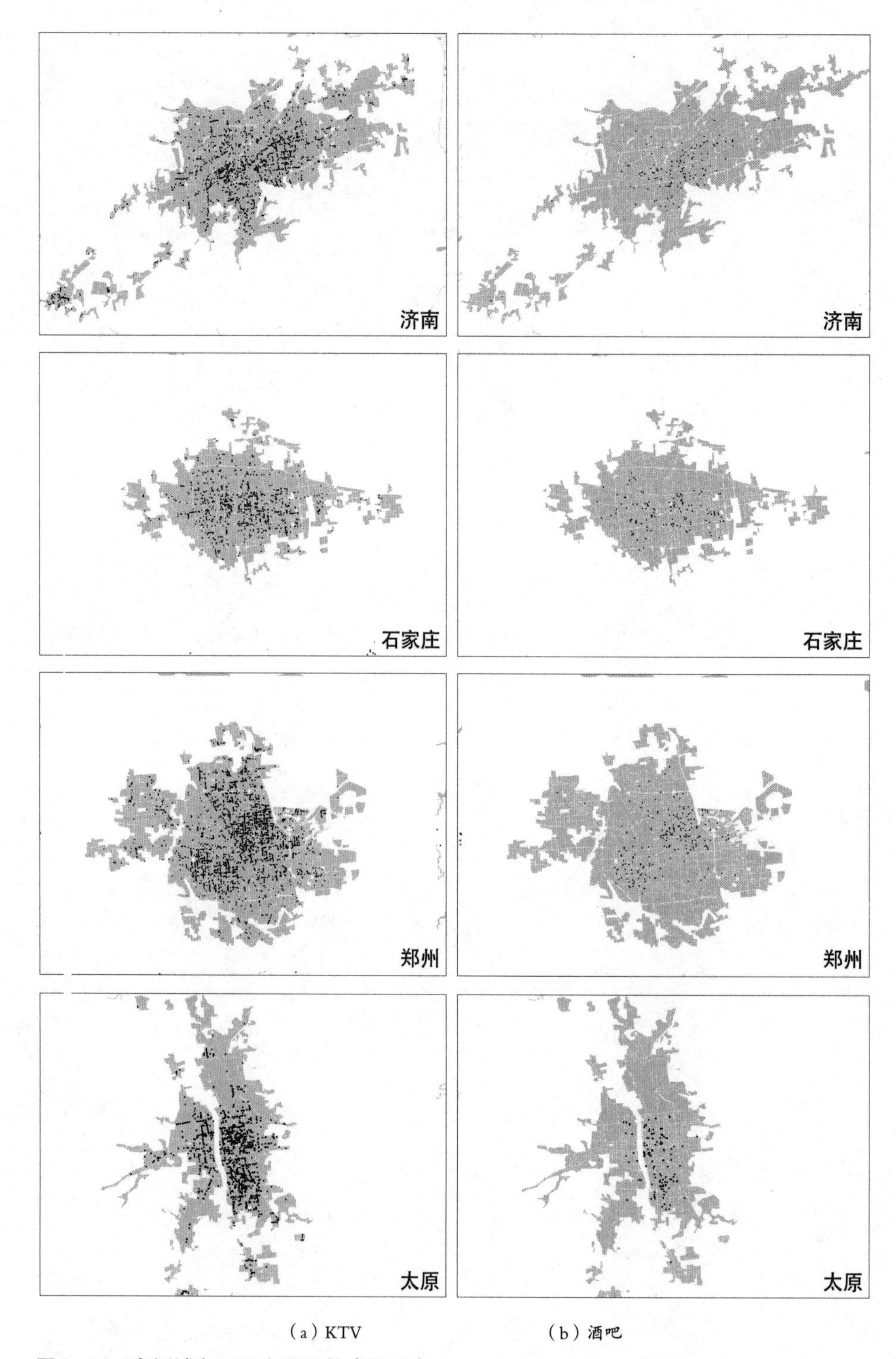

图 2-14 案例城市 KTV 和酒吧的空间分布

下面我们分析四城市服务设施的可达性（表 2-13）。总体来看，四城市各种服务设施的可达性指标与全国 286 个地级以上城市的平均水平以及 35 个大城市的平均水平相差不多，四城市之间的差别也不大。郑州和太原的干洗店可达性稍高于济南和石家庄。济南的银行可达性稍低于其他三个城市。太原的邮局可达性稍高于其他三个城市。四城市的电网营业厅可达性基本一致。太原的电信营业厅可达性稍高于其他三座城市。济南的政府机构可达性稍低于其他三个城市。如前文所言，我国住区规划规范对小区周边公共服务设施的配建有“千人指标”的硬性要求，四个案例城市本身的规模、区位、社会经济条件又比较类似，因而在住区周边的公共设施可达性指标上相差不大。

表 2-13　四个案例城市的服务设施可达性

城　　市	干洗店	银行	邮局	电网营业厅	电信营业厅	政府机构
286 个地级以上城市平均值	1.569	6.357	0.673	0.461	2.890	11.722
35 个 200 万～500 万人口大城市平均值	1.786	5.986	0.597	0.320	2.239	8.074
石家庄市	1.579	5.439	0.610	0.198	1.813	7.400
太原市	2.886	6.310	1.045	0.333	2.621	7.401
济南市	1.817	4.635	0.514	0.122	1.715	6.299
郑州市	3.791	5.614	0.725	0.191	1.518	7.526

上一节回归分析的一般规律显示，在服务类设施中，电网营业厅和电信营业厅的步行可达性与居民交通能耗有显著负相关关系。（图 2-15）在电信营业厅可达性上与能耗关系上，四城市的相对顺序与一般规律基本一致，太原的电信营业厅步行可达性最好，其居民交通能耗也是最低的。郑州的电信营业厅步行可达性最差，其居民交通能耗也是最高的。济南和石家庄的电信营业厅步行可达性则相差不大。四城市的电网营业厅步行可达性由于基本相差无几，因而无法体现其与交通能耗的关联。

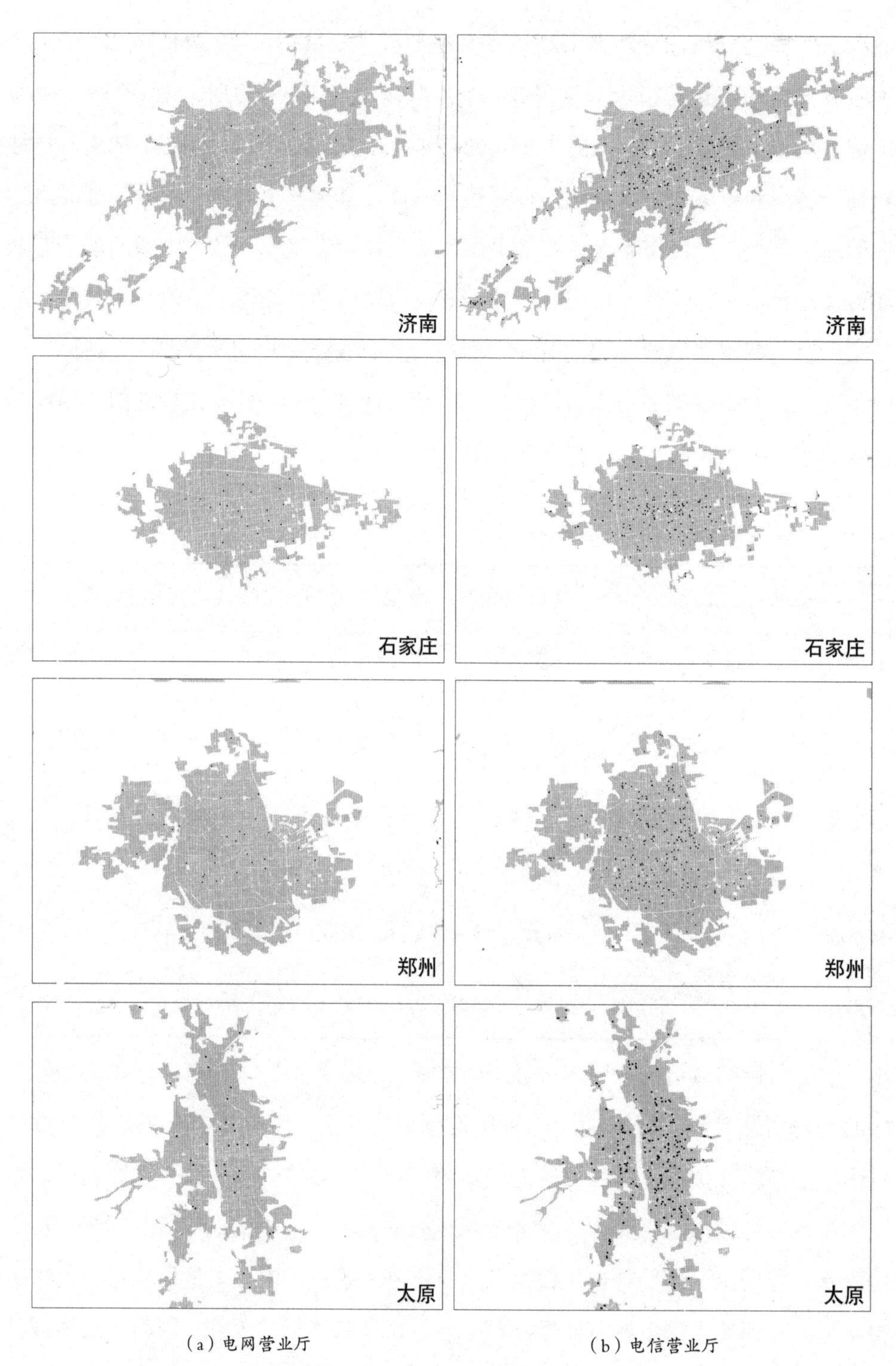

（a）电网营业厅　　（b）电信营业厅

图 2–15　案例城市电网营业厅和电信营业厅的空间分布

最后来看四城市就业类设施的可达性（表 2–14）。四个城市工厂、公司和宾馆类设施的可达性与全国 286 个地级以上城市的均值以及 35 个大城市均值相差不多。一个显著的特点是郑州的工厂设施可达性明显低于其他三个城市，但其写字楼可达性却明显高于其他三个城市。从空间分布上可以看出（图 2–16），郑州的工厂数量相对较少，这和城市的产业结构有关。另外，石家庄市的宾馆可达性明显低于其他三个城市。太原和济南作为历史名城，市内具有丰富的旅游资源，伴有大量的宾馆设施；郑州由于其重要的交通位置，客流中转等需求同样伴随着大量的宾馆设施，因而石家庄市的宾馆可达性相对而言就比较低。

表 2–14 案例城市的就业类设施可达性

城　　市	公司	工厂	写字楼	宾馆
286 个地级以上城市平均值	8.984	0.501	1.499	6.122
35 个 200 万～ 500 万人口大城市平均值	9.901	0.734	2.525	5.074
石家庄市	9.065	0.997	1.805	2.124
太原市	9.627	0.951	2.576	4.028
济南市	8.521	0.754	1.831	3.815
郑州市	9.678	0.404	4.010	4.530

由上一节的回归分析可知，城市就业类设施的步行可达性基本与居民交通能耗没有显著关系。在我国现阶段，大部分城市居民的就业通勤要靠步行之外的其他交通方式，距离也明显超过一般的步行适宜范围（1km），因此就业设施步行可达性与居民交通能耗也就没有显著的关联[①]。

① 参见本书第五章有关通勤出行方式与距离的调研分析。

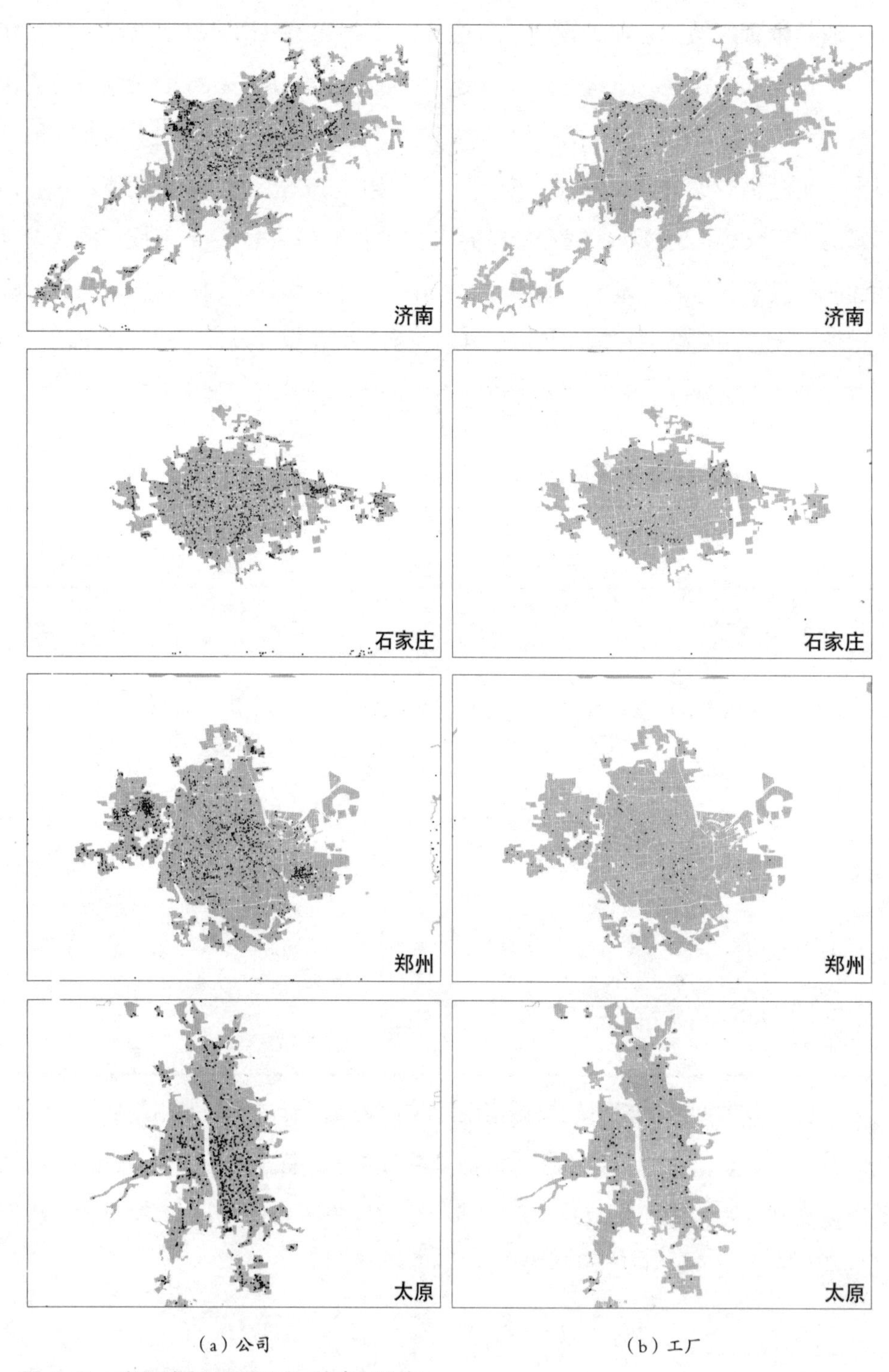

图 2-16　案例城市公司和工厂的空间分布

三、案例城市路网形态特征

如图 2–17 所示，四个案例城市道路网形态都有自身的特点。济南由于商埠区的存在，城市中心区的街坊尺度较小。但是由于其建成区南侧临山，北侧傍河，济南建成区边缘的许多街坊面积普遍很大，甚至超过 $1km^2$。石家庄市坐落于平原地区，街坊面积比较平均，且明显比其他三个城市要大。太原市中心区由于历史街区的存在，街坊尺度也比较小。但是其北侧由于太原钢厂的存在，有几个街坊的尺度非常大。郑州市的郑东新区地区街坊尺度比较小，但其他地区的街坊面积都比较大，尤其是铁路穿过的西部和南部地区。总体而言，四城市中济南和太原呈现明显的“中心区街坊尺度小，边缘区街坊尺度大”的特点。石家庄和郑州街坊面积分布相对平均，尤其是石家庄，中心区和边缘区的街坊尺度差距不大。

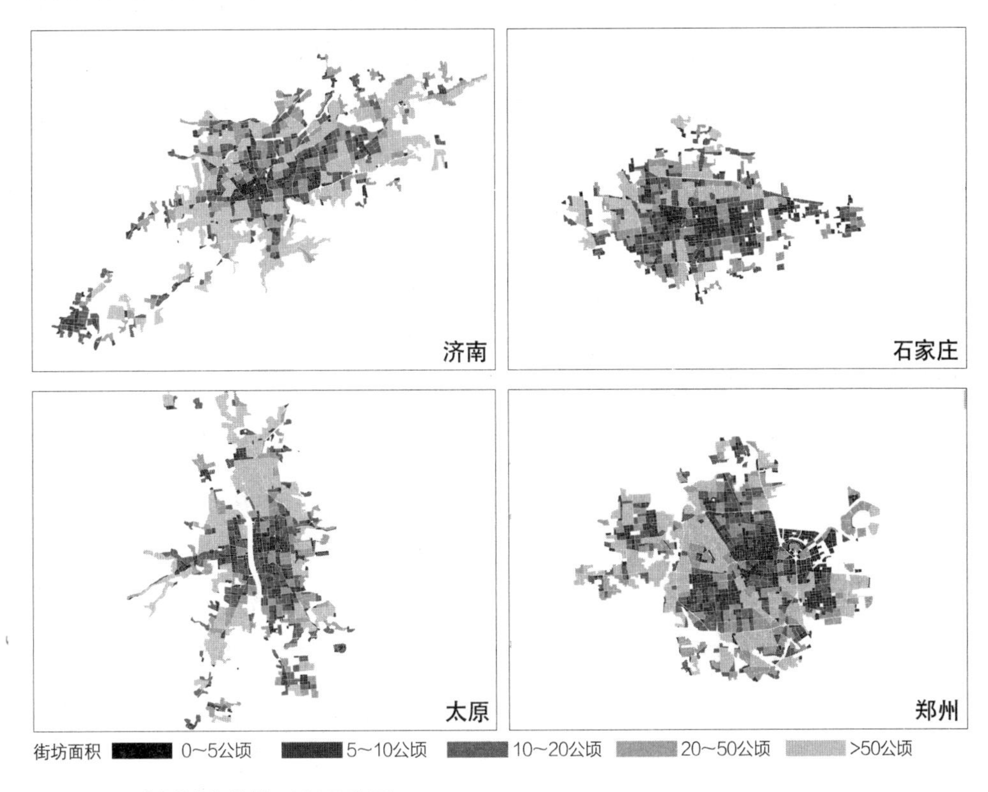

图 2–17　案例城市街坊面积示意图

表 2–15 显示了四城市道路网形态指标与全国 286 个地级以上城市以及 35 个

200万～500万人口大城市的对比。从街坊的平均面积看，济南由于受地形限制，边缘区大部分街坊面积较大，因而整体的街坊面积均值较大。太原和济南类似，由于太原钢厂等大型制造业国企的存在，一些城市边缘区的街坊面积特别大，致使整体的街坊平均面积变得较高。郑州由于新建的郑东新区路网尺度小，因而总体的街坊平均面积是四城市中最小的。总体而言，四城市街坊面积均值比全国286个地级以上城市的均值以及35个200万～500万人口大城市的均值要高出许多，这主要和城市所在的区域有关。从全国范围来看（图2–4），北方城市的街坊平均面积普遍比南方大，平原地区城市的街坊平均面积要比非平原城市大。

从小街坊（面积小于5公顷）数量占建成区所有街坊数量的比重来看，四个城市要比全国286个地级以上城市的均值以及35个200万～500万人口大城市的均值要低出许多。太原和济南的数值要高于郑州和石家庄。本节前面提到太原和济南的居民人均交通能耗要低于郑州和石家庄，由此可见小街坊的数量比重越高，对城市居民交通节能越有利。一般来说，大部分的城市出行活动集中分布在城市中心区。小网格的中心区路网设计不仅有利于提高中心区土地利用的混合度，对缓解城市交通拥堵也是有一定帮助的。

上一节关于路网形态与交通能耗关系的分析显示，城市平均街坊面积越小，则其居民交通能耗越低。需要注意的是，得出这一结论的前提是把“是否为平原城市”这一虚拟变量，即城市所在地形的因素加入考察。在四个案例城市中，石家庄和郑州是典型的平原城市，太原和济南则是典型的山地/丘陵城市。因此这两组城市应该分开考察。对于同样是山地/丘陵城市的太原和济南来说，太原的平均街坊面积要更小一些，其居民交通能耗也更低，符合回归分析得到的一般结论。石家庄和郑州的平均街坊面积则相差不大，郑州的平均街坊面积稍小一点，其居民交通能耗反而要更高一些，这可能还是因为前面提到的郑州单中心“摊大饼”的空间发展模式对其交通能耗影响更大所致。实际上，考察四个城市小街坊面积的比重，可以看出小街坊面积比重越大的城市（太原>济南>石家庄>郑州）其居民交通能耗是越低的，这进一步印证了小网格城市设计有助于减少居民交通能耗的结论。

表 2–15　四个案例城市路网形态指标

城　　市	街坊平均面积（公顷）	小街坊比重
286 个地级以上城市平均值	18.730	0.332
35 个 200 万～ 500 万人口大城市平均值	21.486	0.319
石家庄市	28.346	0.131
太原市	29.711	0.239
济南市	35.157	0.213
郑州市	26.449	0.133

四、案例城市中心度特征

最后来看四城市的中心度特征（表 2–16），即四个城市各级中心的中心密度。前文提到，由于建成区面积对中心密度的数值影响非常大，从表 2–16 可以看出大城市各级中心密度普遍要低一些，因此在考察四城市的中心密度时，比较的对象是全国 200 万～ 500 万人口城市的均值、最大值和最小值。

表 2–16　案例城市的中心度指标

城　　市	就业中心密度	商业中心密度	邻里中心密度
286 个地级以上城市平均值	0.033	0.038	1.046
35 个 200 万～ 500 万人口大城市平均值	0.010	0.019	0.886
石家庄市	0.009	0.013	1.074
太原市	0.003	0.003	0.887
济南市	0.012	0.023	0.870
郑州市	0.005	0.008	0.937

从就业中心密度来看（表 2–16），四个城市比 35 个 200 万～ 500 万人口大城市的均值都要低。四城市中济南的数值最高，石家庄次之，太原和郑州比较低。实际上四个城市中，只有济南是明显的多就业中心结构，其四个就业中心分布在商埠区的西侧、东侧、泉城广场，以及东部的国际会展中心。石家庄的两个

就业中心位于东西向的平安大街上，被铁路分割，相对距离不远，从本质上说仍然是单中心的就业结构。郑州和太原则明显只有一个就业中心。由上一节的分析可知，对于人口在 200 万～ 500 万规模的大城市而言，大约每 66km^2 拥有一个就业中心是相对节能的形态，这四个案例城市相对而言就业中心的数量都偏少。多就业中心结构的济南比单就业中心结构的石家庄和太原交通能耗低，说明对于就业中心密度偏低的华北地区城市而言，多就业中心的空间结构有助于降低交通能耗。至于为何多就业中心的济南交通能耗要高于单就业中心的太原，可能的原因是济南的经济发展水平要远高于太原（见本文第一章第三节，2010 年同期人均 GDP 济南为 6.47 万元，太原为 4.86 万元），居民的汽车保有率和使用频率也要更高（参见本书第五章的分析）。

从商业中心密度来看，石家庄和济南的数值高一些，商业中心的分布也要更加分散一点。相比之下郑州和太原的商业中心密度较低，空间分布也更加集中在中心城区。需要注意的是，太原市和济南市由于地处山地环境，建成区形状破碎，建成区边缘主要是一些工厂飞地①，因此整体上两个城市住区到商业中心的可达性并不差，即两城市实际意义上的商业中心密度应该调高。这样一来，这两个交通能耗较低的城市就有着比较高的商业中心密度，符合前文的一般规律。四城市中郑州的建成区面积最大，住区分布也比较分散，相对而言，它在四城市中住区到商业中心的平均可达性是最差的，居民人均交通能耗是最高的。

最后分析邻里中心密度。四城市数值由高到低的顺序是石家庄 > 郑州 > 太原 > 济南。由前文回归探讨的一般规律可知，对于人口在 200 万～ 500 万规模的大城市而言，当邻里中心密度大约是 0.675 时（每个中心对应的腹地范围约为 1.48km^2 时），城市居民交通能耗最低。城市邻里中心密度越接近最优点，其交通能耗越低。按照这个规律，从邻里中心角度出发，四城市交通能耗由低到高的顺序应该是济南 < 太原 < 郑州 < 石家庄。这个顺序与四城市实际的交通能耗排序基本一致（太原 < 济南 < 石家庄 < 郑州），但顺序有一定差别。出现这个结果的主要原因是，以上回归分析在计算过程中把城市规模等对居民交通能耗有着最显著影响的

① 尤其是太原，北部建成区有很大一部分是太原钢铁厂。

变量当作控制变量，才得出邻里中心密度与居民交通能耗之间的关系。这里单纯考察四个城市邻里中心密度的相对关系，由于缺乏对城市规模的控制，很可能得不到满意的结果。实际上，太原与济南的相对位置，以及郑州和石家庄的相对位置差别正好就是规模影响所致：（1）郑州的城市规模明显大于石家庄，所以即便郑州的邻里中心密度更接近理论最优值，但由于其较大城市规模的影响，表现出的居民交通能耗反而比石家庄高。（2）同样的道理，济南的城市规模也要超过太原很多，因此即便济南的邻里中心密度更接近理论最优值，但由于其巨大城市规模的影响，表现出的居民交通能耗反而要比太原高。

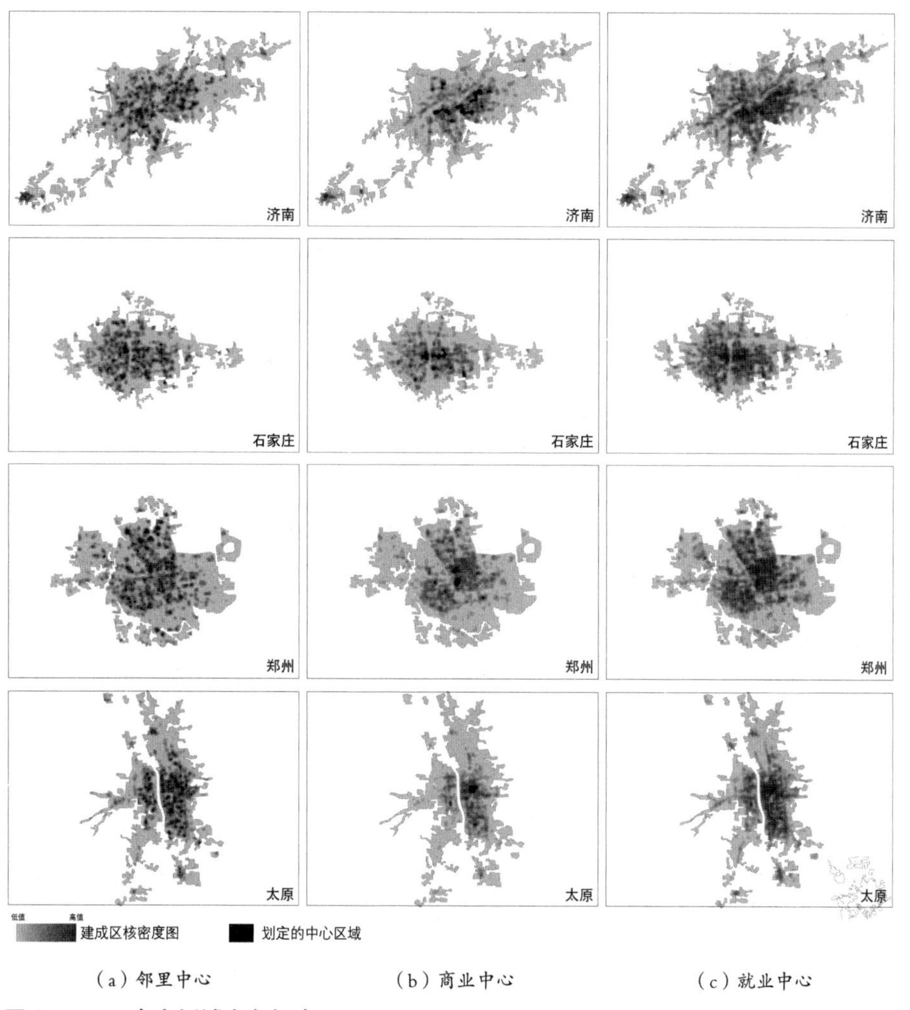

图 2–18 四个案例城市各级中心图示

参考文献

[1] Cervero R, Kockelman K. Travel demand and the 3Ds: Density, diversity, and design[J]. Transportation Research Part D: Transport and Environment, 1997,2(3):199–219.

[2] Ewing R, Cervero R. Travel and the Built Environment: A Synthesis[J]. Transportation Research Record: Journal of the Transportation Research Board, 2001,1780:87–114.

[3] Greenwald M, Boarnet M. Built Environment as Determinant of Walking Behavior: Analyzing Nonwork Pedestrian Travel in Portland, Oregon[J]. Transportation Research Record: Journal of the Transportation Research Board, 2001,1780:33–41.

[4] Handy S L, Boarnet M G, Ewing R, et al. How the built environment affects physical activity: Views from urban planning[J]. American Journal of Preventive Medicine, 2002,23(2, Supplement 1):64–73.

[5] Handy S, Cao X, Mokhtarian P. Correlation or causality between the built environment and travel behavior? Evidence from Northern California[J]. Transportation Research Part D: Transport and Environment, 2005,10(6):427–444.

[6] Lopez–Zetina J, Lee H, Friis R. The link between obesity and the built environment. Evidence from an ecological analysis of obesity and vehicle miles of travel in California[J]. Health & Place, 2006,12(4):656–664.

[7] Papas M A, Alberg A J, Ewing R, et al. The Built Environment and Obesity[J]. Epidemiologic Reviews, 2007,29(1):129–143.

[8] Chatman D G. Residential choice, the built environment, and nonwork travel: evidence using new data and methods[J]. Environment and Planning A, 2009,41(5):1072–1089.

[9] Cao X J, Mokhtarian P L, Handy S L. The relationship between the built environment and nonwork travel: A case study of Northern California[J]. Transportation Research Part A: Policy and Practice, 2009,43(5):548–559.

[10] Ewing R, Cervero R. Travel and the Built Environment[J]. Journal of the American Planning Association, 2010,76(3):265–294.

[11] Newman P G, Kenworthy J R. Cities and automobile dependence: an international sourcebook[M]. Gower Publishing, 1989.

[12] Cervero R, Murakami J. Effects of built environments on vehicle miles traveled: evidence from 370 US urbanized areas[J]. Environment and Planning A, 2010,42(2):400–418.

[13] Anas A, Arnott R, Small K A. Urban spatial structure[J]. Journal of Economic Literature, 1998,36(3):1426–1464.

[14] Batty M. The size, scale, and shape of cities[J]. Science, 2008,319(5864):769–771.

[15] Roth C, Kang S M, Batty M, et al. Structure of urban movements: polycentric activity and entangled hierarchical flows[J]. PLoS ONE, 2011,6(1):e15923.

[16] Buliung R N, Kanaroglou P S. Urban form and household activity–Travel behavior[J]. Growth and Change, 2006,37(2):172–199.

[17] 孙斌栋，潘鑫．城市空间结构对交通出行影响研究的进展——单中心与多中心的论争[J]. 城市问题，2008(1):19-22.

[18] Chapin F S. Human activity patterns in the city: Things people do in time and in space[M]. New York, USA: Wiley New York, 1974.

[19] Boarnet M, Crane R. The influence of land use on travel behavior: specification and estimation strategies[J]. Transportation Research Part A: Policy and Practice, 2001,35(9):823-845.

[20] Zahavi Y, Talvitie A. Regularities in travel time and money expenditures[J]. Transportation Research Record, 1980(750):13-19.

[21] Marchetti C. Anthropological invariants in travel behavior[J]. Technological Forecasting and Social Change, 1994,47(1):75-88.

[22] Ahmed A, Stopher P. Seventy minutes plus or minus 10—a review of travel time budget studies[J]. Transport Reviews, 2014,34(5):607-625.

[23] van Wee B, Rietveld P, Meurs H. Is average daily travel time expenditure constant? In search of explanations for an increase in average travel time[J]. Journal of Transport Geography, 2006,14(2):109-122.

[24] Berry B J, Parr J B. Market centers and retail location: Theory and Applications[M]. Englewood Cliffs, New Jersey, USA: Prentice Hall, 1988.

[25] 仵宗卿，柴彦威，戴学珍，等．购物出行空间的等级结构研究——以天津市为例[J]. 地理研究，2001(4):479-488.

[26] 周素红，杨利军．广州城市居民通勤空间特征研究[J]. 城市交通，2005(1):62-67.

[27] Frändberg L, Vilhelmson B. More or less travel: personal mobility trends in the Swedish population focusing gender and cohort[J]. Journal of Transport Geography, 2011,19(6):1235-1244.

[28] Makido Y, Dhakal S, Yamagata Y. Relationship between urban form and CO_2 emissions: evidence from fifty Japanese cities[J]. Urban Climate, 2012,2:55-67.

[29] Baur A H, Thess M, Kleinschmit B, et al. Urban climate change mitigation in Europe: looking at and beyond the role of population density[J]. Journal of Urban Planning and Development, 2013,140(1):{}.

[30] Lee S, Lee B. The influence of urban form on GHG emissions in the US household sector[J]. Energy Policy, 2014,68:534-549.

[31] Norman J, MacLean H L, Kennedy C A. Comparing high and low residential density: life-cycle analysis of energy use and greenhouse gas emissions[J]. Journal of Urban Planning and Development, 2006,132(1):10-21.

[32] Ishii S, Tabushi S, Aramaki T, et al. Impact of future urban form on the potential to reduce greenhouse gas emissions from residential, commercial and public buildings in Utsunomiya, Japan[J]. Energy Policy, 2010,38(9):4888-4896.

[33] 柴志贤．密度效应、发展水平与中国城市碳排放[J]. 经济问题，2013(3):25-31.

[34] DeSalvo J, Concas S. The effect of density and trip-chaining on the interaction between urban form and transit demand[R]. Tampa, USA: University of South Florida, Department of Economics, 2013.

[35] Frank L D, Engelke P. Multiple Impacts of the Built Environment on Public Health: Walkable Places and the Exposure to Air Pollution[J]. International Regional Science Review, 2005,28(2):193–216.

[36] Frank L, Bradley M, Kavage S, et al. Urban form, travel time, and cost relationships with tour complexity and mode choice[J]. Transportation, 2008,35(1):37–54.

[37] Schönfelder S, Axhausen K W. Urban rhythms and travel behaviour: spatial and temporal phenomena of daily travel[M]. Farnborough, UK: Ashgate Publishing Company, 2010.

[38] Lee C, Moudon A V. The 3Ds+R: Quantifying land use and urban form correlates of walking[J]. Transportation Research Part D: Transport and Environment, 2006,11(3):204–215.

[39] Moudon A V, Lee C, Cheadle A D, et al. Operational definitions of walkable neighborhood: theoretical and empirical insights[J]. Journal of Physical Activity & Health, 2006,3:S99.

[40] Calthorpe P. The next American metropolis: Ecology, community, and the American dream[M]. New York, USA: Princeton Architectural Press, 1993.

[41] Boarnet M G, Greenwald M, McMillan T E. Walking, Urban Design, and Health: Toward a Cost–Benefit Analysis Framework[J]. Journal of Planning Education and Research, 2008,27(3):341–358.

[42] Targa F, Clifton K J. The built environment and trip generation for non–motorized travel[J]. Journal of Transportation and Statistics, 2005,8(3):55–70.

[43] Ewing R, Greenwald M J, Zhang M, et al. Measuring the impact of urban form and transit access on mixed use site trip generation rates—Portland pilot study[M]. Washington, DC: U.S. Environmental Protection Agency. DeAnna, M, 2009.

[44] Zhang M. The Role of Land Use in Travel Mode Choice: Evidence from Boston and Hong Kong[J]. Journal of the American Planning Association, 2004,70(3):344–360.

[45] Christaller W. Central places in southern Germany, English translation by C.W. Baskin 1966[M]. London, UK: Prentice–Hall, 1933.

[46] Batty M, Longley P A. Fractal cities: a geometry of form and function[M]. Waltham, Massachusetts, USA: Academic Press, 1994.

[47] Beckmann M J. City hierarchies and the distribution of city size[J]. Economic Development and Cultural Change, 1958,6(3):243–248.

[48] Carroll G R. National city–size distributions what do we know after 67 years of research?[J]. Progress in Human Geography, 1982,6(1):1–43.

[49] Bettencourt L M A. The origins of scaling in cities[J]. Science, 2013,340(6139):1438–1441.

[50] Berry B J. Cities as systems within systems of cities[J]. Papers in Regional Science, 1964,13(1):147–163.

[51] Mulligan G F, Partridge M D, Carruthers J I. Central place theory and its reemergence in regional science[J]. The annals of Regional Science, 2012,48(2):405–431.

[52] Howard E. Tomorrow: A peaceful path to real reform (new ed. 2003)[M]. London, UK: Routledge, 1898.

[53] Perry C A. The Neighborhood Unit[M]//Regional survey of New York and its environs. New York, USA: Committee on the Regional Plan of New York and Its Environs, 1929:34–35.

[54] Doxiades K A. Ekistics: An introduction to the science of human settlements[M]. London, UK: Hutchinson, 1968.

[55] Krier L A C M. Rational architecture: the reconstruction of the European city[M]. Brussels, Belgium: Archives d' architecture moderne, 1978.

[56] Hall P, Ward C. Sociable cities: the legacy of Ebenezer Howard[M]. Chichester, UK: Wiley, 1998.

[57] Thompson C W. Urban open space in the 21st century[J]. Landscape and Urban Planning, 2002,60(2):59–72.

[58] Frey H. Designing the city: towards a more sustainable urban form[M]. London, UK: E. & F. N. Spon, 1999.

[59] Newman P, Kenworthy J. Urban design to reduce automobile dependence[J]. Opolis: An International Journal of Suburban and Metropolitan Studies, 2006,2(1).

[60] 戴德胜 . 基于绿色交通的城市空间层级系统与发展模式研究 [D]. 南京 : 东南大学 , 2011.

[61] Scheiner J. Interrelations between travel mode choice and trip distance: trends in Germany 1976–2002[J]. Journal of Transport Geography, 2010,18(1):75–84.

[62] Millward H, Spinney J, Scott D. Active–transport walking behavior: destinations, durations, distances[J]. Journal of Transport Geography, 2013,28:101–110.

[63] Heinen E, van Wee B, Maat K. Commuting by bicycle: an overview of the literature[J]. Transport Reviews, 2010,30(1):59–96.

[64] Keijer M J N, Rietveld P. How do people get to the railway station? The Dutch experience[J]. Transportation Planning and Technology, 2000,23(3):215–235.

[65] Rietveld P. The accessibility of railway stations: the role of the bicycle in The Netherlands[J]. Transportation Research Part D: Transport and Environment, 2000,5(1):71–75.

[66] Howard C, Burns E K. Cycling to work in Phoenix: route choice, travel behavior, and commuter characteristics[J]. Transportation Research Record: Journal of the Transportation Research Board, 2001,1773(1):39–46.

[67] 王明生 , 黄琳 , 闫小勇 . 探索城市公交客流移动模式 [J]. 电子科技大学学报 , 2012(1):2–7.

[68] Dieleman F M, Dijst M, Burghouwt G. Urban form and travel behaviour: micro–level household attributes and residential context[J]. Urban Studies, 2002,39(3):507–527.

[69] Schwanen T, Dieleman F M, Dijst M. Travel behaviour in Dutch monocentric and policentric urban systems[J]. Journal of Transport Geography, 2001,9(3):173–186.

[70] Cervero R, Wu K L. Polycentrism, commuting, and residential location in the San Francisco Bay area[J]. Environment and Planning A, 1997,29(5):865–886.

[71] Cervero R, Wu K L. Sub–centring and commuting: evidence from the San Francisco Bay area, 1980–90[J]. Urban Studies, 1998,35(7):1059–1076.

[72] Modarres A. Polycentricity and transit service[J]. Transportation Research Part A: Policy and Practice, 2003,37(10):841–864.

[73] Schwanen T, Dieleman F M, Dijst M. Car use in Netherlands daily urban systems: Does polycentrism result in lower commute times?[J]. Urban Geography, 2003,24(5):410–430.

[74] Schwanen T, Dieleman F M, Dijst M. The impact of metropolitan structure on commute behavior in the Netherlands: a multilevel approach[J]. Growth and Change, 2004,35(3):304–333.

[75] Naess P, Sandberg S L. Workplace location, modal split and energy use for commuting trips[J]. Urban Studies, 1996,33(3):557–580.

[76] Wang F. Modeling commuting patterns in Chicago in a GIS environment: A job accessibility perspective[J]. The Professional Geographer, 2000,52(1):120–133.

[77] Wang F. Explaining intraurban variations of commuting by job proximity and workers' characteristics[J]. Environment and Planning B, 2001,28(2):169–182.

[78] Owens S E. Energy, planning and urban form[M]. London, UK: Pion, 1986.

[79] Giuliano G, Small K A. Is the journey to work explained by urban structure?[J]. Urban studies, 1993,30(9):1485–1500.

[80] Gordon P, Richardson H W, Jun M. The commuting paradox evidence from the top twenty[J]. Journal of the American Planning Association, 1991,57(4):416–420.

[81] Gordon P, Richardson H W. Are compact cities a desirable planning goal?[J]. Journal of the American Planning Association, 1997,63(1):95–106.

[82] Selden T M, Song D. Environmental quality and development: is there a Kuznets curve for air pollution emissions?[J]. Journal of Environmental Economics and Management, 1994,27(2):147–162.

[83] Cervero R. Jobs–housing balancing and regional mobility[J]. Journal of the American Planning Association, 1989,55(2):136–150.

[84] Thurstain Goodwin M, Unwin D. Defining and delineating the central areas of towns for statistical monitoring using continuous surface representations[J]. Transactions in GIS, 2000,4(4):305–317.

[85] Oliveira E A, Andrade Jr J E S, Makse H A N A. Large cities are less green[J]. Scientific Reports, 2014,4.

[86] Louf R, Barthelemy M. How congestion shapes cities: from mobility patterns to scaling[J]. Scientific Reports, 2014,4.

[87] Cervero R, Kockelman K. Travel demand and the 3Ds: density, diversity, and design[J]. Transportation Research Part D: Transport and Environment, 1997,2(3):199–219.

[88] Glaeser E L, Kahn M E. The greenness of cities: carbon dioxide emissions and urban development[J]. Journal of Urban Economics, 2010,67(3):404–418.

[89] Sovacool B K, Brown M A. Twelve metropolitan carbon footprints: A preliminary comparative global assessment[J]. Energy Policy, 2010,38(9):4856–4869.

[90] 黎云路，王超．城市规划和人口密度：城市交通发展影响因素研究——以新疆乌鲁木齐市为例 [J]. 新疆社会科学，2013(3):42–46.

[91] 刘斌．高速公路对汽车油耗及大气环境的影响分析 [D]. 哈尔滨工业大学，2008.

[92] 柴彦威，塔娜，毛子丹．单位视角下的中国城市空间重构 [J]. 现代城市研究，2011(3):5–9.

[93] Davison K, Lawson C. Do attributes in the physical environment influence children's physical activity? A review of the literature[J]. International Journal of Behavioral Nutrition and Physical

Activity, 2006,3(1):19.

[94] Ewing R, Schroeer W, Greene W. School Location and Student Travel Analysis of Factors Affecting Mode Choice[J]. Transportation Research Record: Journal of the Transportation Research Board, 2004,1895:55–63.

[95] Oakes J M, Forsyth A, Schmitz K. The effects of neighborhood density and street connectivity on walking behavior: the Twin Cities walking study[J]. Epidemiologic Perspectives & Innovations, 2007,4(1):16.

[96] 王小鲁，夏小林. 优化城市规模 推动经济增长 [J]. 经济研究，1999(9):22–29.

[97] 王小鲁. 中国城市化路径与城市规模的经济学分析 [J]. 经济研究，2010(10):20–32.

[98] Hoover E M. An introduction to regional economics[M]. New York, USA: Alfred A. Knopf, 1971.

[99] 冯健，陈秀欣，兰宗敏. 北京市居民购物行为空间结构演变 [J]. 地理学报，2007,62(10):1083–1096.

[100] 刘俊娟，肖美丹，王炜. 基于效用和信息熵的居民出行距离分布模型：International Conference on Engineering and Business Management（EBM2010），中国四川成都，2010[C].

第三章

样本住区形态特征

从本章开始我们将对四个案例城市住区维度的家庭生活及交通能耗进行分析。本章首先分析四城市样本住区的形态特征，第四章、第五章将通过统计模型和描述分析的方法，讨论住区形态与家庭能耗的关系。研究既要对未来主要的住区类型的节能提出建议，又要对大量的既有住区类型存在的节能问题提出改善方向。

第一节 研究方法

一、研究设计

（一）中微观尺度的家庭能耗研究

家庭能耗分为交通能耗和生活能耗两部分[1]。交通能耗方面，自 20 世纪 80 年代纽曼（Newman）和肯沃西（Kenworthy）创造性地使用全球主要大城市数据分析城市密度和汽油消耗的研究[2]发表以来，大量城市规划和交通领域专家投入城市形态与交通行为及能源消费的研究之中。1997 年，Cervero 和 Kockelman 提出了可持续城市形态的“3Ds”理论[3]。“D”这一名称来自几个以字母 D 开头的单词，最初由 Cervero 等提出，包括三个维度的形态变量：密度（density）、混合度（diversity）和设计（design）。“3Ds”理论认为高密度、高混合度和步行导向的街道设计有助于减少机动车出行频率并鼓励非机动化出行。随后，尤因（Ewing）等学者对“3Ds”理论进行了扩充[4, 5]，至 2010 年该理论已发展至“6Ds”，新增加的三个维度分别为目的地可达性（destination accessibility）、公交设施可达性（distance to transit）和需求管理（demand management）。

现有生活能耗研究重点关注住宅建筑特征，以及家庭成员特征、家庭外部条件[6-8]等与家庭生活能耗的关系，而对中、微观尺度的住区形态对生活能耗的影响的探讨涉猎较少。与生活能耗有关的住区形态因素主要包括住宅特征（面积、类型等）、密度（建筑密度、人口密度等）、平面布局（建筑排布方式、街道走向等）和绿化（植被类型、规模等）四方面内容，其他生活能耗影响因素包括建筑围护结构、设备性能和使用者行为[9]。由于影响因素非常多，变量之间的相互作用复杂，所以住区形态对生活能耗的影响并非总是稳定、有效的。Ratti 等认为，住区形态要素对家庭生活能耗大约只有 10% 的影响[10]。不过，即使住区形态对生活能耗的整体影响力不高，但对成千上万的城市住区而言，住区形态设计手段所实现的累计效应仍能达到相当可观的节能效果。

现有家庭能耗量化研究可以分为“工程模型”和“统计模型”两类。工程模型是根据能耗终端的物理特性和具体使用情况解释生活能耗的方法，主要应用于工程类学科，如建筑环境、建筑设备、电气工程等。工程模型研究主要针对建筑尺度的相关问题，最大一般不超过住宅小区规模，能够提供非常具体的结果。例如，住宅朝向偏离 1° 造成的能耗变化，提高外保温性能的节能前景预测等。工程模型不涉及使用者特征，不考虑个体经济条件、态度、价值观等因素对能耗的影响。模型中的使用者是一个抽象的概念，其行为是人为设定的，而非真实的。

常见的工程模型包括实测调查、试验、模拟等。实测调查是指对家庭电耗、燃气和水耗的逐时、日、月、年测量。实测能够获取各类家庭能源消耗的准确数据，是理论上的最佳数据来源，但人力物力消耗大，难以应用于大样本调查，获得的数据往往不具普遍性[11, 12]。在过去的五十多年中，建筑能耗动态模拟技术快速发展，大批模拟软件相继问世并得到广泛应用，如英国的 ESP，美国的 DOE-2 和 EnergyPlus，以及清华大学自主研发的 DeST 等[13]。但由于建筑能耗模拟是一项极其复杂的系统性工程[14]，模拟过程往往相当耗时，结果的准确性也值得商榷[15]。例如，能耗模拟中的大量参数是经过简化处理的（如建筑几何描述、建筑之间的相互干扰等），室内发热量依赖人为设定（如人员作息、空调开闭等），一些重要因素（如风环境、室外植被等）尚未纳入模拟过程[16]。因此，能耗模拟目前还不太适合应用于住区维度的相关研究。

统计模型是统计学中处理两个或多个随机变量之间相关关系的一种数学方法。对于相关的随机变量，虽然找不出它们之间的确定性关系，但在大量的偶然性中蕴藏着必然性的规律，对此可以用统计的方法在大量的实践和观察中找到这种规律[17]。

统计模型在家庭能耗研究中应用广泛。例如，李（Lee）等使用结构方程模型研究了城市形态对家庭生活和交通碳排放的影响，发现人口密度与家庭生活和交通碳排放有关；当人口密度提高一倍时，交通碳排放将下降 48%，生活碳排放将下降 35%[18]。韦尔斯（Wells）等使用线性回归模型分析了住区形态对步行出行的影响，发现减少尽端路能够促进居民步行外出[19]。与生活能耗研究相比，统计模型在交通研究中的应用更广，因为环境与交通行为间没有精确的数量关系，可以充分发挥统计模型在挖掘不确定性关系上的优势。

在生活能耗研究方面，由于存在技术体系相对完善的工程模型，统计模型的应用并不是特别普及，但也不乏实例。除了前面举出的李（Lee）等的研究外，Yun 等使用结构方程模型研究了美国家庭空调能耗及其影响因素，发现住房面积和住房类型对空调能耗的影响非常显著，而空调设备类型的影响比较小[20]。克拉克（Clark）利用线性回归模型分析了屋顶颜色、窗户类型、住房面积、住房类型、树木阴影、作息规律等环境和使用者因素对家庭耗电的影响，发现朝南和朝西墙面比例对耗电有显著影响，树荫具有一定节能效果，但未达到统计显著[21]。霍燚等利用线性回归模型分析了住宅特征、家庭社会经济特征等因素对家庭生活和交通碳排放的影响，发现住房面积、建筑结构对家庭生活碳排放影响显著[22]。

生活能耗研究中的统计模型主要应用于以下情景。

（1）在研究对象的尺度上，统计模型常用于超越建筑尺度的研究。例如上文介绍的李（Lee）等的研究分析了人口密度对生活能耗的影响（人口密度通过热岛效应间接影响能耗），霍燚等的研究分析了容积率等住区形态因素对家庭生活碳排放的影响。工程模型虽能提供精确的结果，但它所重点研究的还是建筑维度的能耗问题，对城市、街区等中宏观环境因素对能耗的影响还未形成成熟的研究范式。

（2）在研究对象上，统计模型常用于多角度、多变量的综合性能耗问题。统计模型可以将家庭社会、经济特征，态度、行为模式等非物质形态因素纳入能耗研究框架。而工程模型的研究对象则以物质形态为主（包括围护结构、窗墙比、结构材料等）。

在以下三章中，我们将以住区形态为关注点，试图建立一个包含住区范围内各类形态与非形态的家庭生活和交通能耗影响因素的体系。结合前书对家庭能耗研究方法的归纳，我们认为“自上而下”的统计模型是目前最符合研究主题的方法体系。

（二）关于住区的概念

“住区”不是城乡规划法中的规范用语，但在规划领域使用得很频繁。在现行的《城市规划基本术语标准（1998年版）》（GB/T 50280—98，简称《术语标准》）中没有“住区”一词，但它提出了“居住区”“居住小区”“居住组团”的概念[23]。这三个概念的共同点是，它们都是以居住生活为主要功能的区片或区域，却包含必要的配套公共服务设施，有明确的边界道路，它们的不同之处在于各自所指的居住人口和用地规模，配套设施和道路的级别；其中居住区最大，居住组团最小。与《术语标准》一致，《城市居住区规划设计规范（2002年版）》（GB 50180—93）对居住区、居住小区和居住组团详细规定了居住人口规模[24]。但随着城市住宅和社区的发展，《术语标准》的概念已难以概括现实的状况。

在《城市住宅区规划原理》中有“住宅区”概念，其内涵与上面的《术语标准》中提到的三个概念的基本内涵没有区别，但没有明确人口和设施的“数量”与“规模”[25]。这更符合我国城市以居住功能为主的大小不一的区片的特征。所以本研究采用“住宅区”这一术语，指以居住功能为主的城市片区。但我们知道，城市住宅区总是与其周边的道路、服务设施等有着密切的联系，住宅区四周明确的道路并不是社区居住功能的空间边界。随着城市住宅类型日趋多元，功能混合已成为发展的趋势，“住区”的内涵更丰富，更多地考虑了住宅区在功能、环境、设施等方面与城市的联系，同时又不拘于规模的大小。所以，本研究采用“住区”来完整地表述研究对象。它是指住宅区及其周边一定范围的物质环境整体。其中，住宅区是我们观察家庭生活能耗与空间形态关系的重点，而住宅区周边一定范围内的道路和服务设施等则用于分析家庭非通勤能耗与它们之间的关系。

在研究操作中，我们对案例住区做如下规定：（1）住宅区具有明确实体边界（如建筑、围墙、道路等），与城市其他功能区或区片分隔，内部的道路相互连通，内部不一定设有公共服务设施；（2）整个住区的空间范围，按照一定原则在住宅区周边加以划定。

研究中有些样本住宅区本来就叫“某某小区”，为了简单方便起见，对小区称谓予以保留。

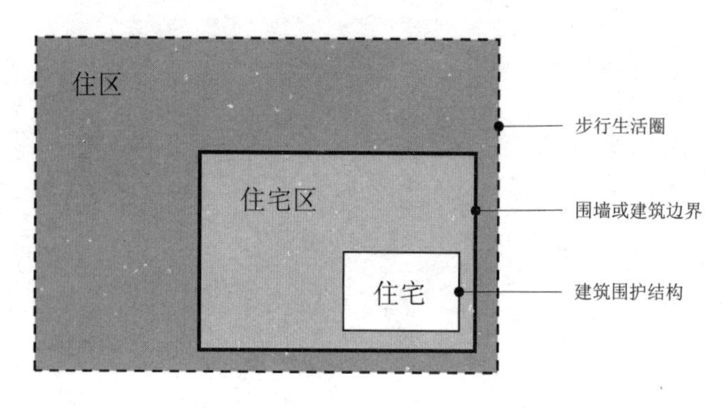

图 3–1 “住区”的空间层次

（三）与住区形态有关的家庭能耗

本研究重点关注住区形态与家庭能耗的关系。家庭生活能耗与交通能耗发生在不同空间，与生活和交通相关的住区形态因素以及形态要素与各项能耗间的作用规律也不尽相同。

1. 住区形态与生活能耗

一般来说，在家庭生活能耗之中，采暖、空调、照明能耗与空间形态因素的联系较强，而炊事、家电和热水能耗主要由家庭因素决定，通过家庭特征和生活方式间接与空间形态产生关联[26]。

室内热环境和采光条件是生活能耗和住区形态之间的纽带。因此，与室内热环境及采光条件相关的能耗与住区形态的关联也较强且直接，而其他类型能耗与形态的联系就相对较弱。室内热环境受住区微气候和建筑热传导性能两方面影响。住区微气候包括室外环境的温度、湿度、日照和通风条件等，与住区平面布局、建筑密度、绿化规模与形式等形态要素有关。通过开窗通风、热传导等途径，室内外环境得以连通，住区微气候造成室内舒适度的变化（尤其是温度），进而影响采暖和空调设备的使用与能耗。照明能耗主要受住宅采光条件和家庭成员作息习惯影响。与采光条件有关的形态要素主要包括住宅朝向、楼层、建筑布局等[27]。

生活热水、炊事和家用电器能耗与室内外热环境和采光条件均没有直接联系，主要是由家庭成员作息习惯决定的。当然，并不能否认三类能耗中某些部分也与热环境有关。例如，电器运行时产生的热量会影响室内温度，温度升高可能导致洗浴频率上升。但这些相关比较弱，对住区尺度的量化研究来说可以忽略不计。

综上，为了突出研究主题“住区形态”，本书将重点分析与住区形态高度相关的采暖、空调和照明能耗。同时，为了形成对家庭生活能耗的完整认识，本书也将包括家电、炊事和生活热水能耗三类形态弱相关能耗的描述分析内容，但不会对这三类能耗进行特别深入的分析。

2. 住区形态与非通勤能耗

若将家庭交通能耗分成通勤能耗和非通勤能耗两部分，则通勤能耗主要与就业设施及就业地周边的“6D”要素有关，例如密度要素中的就业岗位密度、目的地可达性要素中的就业地距离、需求管理要素中的就业地停车收费政策等。非通勤能耗主要与商业服务设施及居住地周边的“6D”要素有关，例如商业设施密度、商业中心距离等。也有一些形态要素对通勤和非通勤能耗都有影响，如公交站点和线路数量、路网结构、停车位供给情况等[28]。

本研究以住区形态要素为重点，所采集的形态变量均是针对住区范围以内的建成环境的，这些数据无法解释涉及城市维度的通勤行为。因此，后文将主要围绕非通勤能耗展开，对通勤能耗仅作简要介绍。另外还有一点需要说明：虽然收入、成员数量等非形态要素也对家庭能耗具有重要影响，但由于本研究的重点是家庭能耗与住区形态的关系，所以家庭能耗相关分析部分将不包含非形态变量，只保留与非形态变量有关的内容。

（四）住区形态的研究视角

1. 与生活能耗相关的住宅区形态要素

根据上文相关定义，“住宅区形态”在这里指住宅区边界以内的空间形态特征，它包括住宅面积、朝向、建筑密度、容积率等，主要与生活能耗中的采暖、空调和照明直接相关。

住宅区形态包括住宅单体、密度、平面布局和绿化四个方面[9]。在各项住宅区形态要素中，住宅面积与上述三项能耗的关系最强。同时，面积不仅对能耗具有显著直接影响[18, 29–31]，还与家庭收入、成员数量等非形态因素存在关联[20]。

关于“密度”，国外学者常使用人口或住宅密度表示一个地区的居住密度，认为高居住密度有助于降低生活能耗[32, 33]。一般国内学者多用容积率或建筑密度表示住宅区的密度。

“平面布局”包括：整个区片的选址、朝向、建筑分布、道路走向等。一般来讲，平立面变化丰富、建筑密度较低的住宅区照明能耗更低[27]。

“绿化”包括：绿植地面、绿植与住宅的位置关系、植被种类等。Heisler 和 Donovan 等发现树木与住宅的相对位置与室内温度和能耗有关[34, 35]。胡永红等认为绿地率、植被类型和单块绿地面积对住宅区温度有显著影响[36]。

目前，“密度”要素在生活能耗统计研究中的应用比较广泛，但“平面布局”和“绿化”要素的研究主要还是依赖工程方法，以统计方法进行的研究还较少[37]。

2. 与非通勤能耗相关的住区形态要素

与家庭非通勤能耗相关的形态要素为“住宅区周边形态”，简称为“住区形态”，指住宅区周边街道及沿街设施和土地利用情况，如道路宽度、铺装情况、沿街商业及公共服务设施、公交站点和线路数量等。

目前，交通研究中常用的形态要素分类方式是“6Ds”理论，涉及密度、混合度、设计、目的地可达性、公交设施可达性和需求管理六个方面[38]。

研究发现，提高人口密度和就业密度能够有效降低私家车使用率，促进居民选择步行、自行车等非机动化方式出行，节约出行能耗[39, 40]。除密度外，商业设施混合度、路网密度、十字路口比例（设计）、车站距离及公交线路数量（公交可达性）等也是影响出行决策的重要因素[41–43]。近年更有研究发现，停车便捷程度、机动车补助等软环境因素（需求管理）也能在一定程度上对出行方式及能耗产生影响[44]。

经过综合，本研究将与家庭生活和非通勤能耗相关的住区形态要素概括为如下四个方面：

（1）平面与空间形态：建筑密度、容积率、建筑平面形式等；

（2）绿化系统：绿化面积、布局形式等；

（3）服务设施：土地利用及设施密度、混合度、多样性等；

（4）道路和公交系统：路网密度、公交站点等。

下面我们将从上述四个方面对样本住区的空间形态特征进行归纳和分析。如无特别说明，所有形态要素均以住宅区为单位。

（五）数据采集方法

住区维度研究数据分为家庭能耗数据及住区形态数据两部分。

家庭能耗数据来自课题组的问卷调查。2009—2014 年，课题组从济南、石家庄、郑州、太原四个城市的 66 个住区采集了 7180 多个家庭样本，样本规模是已知国内同类研究中最大的。数据涉及家庭能耗、家庭社会经济特征及态度偏好等。66 个住区形态的数据则通过实地调查、卫星影像图等途径获得。

问卷内容包括家庭成员基本信息、出行情况、交通工具保有情况、能源终端拥有及使用情况、住房信息等内容。其中，终端使用信息和出行情况用于计算家庭生活和交通能耗，也可以与能耗结合，探讨特定因素对家庭能耗的影响方式和程度（描述分析），还可以作为模型变量使用（模型分析）。出行信息包括每个成员的通勤方式、距离和耗时，以及家庭非通勤出行的目的、频率、方式及距离。能耗终端信息包括各种家用电器、照明、生活热水及炊事设备的功率和使用频率，周烹饪次数，洗浴次数及采暖形式等。交通工具信息包括各种交通工具的拥有情况及主要用途、补贴等。

不同类型的住区形态变量数据采用不同的调查方法获得。（1）住宅区形态指标，包括建筑密度、容积率、绿化覆盖率等住宅区边界以内的空间形态指标，以住宅区总平面矢量图（AutoCAD）为基础进行计算。（2）住宅区周边形态指标，包括住宅区周边设施数量、混合度、公交站和线路数量、路网密度等，以住宅区周边形态矢量数据集（ArcGIS Map）为基础进行计算。

二、样本住区选择

（一）选择原则

对样本住区的选择我们坚持以下两个原则：第一，存量较大、具有代表性的住区；第二，代表未来发展主流趋势的住区。为了更好地选取样本住区，我们对案例城市有一定存量的主要居住建筑发展历程进行了简单梳理[①]。

第一阶段（1949—1977年）：新中国成立初期，为配合城市工业发展、改善职工住宅条件，案例城市均以苏联住宅规划为范本进行了一些住宅建设。建筑以3～4层为主，多为内廊单元并联式组合，个别项目的水、电、暖设施到户，一些还配建有小学、幼儿园和商业服务设施。这些住宅建筑在当时实现了这些城市从传统四合院街区向现代化城市居住小区的跨越，对居民出行及日常生活习俗产生了巨大影响。但受当时计划经济政策的影响，住宅建设发展缓慢，住房短缺严重。

第二阶段（1978—1991年）：改革开放以后，受到城市道路交通等基础设施的制约，城市新建住宅主要围绕旧城展开。由于用地紧张，住区密度不断增加。这时的住宅进深、高度都有所增加，6层左右的单元式砖混住宅成为主流，户型设计较计划经济时期更加多样，配套设施条件提高。住宅建设方式主要以在旧城中穿插建设为主。这一时期的城市住房短缺逐步缓解。

第三阶段（1992—1998年）：针对当时旧城平房住宅密集、居住条件差、绿地和配套设施不足的问题，城市政府普遍开展了大规模的旧城改造，绝大多数平房区被改成5～6层的楼房，增加了公建配套设施。在市场的带动下，城市住房水平得到明显提高。

第四阶段（1999—2010年）：停止福利分房后，城市住宅建设进入快速发展时期，尤其以大规模的新区建设为主。在户型面积增加的同时，小高层、多高层混合及高层住区纷纷出现，容积率逐渐攀升。在土地财政的推动下，郊区大规

① 案例城市住宅发展的详细内容参见《中国现代城市住宅：1840—2000》（吕俊华，彼得·罗，张杰.北京：清华大学出版社，2003.）

模“造城”运动成为这一时期住宅开发的主要模式，高层住宅也成为主导形式。

综上可知，案例城市现状住宅以高层为主，而且这种局面在未来相当长的一个时期内不会改变。因此，在四城市住区样本选择时，我们对 2000 年以后新建的高层住区有所侧重。不过为了全面掌握各时期、各类型住区的能耗特征及其在城市分布的典型性，我们同时选取了有一定存量的、不同时期及类型的住区。

（二）选择方法

研究对象包括“住区—家庭”两个层次（图 3–2），我们采用二阶段整群抽样、比例分层抽样和主观抽样相结合的抽样方法[45]。我们首先从案例城市中选择住区样本，然后从住区样本中选取家庭样本。

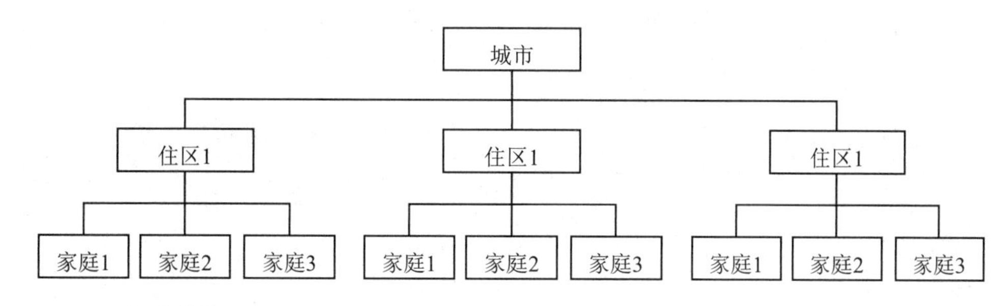

图 3–2　调查结构

第一阶段抽样时，我们使用主观抽样法选择住区样本。即根据研究目标，选择当前存量较大和代表未来住区发展趋势的多层和高层住区构成样本主体，对其他类型的住区适当缩减抽样配额。样本住区选择遵循以下基本原则：

①入住率大于 80%；

②临近各类等级的道路，包括城市快速路、主干道和次干道；

③反映不同的公共交通配套情况；

④均匀分布于城市发展的各个方向，不同的功能区域；

⑤到城市几何中心和主要商业中心的距离应有变化。

第二阶段抽样时，我们使用比例分层抽样法，将住区划分为若干调查单元，调查单元划分为若干楼栋，每个楼栋划分为底层、中间层和顶层三类。

（三）样本空间分布及其与总体的关系

济南的调查于2009年和2010年进行，共调查了20个样本住区，4049个样本家庭。其中中心城区住区6个，北部城区2个，西北部城区2个，西部城区2个，西南部城区1个，南部城区1个，东部城区5个，东北部城区1个。

石家庄调查于2012年9—12月开展，共采集住区样本10个，家庭样本600个。住区样本中，1个位于城市核心区，8个位于一、二环路之间（即20世纪90年代城市的主要拓展带），1个位于二环以外。

郑州调查于2013年7—12月进行，对中心城区的20个住区、1199个家庭进行了问卷调查。京汉和陇海铁路将中心城区划分为四个象限，则东北和西南象限各有9个样本，西北和东南象限各有1个样本。

太原调查开始于2013年11月，2014年1月结束，共采集住区样本16个，样本家庭1337个。住区样本分布较为均匀，以汾河和迎泽大街为界，西北方向有样本3个，西南方向有样本5个，东北和东南方向各有样本4个。

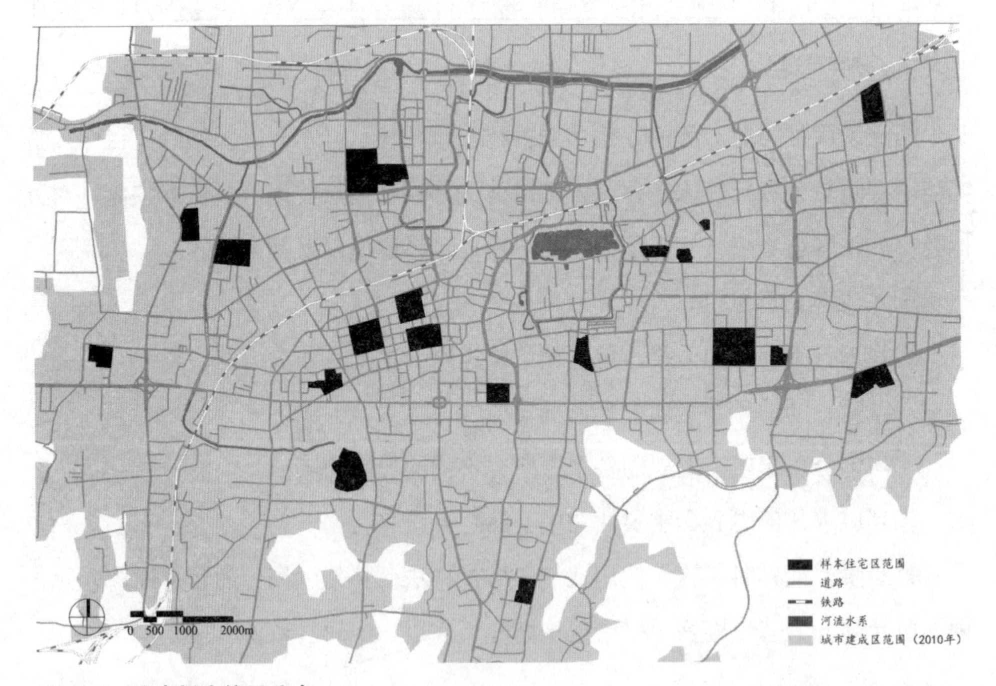

图3–3　济南样本住区分布

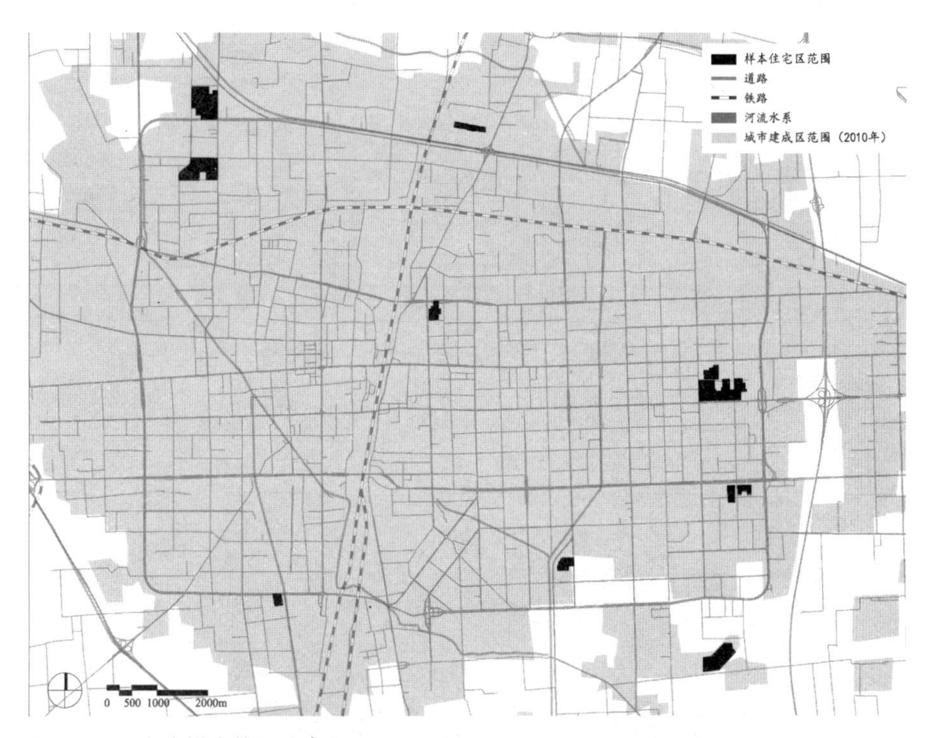

图 3–4　石家庄样本住区分布

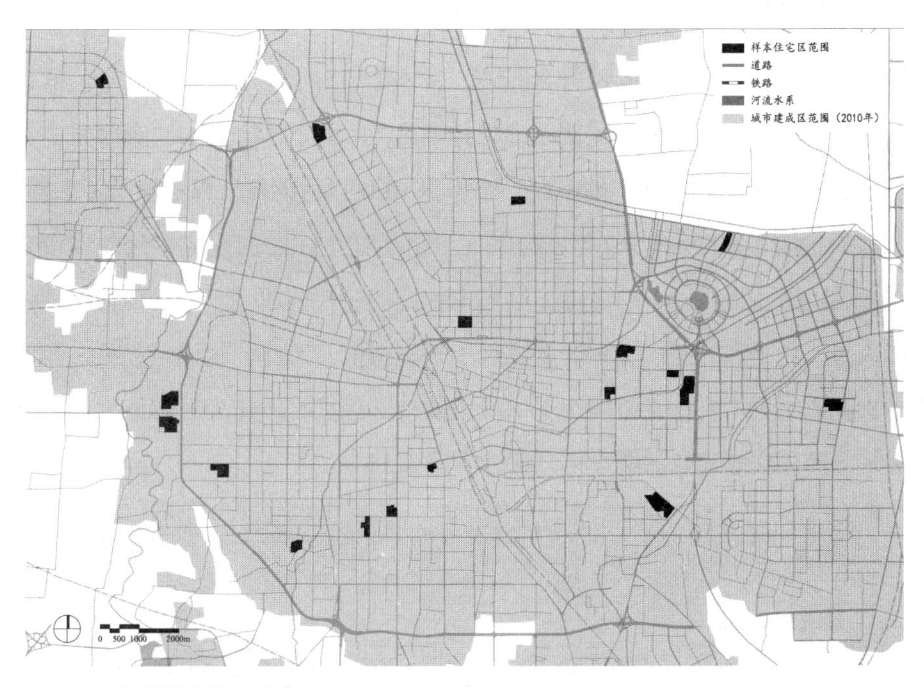

图 3–5　郑州样本住区分布

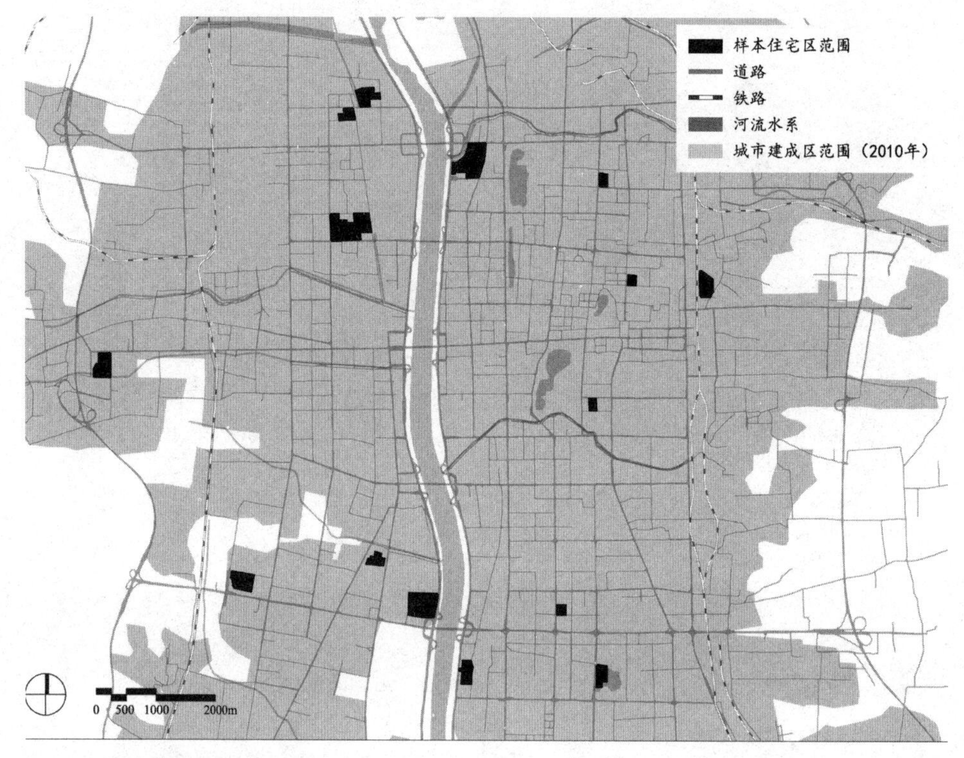

图 3-6　太原样本住区分布

样本住区按建成年代可划分为五组，表 3-1 给出了每个城市不同年代的存量住区总量、样本容量、抽样比例及理想样本量①。由于本研究的调查时间主要在 2013 年以前，考虑到入住率的问题，建于 2010 年以后的住区仅抽取了 1 个样本，而较多地抽取了 2006—2010 年的样本，以平衡样本住区的建成年代的构成。若将 2006 年后的住区合并为一组看，则样本住区的年代构成基本与总体情况相符。限于人力、物力和时间，实际样本数远小于理想值。因此，为谨慎起见，我们认为本次调查结论不宜推论至四个案例城市的全部住区，但作为了解该气候类型地区大城市的住区能耗总体情况还是非常有价值的②。

---

① 存量住房以不同房龄的二手房源小区的数量近似表示。数据来自搜房网，采集时间：2014 年 3 月。

② 关于样本数的内容参见《社会研究方法教程》（袁方 . 北京：北京大学出版社，2004：224–229）。

表 3–1　四城市住区存量及抽样构成

		济南	石家庄	郑州	太原	合计
1996 年以前	存量比例（%）	20.68	29.77	19.10	23.25	23.57
	抽样比例（%）	45.00	23.08	0	18.75	21.74
	样本容量（个）	9	3	0	3	15
1996—2000 年	存量比例（%）	25.89	18.18	27.97	17.43	22.26
	抽样比例（%）	10.00	23.08	5.00	31.25	18.84
	样本容量（个）	2	3	1	5	11
2001—2005 年	存量比例（%）	20.07	16.01	21.44	23.69	20.00
	抽样比例（%）	25.00	0.00	20.00	6.25	17.39
	样本容量（个）	5	0	4	1	10
2006—2010 年	存量比例（%）	22.41	18.40	22.38	23.32	21.39
	抽样比例（%）	20.00	30.77	75.00	37.50	37.68
	样本容量（个）	4	4	6	6	20
2010 年以后	存量比例（%）	10.95	17.65	9.11	12.31	12.78
	抽样比例（%）	0	0	0	6.25	1.45
	样本容量（个）	0	0	0	1	1
总计	存量数量（个）	2611	3729	3293	2697	12330
	存量比例（%）	21.18	30.24	26.71	21.87	100
	样本容量（个）	20	10	20	16	66
	抽样比例（%）	28.99	14.49	28.99	23.19	100
	抽样比	0.008	0.003	0.006	0.006	0.005
	理想样本容量（个）	335	349	345	337	373

（四）样本住宅区基本特征

为了方便对样本住区特征进行简要介绍，现将 66 个样本按住宅区形态特征分为多层住宅区、高层住宅区和商住综合体三类。

表 3–2　不同类型住宅区基本特征

	多层住宅区	高层住宅区	商住综合体	总计
样本数（个）	29	33	4	66
建成时间（年）	1980—2010	2000—2011	2000—2009	—
与城市中心距离（km）	5.61	6.97	3.48	6.16
用地规模（公顷）	16.04	8.43	3.12	11.45
户数（户）	3130.51	2336.24	2133.65	2672.96
居住人口密度（人／公顷）	579.63	981.33	2070.54	870.84
容积率	1.63	3.65	6.83	2.93
平均层数	5.80	19.33	27.89	13.91
建筑密度（%）	27.34	20.13	23.98	23.32
绿地率（%）	24.95	29.90	16.90	26.94

注：由于无法获得所有样本住宅区的用地红线，我们以建筑实体的外轮廓或围墙的连线作为住宅区用地的外边界。因此住宅区用地规模比规划审批的偏小，所以表里所列人口居住密度、容积率、建筑密度、绿化覆盖率的数值，较通常计算方法得出的偏高。

1. 多层住宅区

多层住宅区指住宅平均层数在 4 ～ 7 层的居住小区或组团。采样的多层住宅区大部分建设于 2000 年以前，最早的建于 20 世纪 80 年代，最晚的建于 2003 年。这类住宅区的容积率在 0.7 ～ 2.9 之间[①]，其中规模小、建设时间早的住宅区容积率略高一些。

根据空间形态差异，可以将多层住宅区细分为高密度多层住宅区和一般密度多层住宅区两类。高密度多层住宅区的建筑密度较高，密度大多在 30% 以上，其住宅层数较低，以 4 ～ 5 层为主。单层玻璃外窗，外墙一般为 36 厘米砖墙，没有或仅有简单的保温处理。有些住宅区没有集中供暖。在规划设计方面，这类住宅区的住宅严格按行列式排列，楼间距小，空间单调。由于密度大，绿化普遍不足，极少数住宅区有中心绿地或活动场地，多数住宅楼前后都没有绿化空间。

一般密度多层住宅区大部分为企事业单位家属区，住户社会构成较为单一。

① 容积率的计算方法参见第二节第 1 小节。

它们的地理位置较好，距离城市中心[①]的直线距离一般不超过6km。公共服务设施比较完善，规模较大的住宅区还配建有幼儿园和小学。由于建成年代较早，“房改”后绝大多数住宅变为私房，租赁关系复杂。由于疏于管理、私搭乱建突出、环境杂乱、停车位不足，除了规模较大的几个住宅区外，公共绿地和活动场地普遍不足，但植株均已进入成熟期，枝冠茂盛，遮阳增湿效果好，户外空间往往比新建的低密度、高绿地率小区更为舒适。典型案例包括太原漪汾苑小区（T14）、石家庄天苑小区（S8）等。这类住宅区多是由政府组织综合开发的，因此用地规模比较大。超大规模住宅区一般由多个居住小区或组团组合，如建于1993年、占地24.56公顷的石家庄单位家属区——联盟小区（S7）。

2. 高层住宅区

高层住宅区指住宅平均层数在14层以上的住宅区。样本住宅区中共有高层住宅区33个，建设时间均在2000年以后，容积率在1.8[②]～7.2，均值3.65。住宅区距城市中心的距离远近不一，平均距离近7km。其中距离城市中心最近的是太原太铁白龙苑小区（T11），距太原火车站仅1.9km。而郑州高新区的万丰惠城（Z13）距二七广场18.6km，是样本住宅区中最远的。一般来看，这些住宅区除了初期配建的少量住宅底商外，周边没有其他服务设施。高层住宅区的用地规模大多在10公顷以内，超过15公顷的大型住宅区只有济南阳光100（J3）。高层住宅区的常见住宅平面形式包括点式平面（一梯两户的短板式、一梯多户的塔式）和线形平面（多单元拼接的长板式）两种。线形平面的住宅连续界面长、阴影区大，对后排建筑和户外空间都造成极大消极影响。

高层住宅区建成年代晚，物业管理较为完善，少有违章搭建的情况，卫生环境好于老旧的多层住宅区。点式高层组成的户外空间围合感差，但通过树木和建筑小品的适当组合可以在一定程度上增强场所感，促进居民进行户外活动。

---

① 城市中心定义为最具城市特色的、市民心理层面的城市中心所在地，不一定是城市几何中心或商业中心。济南城市中心定义为泉城广场，石家庄为火车站前广场，郑州为二七广场，太原为柳巷与桥头街交口。

② 郑州绿都城住宅区中心有较大集中绿地，同时有低层住宅，故整体容积率较低。

3. 商住综合体

商住综合体是旧城改造和用地紧张的地段常采用的住宅开发形式。我们分别从郑州和太原市抽取了 2 个这类样本。此类项目的容积率都很高，其中容积率最低的东大盛世华庭（T4）为 4.70，最高的样本御庭华府（T15）达到了 9.29。这类住宅区用地局促，东西向户型比例高，室内采光条件差，层数超过一般高层住宅区，平均达到 27.9 层。它们的屋顶是唯一可以利用的室外空间，但实际上除了商业用房的采光窗和空调设备以外，屋顶可以用作绿化的部分非常有限 .

第二节　平面与空间形态

本节从容积率、建筑密度、平面形式、平均层数、户型面积和住宅特征六个方面对样本住宅区的平面及空间形态特征进行归纳分析。除第二章第四节小节中的住宅特征外，所有形态指标均以住宅区为分析单元。正如前文所说，由于本研究对样本住宅区用地范围的规定比建筑红线划定小，所以算出的样本住宅区的容积率、建筑密度比通常意义上的要大。所以个别占地面积较小的商住综合体，地面层满铺商业用房，出现了建筑密度达到 100% 的情况。

一、容积率

“容积率”（也称“建筑面积毛密度”）是指每公顷用地上各类建筑的建筑面积的总和（万 m^2/hm^2）[①]，它反映了住宅区用地的综合开发强度。一些案例住宅区配建的商业用房规模很大，整体的“容积率”并不能反映其中住宅部分的开发强度，因此我们单独计算了这些案例中住宅建筑净容积率。

---

① 本研究以建筑实体的外轮廓或围墙的连线作为住区用地的外边界计算住宅区的用地规模，因此用地规模比通常意义上的小。二者差异主要是建筑退道路红线部分的面积。

表 3-3 分城市容积率及住宅净容积率比较

	济南	石家庄	郑州	太原	合计
容积率					
均值	2.67	2.28	4.26	3.94	3.35
标准差	0.71	1.39	2.45	2.87	2.16
最大值	4.16（J13）	5.64（S3）	10.25（Z10）	11.54（T15）	11.54
最小值	1.74（J11）	1.22（S2）	1.49（Z4）	1.36（T12）	1.22
净容积率					
均值	2.19	2.22	3.79	3.38	2.93
标准差	0.84	1.36	1.89	2.23	1.77
最大值	3.75（J13）	5.43（S3）	7.22（Z16）	9.29（T15）	9.29
最小值	0.51（J14）	1.15（S2）	1.34（Z4）	1.23（T14）	0.51
样本数	20	10	20	16	66

表中住区名缩写分别代表：J13翡翠郡南区；J11匡山小区；J14商埠区北；S3礼域尚城；S2 建明小区；Z10升龙国际；Z4 建业城市花园；Z16燕庄新区南区；T15御庭华府；T12 太原理工大学长风小区；T14 漪汾小区。

由于济南的样本调查涉及了传统平房区和较多多层住宅区，因此平均容积率略低。济南的 20 个样本中，翡翠郡南区（J13）的两项容积率指标都是最高的。济南样本中综合容积率最低的是匡山小区（J11）。该小区是济南较早开发的城市边缘大型居住宅区，占地面积 27.72 公顷，住宅为 5 层或 6 层砖混结构，商业服务设施不完善。住宅净容积率最低的样本位于商埠区、济南火车站南侧，调查范围 27.31 公顷。调查用地内包含了大量商业、办公和宾馆酒店用地，住宅建筑比例低，住宅的净容积率也最低。

图 3–7 翡翠郡南区（J13）轴测图

该住宅区位于济南重汽总厂原址，距泉城广场4.41km，占地14.12公顷，在济南样本中属于建成时间较晚的大型住宅区。该住宅区临街的三面都设有1～2层的底层商业用房，北侧与翡翠郡北区共同形成一条社区商业街，商铺数量多但规模都比较小。

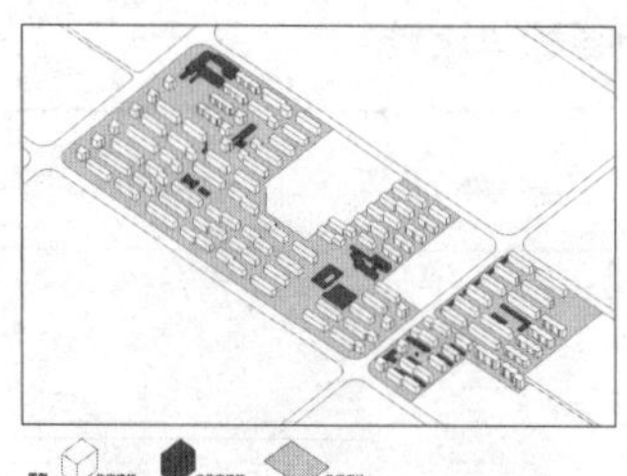

图 3–8 建明小区（S2）轴测图

该住宅区距离石家庄火车站6.8km，建成于1992年前后。住宅为5～7层行列式排布的多层板楼，90m²以下小户型为主。北侧街道商业服务设施丰富，南邻企事业单位，内部配建有一小学，全部为地上停车。

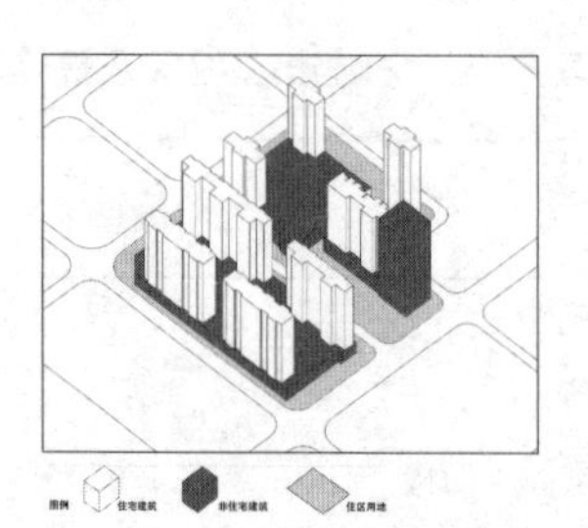

图 3–9 升龙国际（Z10）轴测图

该住宅区是近年来郑州市规模较大的旧城改造项目。住宅区占地3.76公顷，是一大型商住综合体，包括2栋公寓、6栋住宅、1栋写字楼和大规模商业用房。其中住宅均为33层，地面空间一半为商业用房，一半为公共广场，绿化全部位于裙房屋顶之上。

石家庄的样本选择向 2000 年以前建设的多层住宅区略有倾斜，因此平均容积率在四个城市中最低。其中，容积率最低的样本为建明小区（S2），容积率最高的是旧城改造项目礼域尚城（S3），占地 4.88 公顷，临街两侧设有底层商业用房。

郑州样本的容积率跨度较大，样本的选择向 2000 年之后新建的高层住宅区有所倾斜。郑州样本中，升龙国际（Z10）的容积率最高，净容积率最高的样本为燕庄新区南区（Z16），占地 3.80 公顷，由 5 栋 34 层住宅、2 栋 31 层住宅和 1 栋附带商业裙房的公寓组成，大部分户型为拆迁安置房，平均套内面积较小。郑州样本中容积率最低的为建业城市花园，建成于 2001 年，占地 16.06 公顷，住宅建筑以 6 层或 7 层多层为主，北部有少量 11 层或 12 层的小高层住宅。

太原样本在容积率方面的差异最大。太原调查共抽样了两个商住综合体样本，都是旧城改造项目，容积率较高。太原样本中容积率最低的为长风小区（T12）。该小区为太原理工大学职工家属区，占地面积 4.33 公顷，由 16 栋 5 层或 6 层砖混结构住宅组成，入口处有一片健身场地和绿地，建筑密度较低。住宅净容积率最低的样本为漪汾小区（T14），为国家第二批试点小区，采取合院式组团空间布局，小区中心设一个面积近 1 公顷的雕塑公园。

二、建筑密度

这里“建筑密度”指居住区用地内各类建筑的基底总面积与居住区用地面积的比（%）。按此定义，商住综合体样本的建筑密度均在80%以上，无法反映住宅平面布局特征。与上一节相似，此处我们还考察了“净居住建筑密度”，即住宅建筑的基底总面积与居住区用地面积的比率（%）①。

总体而言，四个城市中，除石家庄样本的平均建筑密度较低外，其他三个城市都在35%～40%之间②。一般来讲，多层和商住综合体两类住宅区的建筑密度较高。净居住建筑密度方面，除济南外，其他三个城市都在21%左右。这可能是因为在济南样本中，20世纪90年代以前的老旧小区偏多，导致样本整体净居住建筑密度偏高。

表3–4　分城市建筑密度与净建筑密度比较

	济南	石家庄	郑州	太原	合计
建筑密度（%）					
均值	39.10	24.59	35.74	36.55	34.80
标准差	14.14	6.25	21.20	22.43	18.05
最大值	61.97（J6）	33.70（S5）	100（Z7）	100（T15）	100
最小值	14.97（J20）	14.28（S10）	16.02（Z20）	12.32（T8）	12.32
净建筑密度（%）					
均值	27.92	21.16	21.68	21.38	23.32
标准差	11.07	5.53	5.71	7.62	8.39
最大值	38.90（J2）	30.28（S3）	39.22（Z19）	35.89（T9）	53.21
最小值	9.42（J20）	12.95（S10）	12.82（Z20）	10.86（T11）	9.42
样本数	20	10	20	16	66

表中住区名缩写分别代表：J2 商埠区西；J6 佛山苑；J20 名士豪庭；S3礼域尚城；S5铁道大学家属院；S10 裕翔园小区；Z7 曼哈顿广场；Z19 兴华小区；Z20 正弘蓝堡湾；T8 丽华苑；T9 丽日小区；T11 太铁白龙苑；T15 御庭华府。

① 本研究以建筑实体作为住宅区用地界线（例如围墙、住宅墙体等），因此一些地面层满铺商业用房的商住综合体住宅区的建筑密度会达到100%。

② 由于本研究采用的建筑用地面积与正式规划批复中采用的不同，所以计算出的建筑密度偏高。

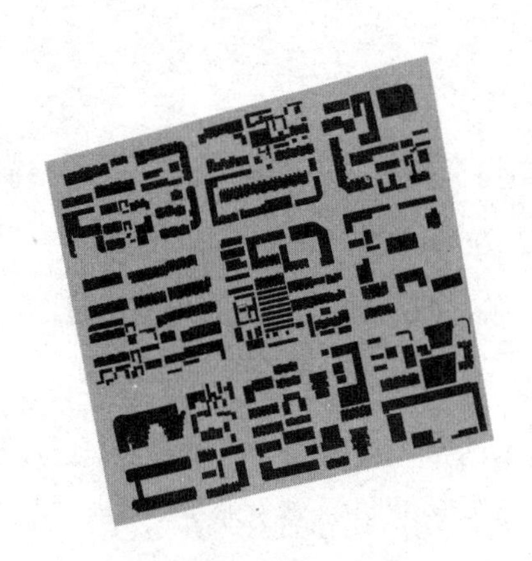

图 3–10 济南商埠区西（J2）平面示意图

该居住街坊包括经二路、纬九路、经五路和纬六路围合而成的地区，占地30.86公顷。地段内非住宅用地比例较高，住宅大多建设于20世纪90年代以前，以单位家属院为主，多为行列式布局，局部有围合式布局，住宅平均层数3.39层，净居住建筑密度38.90%。

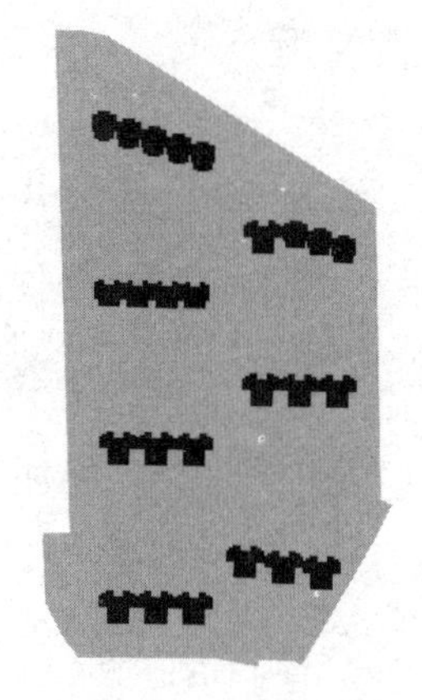

图 3–11 太铁白龙苑（T11）平面示意图

该住宅区为太原铁路局职工住房小区，占地7.63公顷，由7栋30层长板式高层住宅组成，单元平面有一梯两户、三户等多种形式，容积率3.17，净居住建筑密度10.86%。

郑州和太原各选取了 2 个商住综合体样本，由于本研究各项指标均以建筑红线内的用地面积作为分母计算得出，因此出现了建筑密度达到 100% 的情况。济南和石家庄样本中密度最高的两个住宅区均为 20 世纪 90 年代以前建设的多层住宅区。这些小区很少配置公共绿地，原设计的建筑密度比较大，各种扩建和插建较多，所以实际建筑密度比较高。

四个城市建筑密度最小的样本都是高层住宅区，建筑密度在 12% ～ 16%。它们大多由点式或短板式高层组成，中心或入口处有规模较大的广场或集中绿地。这些住宅区一般位于城市边缘的新区，用地相对充裕。这类住宅区至少一面与交通性主干路相邻，住区边界大多为实墙或镂空墙体，住宅区的服务设施发展相对滞后，多数住宅区仅配建规模很小的商业用房。

三、楼栋平面形式

“楼栋平面形式”指住宅单体平面的形状和结构特征。楼栋平面形式的分类方式很多，一种最常见的方法是根据平面宽度（总开间）和深度（总进深）的比值分成“点式平面”和“条式平面”两大类。点式平面的宽度和深度比值接近 1，若干户围绕着一个竖向交通核。条式平面的宽度明显大于深度，包括两个或更多交通核。另一种方法是按照每个交通核所服务的户数进行分类，即通常所说的“一梯两户”。但这两种分类方法都无法描述“L”形或“凹”形围合、外墙的凹凸细节等平面特征，而这些特征恰恰是和建筑热工性能、采光等关系密切。因此，本研究尝试从住宅能耗角度出发，开发了一种与住宅建筑的热工等性能相关更强的楼栋平面形式度量方法。

参考建筑“体形系数”概念，我们设计了“楼栋平面形状”这一指标，也可以称为“二维的形体系数”。楼栋平面形状以回旋半径比表示，参考景观学对紧凑度的描述方法[46]，我们将建筑平面回旋半径比定义为平面内每个细胞点到几何中心距离的均值除以面积的平方根。

$$\text{GARATE\_AM} = \frac{1}{\sqrt{a}}\sum_{r=1}^{z}\frac{h_r}{z} \qquad \text{式（3–1）}$$

式（3–1）中，GYRATE_AM 为楼栋平面形状指数，h 为平面内第 r 个细胞点到平面几何中心的距离（m），z 为细胞点个数之和，a 为楼栋平面面积（m^2）。形状指数越大，楼栋平面形状越不紧凑，在层数相同的情况下体形系数越大，建筑热工性能越差①。研究所使用的回旋半径比指的是住宅区中所有楼栋的指标平均值。

回旋半径比值最小（也就是楼栋平面最紧凑）的住宅区为旭翠园（S6）。该小区所有住宅均为一梯四户，一个单元独立成栋，是非常有特色的一个样本。

楼栋平面最不紧凑的样本为曼哈顿广场（Z7），小区内住宅为每单元两至三户、多单元拼接的长板式高层，住宅最长连续界面达到 120m，最大进深 15m，平面形状非常狭长，因此回旋半径比值很高。

平面紧凑度居中的样本包括天下城（Z11）等。天下城是一种比较有代表性的板式高层住宅区。每个单元三户，每个楼栋由二至三个单元拼接而成。天下城与曼哈顿广场的区别在于：每个单元都有三户，平均进深比较大（20m 左右）；

① 楼栋平面形状（回旋半径比）与建筑形体系数的区别在于与前者与楼栋高度无关，二者对楼栋整体节能性能的影响方式相同。本指标采用 FRAGSTATS4.2 计算，关于算法的详细内容参见该软件用户手册。

另外，二单元拼接的楼栋比较多，连续界面的平均长度较短，最大的不足 100m。因此，天下城的楼栋平面形状指数比曼哈顿低很多，平面比较紧凑。

从上文可知，点式平面住宅的紧凑度最高，一梯三户、两到三单元拼接的短板式住宅紧凑度居中，而一梯两户、三单元以上拼接的长板式住宅（包括典型多层行列式住宅）的紧凑度就比较低了。

表 3–5　分城市楼栋平面形状指数比较

	济南	石家庄	郑州	太原	合计
均值	1.96	1.92	1.85	1.99	1.93
标准差	0.12	0.22	0.22	0.15	0.18
最大值	2.16（J18）	2.18（S8）	2.36（Z7）	2.22（T1）	2.36
最小值	1.68（J3）	1.43（S6）	1.51（Z14）	1.62（T2）	1.43
样本数	20	10	16	20	66

*表中住区名缩写分别代表：J3 阳光100；J18 数码港；S6 旭翠园；S8天苑小区；Z7 曼哈顿广场；Z14 未来城；T1 奥林花园；T2 滨东花园。

图 3–12　旭翠园（S6）平面示意图

该住宅区位于石家庄西南二环外，于2000年前后建成，占地面积3.56公顷，由23栋6～7层点式住宅组成，住宅区平均楼栋回旋半径比1.43，平面布局规整，容积率1.50，建筑密度21.48%。

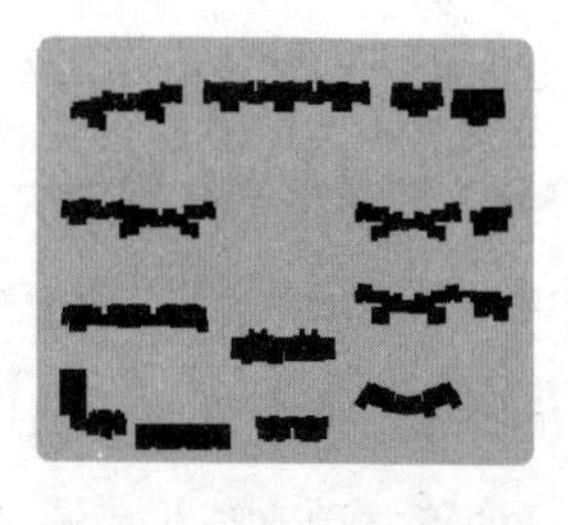

图 3–13　天下城（Z11）平面示意图

该住宅区占地6.48公顷，容积率3.82，净建筑密度19.09%。住宅平面以一梯两户和一梯三户的单元形式为主，住宅区平均楼栋回旋半径比1.92。户型结构以3房2厅和4房2厅为主，套内面积较大。

图 3–14　曼哈顿广场（Z7）平面示意图

该住宅区是一个集住宅、写字楼、商业等多种形态于一体的城市综合体项目，占地面积4.74公顷，由5栋24层住宅、2栋31层住宅、2栋31层公寓和底层商业设施组成。住宅平面狭长，平均楼栋回旋半径比2.36。

四、住宅特征

这里住宅特征主要包括户型面积、朝向和楼层三方面。

（一）户型面积

“户型面积”即套型总建筑面积，它等于套内使用面积、辅助面积和结构面积之和。四城市样本的总体户均建筑面积为105.18m²/套，其中济南和石家庄较低，户均建筑面积不到100m²，这是因为这两个城市的住宅区样本中有较多面积较小的平房住宅和多层住宅。郑州的户均面积最高，达到114.24m²/套。各城市户均建筑面积最大样本的都是高层住宅区，其中济南三箭吉祥苑（J19）最高达到161.87m²/套，人均住房面积48.46m²。户均建筑面积最小的四个住宅区中，郑州燕庄新区南区（Z16）为城中村改造回迁项目，其余三个（J14商埠区北、S2建明小区和T6汇丰苑小区）都是多层住宅区且建设年代较早。人均住房面积方面，太原样本最高，为人均39.07m²，济南最低，四城市均值34.46m²/人。

表3–6 分城市户均建筑面积和人均住房面积比较

	济南	石家庄	郑州	太原	合计
			户均建筑面积		
均值	98.07	93.61	114.24	110.00	105.18
标准差	33.36	26.38	21.13	22.69	27.17
最大值	161.87（J19）	133.98（S10）	149.59（Z2）	157.28（T8）	161.87
最小值	57.43（J14）	63.42（S2）	67.31（Z16）	76.13（T6）	57.43
			人均住房面积		
均值	31.58	32.15	34.79	39.07	34.46
标准差	9.57	9.16	4.97	6.94	8.08
最大值	48.46（J19）	48.90（S10）	42.53（Z11）	52.84（T2）	52.84
最小值	19.21（J14）	20.79（S2）	26.97（Z10）	29.36（T12）	19.21
样本数	20	10	20	16	66

*表中住区名缩写分别代表：J14 商埠区北；J19三箭吉祥苑；S2建明小区；S10裕翔园；Z2 帝湖花园西王府；Z10升龙国际；Z11 天下城；Z16 燕庄新区南区；T2 滨东花园；T6汇丰苑；T8 丽华苑；T12 太原理工大学长风小区。

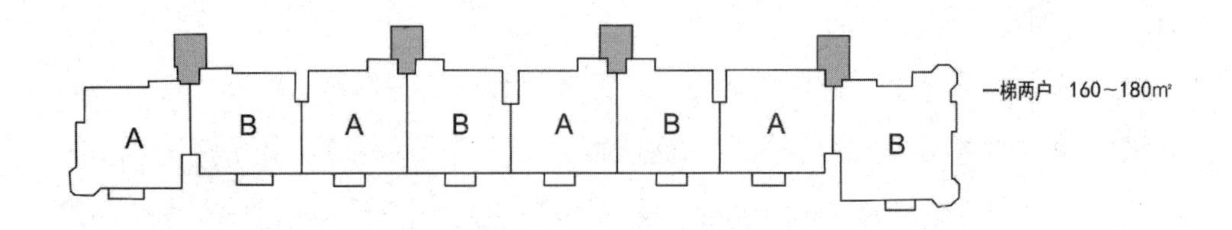

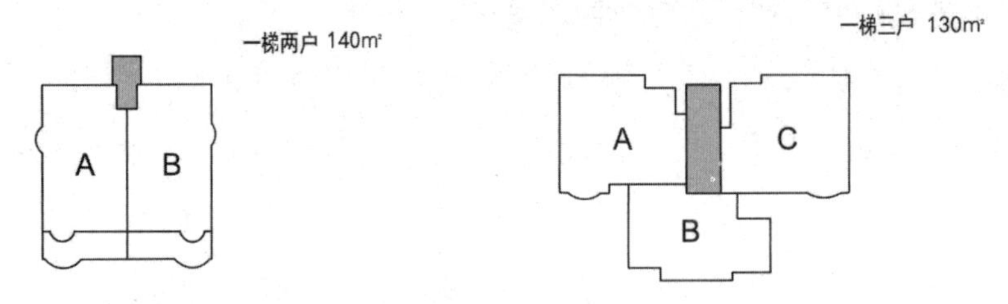

图 3–15　郑州美景天城小区（Z8）分户图

注：上为条形多层住宅，一梯两户，户型面积160～180m²。左下为点式多层住宅，一梯两户，户型面积140m²。右下为点式高层住宅，一梯三户，户型面积130m²。该住宅区平均户型面积142.39m²，在66个样本住区中排在第四位。

（二）朝向

“朝向”指住宅主要采光窗的朝向，通常以起居室或卧室为准。但这里有两点需要明确。（1）本研究定义的“朝向”指每套住宅的主要采光窗朝向而非建筑朝向，因此同一建筑中的不同住户朝向可能不同，这样可以更好地反映家庭实际物理环境。（2）“主要采光窗”通常以起居室外窗为首要标准，但需要与卧室综合考虑，例如，起居室外窗朝西而两个卧室的外窗都朝南，那么我们仍然认为该套住宅朝南。

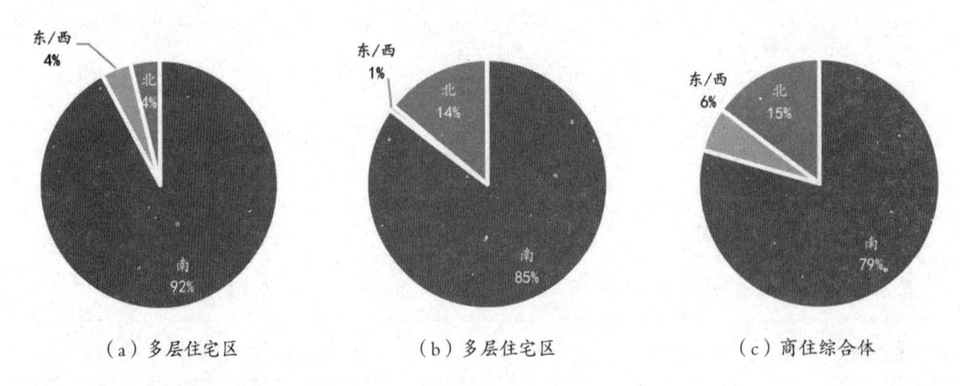

图 3–16　住宅朝向与住宅区类型

总体上看，样本住宅中朝南的比例最高，约占总数的 86%；朝东或西的住宅比例最低，仅占 2%。各类住宅区相比（图 3–16），高层住宅区和商住综合体的朝北住宅比例较高，为 14% ～ 15% 左右。多层住宅区样本中 92% 为朝南户型，非南朝向的住宅比例非常低。这显然与四城市普遍执行的日照标准有关。

（三）楼层

为了能够更好地观察不同楼层住户的能耗情况，我们还采集了样本家庭楼层信息。但由于济南调查没有采集楼层，因此本部分仅对石家庄、郑州和太原三城市的家庭样本进行分析。总体上看，6 层以下的样本偏多（占总样本量的 52.3%），样本量在 3 层达到最大值，之后随着楼层数的递增逐渐减少，楼层的偏度和峰度分别为 1.112 和 0.536，符合正态分布。

分城市来看，石家庄 6 层以下样本比例较大，峰度值略高（2.374），郑州和太原样本的楼层分布则更为随机一些。其中太原数据略呈偏平峰，尾部（底层和高层）样本略多。

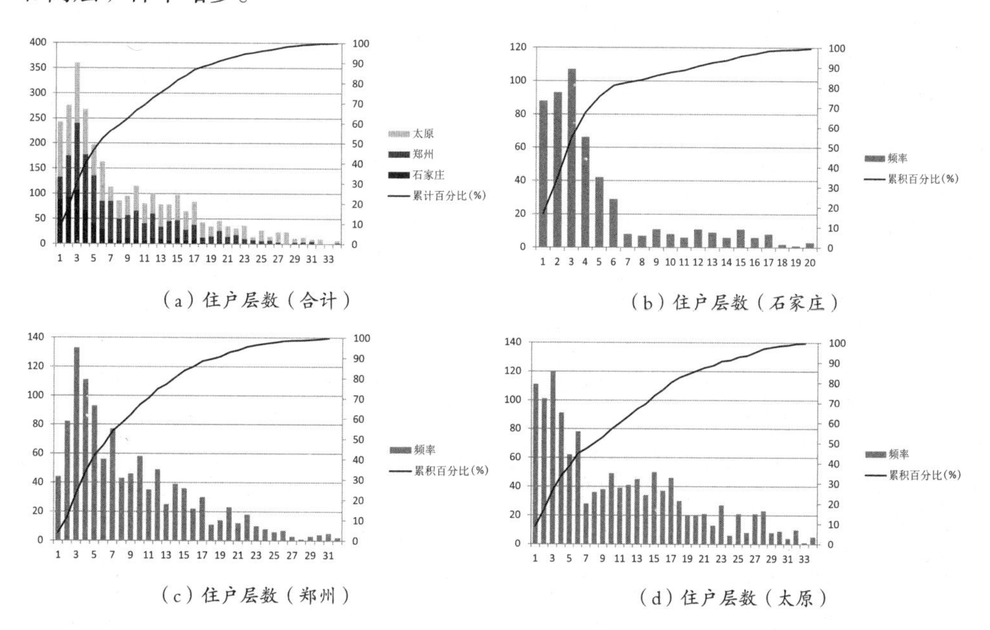

图 3–17　样本住户楼层分布

第三节 绿地系统

本小节对样本住宅区的绿地系统特征进行描述分析，主要从规模（绿地率）和布局形式（开敞空间变异系数）两方面展开。本节涉及的所有指标均以住宅区为分析单元。

一、绿地率

绿地率是评价住区绿化质量的常用指标，是《城市居住区规划设计规范（GB 50180–93）》（2002 版）统一使用的概念，强调功能与用地性质的一致性。四城市住宅区绿地率的均值为 26.94%；其中石家庄最高，达到 35.38%，济南最低，不到 15%。因为济南调查抽样了 4 个开放式居住街坊，这些样本建成时间早、绿地率较低，拖累了济南样本的整体水平。四个绿地率最高的样本中，有三个是高层住区（J3 阳光 100，Z9 清华园和 T8 丽华苑）。绿地率最低的四个样本中，旧城改造项目占具两席（Z10 升龙国际和 T3 辰憬家园），S1 东兴小区和 J15 商埠区南则是建成时间较早的多层住区。

表 3–7 分城市样本住宅区绿地率比较

单位：%

	济南	石家庄	郑州	太原	合计
均值	14.80	35.38	34.22	27.72	26.94
标准差	9.42	14.70	11.19	17.71	15.41
最大值	38.00（J3）	54.39（S10）	51.28（Z9）	67.12（T8）	67.12
最小值	4.00（J15）	15.10（S1）	14.30（Z10）	7.67（T3）	4.00
样本数	20	10	20	16	66

*表中住区名缩写分别代表：J3阳光100；J15商埠区南；S1东兴小区；S10裕翔园；Z9清华园；Z10升龙国际；T3 辰憬家园；T8丽华苑。

住宅区范围 绿地 建筑

图 3–18 济南商埠区南（J15）平面示意图

该区范围为济南商埠区内由经四路、小纬四路、经六路和纬二路围合而成的以居住为主要功能的街区。街区内建筑形式、年代和使用性质各异，建设时间从20世纪70年代到2000年不等。总占地面积26.02公顷，住宅形式以多层为主，综合容积率2.36，建筑密度32.37%，绿地率4.00%，绿地率是所有样本住宅区中最低的。

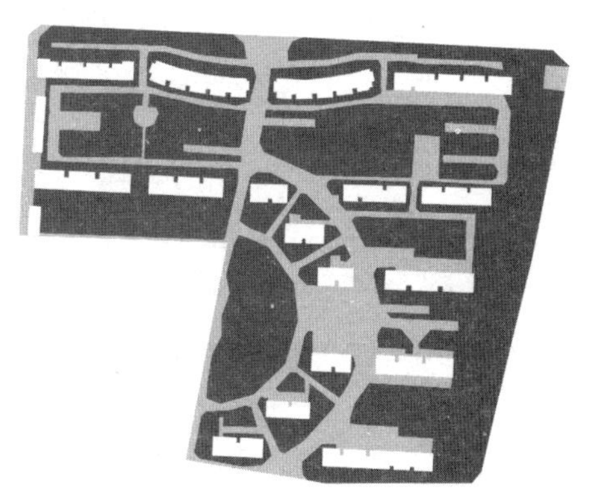

住宅区范围 绿地 建筑

图 3–19 太原丽华苑（T8）小区平面示意图

该区由17栋高层住宅组成，中央有一个半月形人工湖，6栋点式高层围绕人工湖的弧形水岸均匀排列，其余住宅为多单元拼接形式，平面狭长。小区总占地面积14.54公顷，住宅净容积率3.18，建筑密度11.85%，绿地率67.12%，绿地率是所有样本住宅区中最高的。

二、布局形式

为了以量化方式研究环境与能耗的关系，我们将绿化形式用定量方式描述出来成为此处需要解决的关键问题。考虑到各种数据的特征与局限，本研究利用准确度较高的建筑边界测量开敞空间的布局形式，以此间接地对住宅区的绿化进行量化描述与分析。

开敞空间形式由“开敞空间变异系数”定义。该指标是指住宅区开敞空间中任意一点到最邻近住宅建筑表面的距离的差异程度①。变异系数表示数据的差异程度，差异系数越大表示距离数据的取值越分散，也就是说开敞空间中的不同地块距离建筑的距离差别较大，既有宅间空间，又有公共空间。如果差异系数较小，则代表开敞地块与建筑的距离比较相似。也就是说，该小区没有占地规模较大的

① 计算方法为：首先将开敞空间以 5m 为单位进行栅格化处理，即将开敞空间划分为若干个 5×5m 的地块。第二步，计算每个栅格中心到最邻近住宅建筑表面的距离。距离近的地块属于宅间空间，如宅间绿地；距离远的属于公共空间，如住区中心花园。第三步，计算第二步获得的距离值的变异系数。

集中公共空间，公共空间规模小而分散。计算公式如下：

$$\sigma = \sqrt{\frac{1}{N}\sum_{i=1}^{N}(d_i - \mu)}$$ 式（3–3）

式（3–3）中，σ为住宅区开敞空间变异系数，di为开敞空间内任意一点到最邻近住宅建筑表面的距离（m），μ为开敞空间内所有点到最邻近住宅建筑表面距离的平均值（m），N为采样点的数量。

表 3–8 分城市样本住宅区开敞空间变异系数比较

	石家庄	郑州	太原	合计
均值	0.732	0.685	0.737	0.714
标准差	0.155	0.072	0.131	0.118
最大值	1.155（S7）	0.879（Z3）	1.032（T12）	1.155
最小值	0.605（S1）	0.571（Z5）	0.599（T4）	0.571
样本数	10	20	16	46

*表中住区名缩写分别代表：S1 东兴小区；S7 联盟小区；Z3 湖光新苑；Z5 康桥上城品；T4 东大盛世华庭；T12 太原理工大学长风小区。

按照上述公式，我们计算了石家庄、郑州及太原的 46 个样本住宅区的开敞空间变异系数（由于数据所限，济南样本未进行此项分析）。结果显示，大部分样本住宅区的开敞空间变异系数（以下简称“变异系数”）介于 0.6 ～ 0.9。其中，郑州样本的变异系数整体较高，石家庄和太原住宅区间差异较大。在变异系数大于 0.8 的 8 个住宅区中，有 5 个多层住宅区，3 个高层住宅区；在变异系数最低的 5 个住宅区中，3 个为高层住宅区，2 个为多层住宅区。总体来讲，多层住宅区的平均变异系数较高，多层住宅区中有集中公共空间，其户外空间层次丰富的较多；而高层住宅区中，没有集中公共空间、户外空间均质化的比例较高。

所有样本中，变异系数最大的为石家庄联盟小区（S7，1.155）。联盟小区建成于 1993 年，小区主要由 5 ～ 7 层的多层板楼组成，也间杂有少量多层塔楼。5 个居住组团围绕中心的小学和幼儿园分布，中心公共空间绿化丰富，空间富有层次。

变异系数最小的为郑州康桥上城品（Z5，0.571）。小区占地 7.13 公顷，总建筑面积约 20 万 m^2，为小高层、高层住宅混合区，容积率 2.74。该小区非常注重景观设计，以广场、池塘、小溪连接成景观廊道，植被多样，树木茂盛，情趣盎然。但楼栋布局呆板，室外空间均质化，建筑密度较高，有很大一部分景观设施常年处在阴影区中，不利于居民使用。

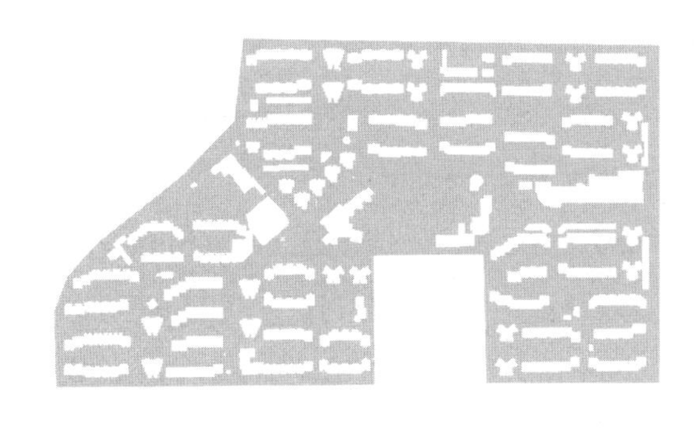

图 3–20　联盟小区（S7）平面简图

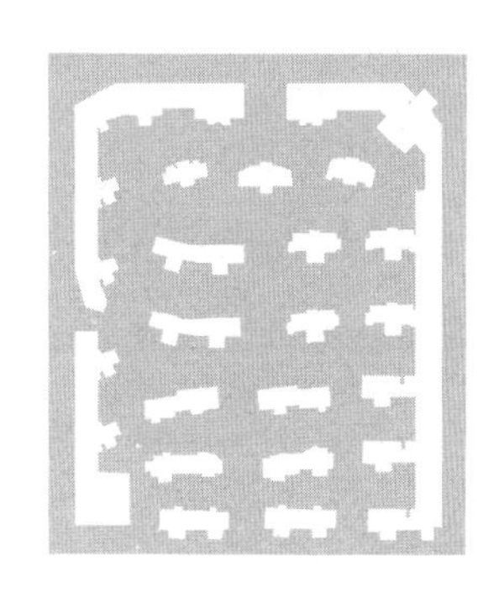

图 3–21　康桥上城品（Z5）平面简图

第四节　服 务 设 施

一、范围划定

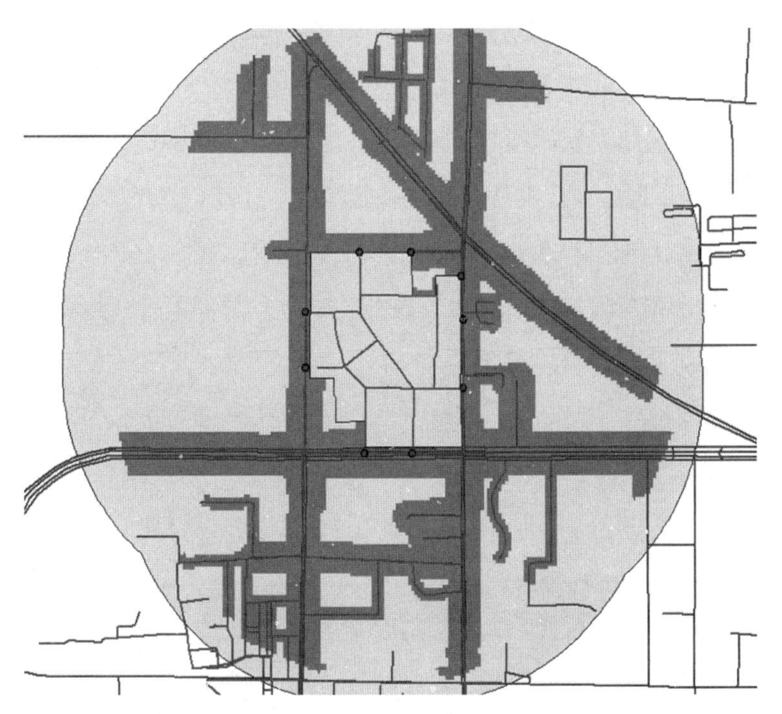

图 3–22　住区周边范围划定方法比较

（浅灰色–直线距离法；深灰色–路径距离法）

在本章第一节我们已经界定，本研究中住区服务设施是指住宅区周边一定范围内不同功能、规模和形态的各类商业和公共服务设施的总和。首先，我们需要明确“住宅区周边”所包含的空间范围。通常认为，800m[①]是一个比较合适的标准（大约10分钟步行通过的距离）。也就是说，将一个以住宅为圆心、半径800m的圆形区域定义为居民日常生活圈，即“周边”的概念。为尽可能接近实际情况，我们采用了以下方法：（1）假设住宅区出入口为该居民日常生活的出发点（圆心），忽略住宅与出入口之间的距离[②]。（2）用路径距离而非直线距离计算800m生活圈[③]。图3-22为按上述方法计算得出的某一样本小区的800m生活圈范围[④]。可以看到，这样计算得出的步行可达区域都是沿道路扩展的，更符合现实情况，且比直线算法的可达范围要小一些。

二、分类标准

本节使用的住区设施数据以现场采集为主，分类方式更加灵活，在第二章分类的基础上进行了细化和调整。

《城市居住区规划设计规范》（GB 50180—93）（2002年版）（以下简称《规范》）规定，居住区公共服务设施包括教育、医疗、文化体育、商业服务、社区服务、市政公用、行政管理及其他八大类内容，每大类又分为若干子项并配有相应的控制指标。其中，教育、医疗、市政、管理等公共服务设施的核心内涵在于满足居民日常生活需要。

参考《规范》《国民经济行业分类》（GB/T 4754—2011）、《零售业态分类》（GB/T 18106—2004）和《城市用地分类与规划建设用地标准》（GB 50137—2011）中的城市建设用地分类方式，本研究将住区服务设施划分为以下2个大类、8个中类、32个小类进行分析。

---

① 参见第二章第二节，关于住宅区周边设施的考虑范围的界定的讨论。

② 对用地规模较大的小区影响较大，可能高估了生活圈的范围。

③ 具体解释和算法详见ArcMap帮助文件。

④ 参见第二章第二节，关于住宅区周边设施的考虑范围的界定的讨论。

表 3–9 住区服务设施分类

大 类	中 类	小 类
商业服务设施	零售（14）	便利、菜市场、超市、百货、电器、服装、建材、日用、食品、市场、通讯、烟酒、医药、其他
	餐饮（1）	餐饮
	康体娱乐（6）	影剧院、网络、美容美发、健身、娱乐、其他
	其他（2）	银行、邮电
公共服务设施	教育（4）	托幼、小学、中学、大学
	医疗（3）	诊所、卫生站、医院
	体育（1）	体育场馆
	公园绿地（1）	公园绿地

注：研究只调查与居民日常生活关系紧密的服务设施，因此不包含旅馆、批发市场等。

三、服务设施特征

城市的商业和公共服务设施是由大量不同功能、形态和规模的网点构成的复杂体系，住区服务设施仅是该体系中的末端一环，研究住区服务设施不能脱离城市背景。四个案例城市不同商业及公共服务设施的层级结构已在第二章进行了分析，本节将视角集中到住区尺度，重点分析住宅区周边各类服务设施的分布特征和空间形态。本节涉及的所有指标均以住区为分析单元。

（一）规模

服务设施规模可以用设施数量、设施密度、总营业面积等指标表示。本研究以路径距离法计算步行可达范围，得出的可达区域形状非常复杂（图 3–22），且可达区域面积与道路宽度有关，以此范围作为分母求得的设施密度并没有多大实际意义。因此，我们采用设施数量和营业面积两项指标代表规模。住宅区周边设施的调查方法为：首先，通过实地调查获取的样本住宅区周边服务设施的位置及属性信息，之后将调查数据输入 AcrGIS 地理信息系统建立数字化模型并进行统计分析。

表 3–10 分城市住宅区周边服务设施数量（个）比较

		济南	石家庄	郑州	太原	均值
商业服务设施						
其中	零售	130.0	36.9	126.1	90.8	105.2
	餐饮	74.2	14.8	53.5	36.5	49.8
	康体娱乐	35.9	10.1	34.3	23.0	28.3
	其他	49.4	16.0	20.8	22.5	29.2
合计		289.5	77.8	234.6	168.4	211.4
公共服务设施						
其中	教育	12.8	6.5	9.7	7.1	9.5
	医疗	18.2	8.2	11.0	11.9	13.0
	体育	0.6	0.0	0.5	0.0	0.3
	公园绿地	0.8	0.6	0.7	0.3	0.6
合计		32.4	15.3	21.8	19.3	23.4
总计		321.8	93.1	256.4	177.1	232.3

表 3–11 分城市住宅区周边服务设施营业面积（m^2）比较

		济南	石家庄	郑州	太原	均值
商业服务设施						
其中	零售	40083	21330	23025	20513	25569
	餐饮	8092	1670	5345	5194	5238
	康体娱乐	7242	1290	3525	6113	4622
	其他	2362	1292	1052	1260	1422
合计		57778	25582	32947	33079	36851
公共服务设施						
其中	教育	26825	16800	21900	23388	22450
	医疗	26867	9470	21265	19294	19847
	体育	2008	0	45	0	431
	公园绿地	2200	1240	650	1500	1307
合计		57900	27510	43860	44181	44034
总计		115678	53092	76807	77260	80886

表 3–10 列出了四个案例城市住宅区周边各类商业和服务设施的平均数量。

其中，济南是四个城市中商业和公共服务设施数量最多的，其次为郑州，石家庄最低。济南住区周边设施平均数量多。一方面因为济南商业相对发达；另一方面也可能与济南调查选择了较多位于城市中心的住宅区样本有关。石家庄样本在各项设施数量上均明显低于其他三个城市，尤其是商业服务设施方面落后很多，平均商业设施数量仅为太原的一半，郑州的三分之一。在各类设施的数量构成上，四个城市基本一致。零售行业大约占住区周边商业服务设施总量的一半，餐饮和其他服务设施（主要是银行和自动取款机）各占六分之一至四分之一，康体娱乐设施比例最低。公共服务设施中，医疗和教育占三分之一至一半；公园绿地和体育设施的数量非常少，四个城市平均每个住宅区拥有此类设施的数量不到 1。

在营业面积构成上，公共服务设施占总营业面积的一半以上，其中比重最高的为教育设施。与数量构成相比，公共服务设施的面积比重明显高出数量比重，可见公共服务设施的平均规模较大。商业设施中，零售行业比重最大，约占总商业规模的 70%，其次是餐饮和康体娱乐。

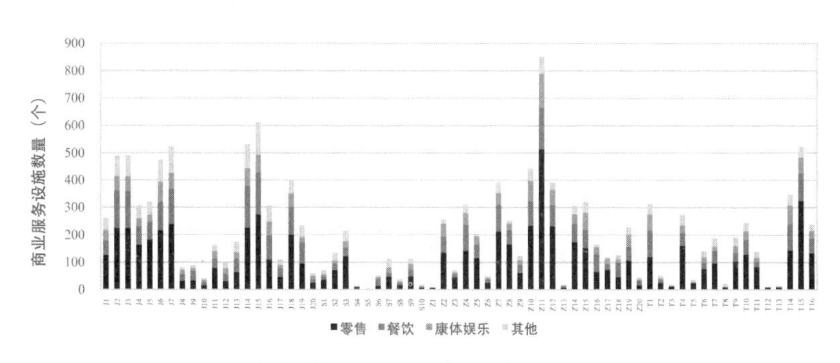

（a）样本住宅区周边商业服务设施数量

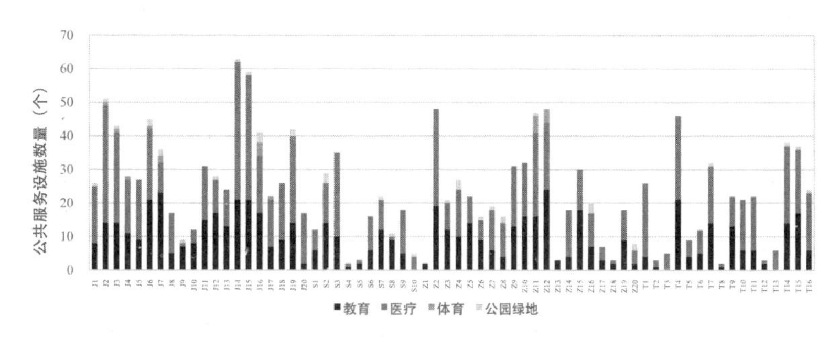

（b）样本住宅区周边公共服务设施数量

图 3–23 样本住宅区周边服务设施数量

从样本住宅区周边各类设施数量看（图 3–23），在所有样本中，郑州天下城小区（Z11）周边商业设施数量遥遥领先。该住区紧邻省体育场和健康路体育用品一条街，周边聚集了大量体育用品商店和餐饮娱乐店铺。而天下城在公共服务方面的优势并不明显。含天下城在内，位于高路网密度的地区的样本住区普遍商业设施数量较多，如济南燕子山（J7）、郑州升龙国际（Z10）、太原御庭华府（T15）等。

大多数商业设施配置不足的住区都位于城市边缘，服务设施整体比较落后（如 J10、Z13、T12）。同时，相当一部分案例又与城市交通干线相邻，这进一步妨碍了商业氛围的形成。石家庄商业设施数量最低的住宅区样本为铁道大学家属院（S5），其周边步行范围内仅有 7 个商业和服务设施。该样本位于铁道大学内部，以住宅区出入口为起点计算的步行圈范围基本都在校园之内，所以设施（尤其是商业设施）数量最少。

样本住区间公共服务设施数量的差异没有商业服务设施大。公共服务设施丰富的住区大多位于中心城核心地区，如 J14、J15、Z11、Z12、T4 等样本。同时，多数商业设施丰富的住区，周边公共服务设施也比较多，如 Z11、T15 等样本；公共服务设施严重不足的样本大多位于城市边缘或新开发飞地，这些地区各项城市功能发育都比较落后，如 S4、Z13、T2 等样本。

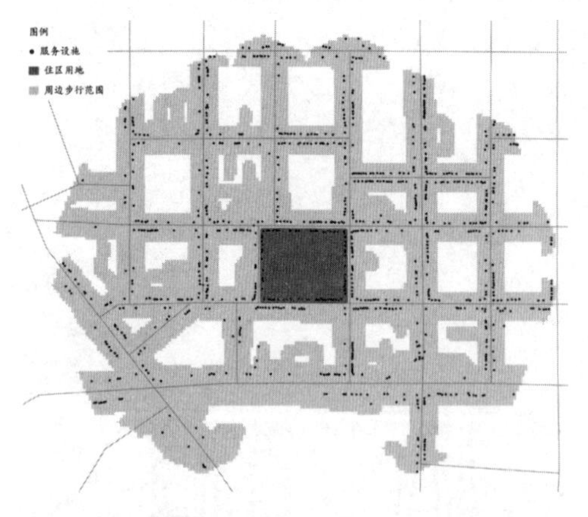

图 3–24　郑州天下城（Z11）

该住宅区位于郑州市金水区核心地段，省体育场西侧，健康路以西，劳卫路以东，优胜北路以南，优胜南路以北。小区地理位置特殊，紧邻大型文体设施，因此周边汇集了大量体育用品商店和餐馆，平时外来消费者较多，银行、邮局等服务设施也比较完善，学校、医院齐备。

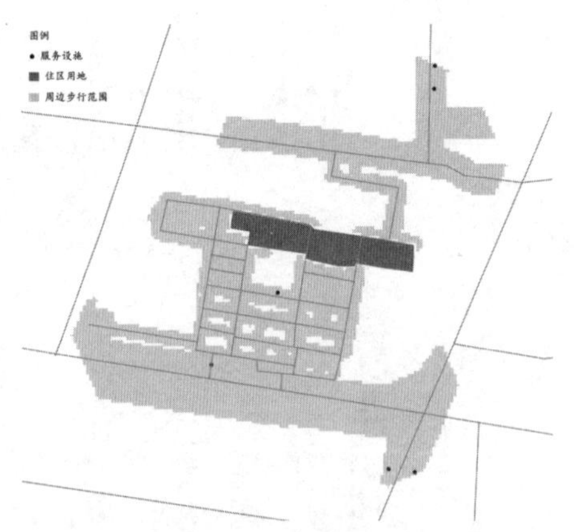

图 3–25　石家庄铁道大学家属院（S5）

该住宅区位于石家庄铁道大学校园内，占地5.5公顷。由于该样本位于校园之内，小区与城市道路接驳不足，周边设施的步行可达性较差。该样本周边800m范围内仅有服务设施7个，其中商业服务设施3个（包括一个小型超市）、公共服务设施4个。

（二）多样性

住区服务设施的便利程度不仅取决于设施的数量和密度，还与设施类型的多样性有关。现有研究中，衡量城市功能多样程度的常用指标为土地利用混合度（land use mix）[47]。该指标假设研究范围有 n 类用地，当各类用地面积都相等时，土地利用情况最均匀，混合度最高。如果将土地抽象为点，以数量替代面积，我们就可以利用这一指标计算服务设施混合度。这一指标不仅与住区的设施类别、数量有关，还与每类设施的数量有关，数值越接近于 1 混合度就越高。我们参照 Rajamani（2003）[48] 对土地混合度指标的定义方法，计算住宅区周边设施混合度。

$$M_i = 1 - \frac{\sum_{j=1}^{j=8} \left| N_{ij} / \sum_{j=1}^{j=8} N_{ij} - \frac{1}{8} \right|}{\frac{14}{8}} \quad \text{式（3–4）}$$

式（3–4）中，M_i 为第 i 个住区周边服务设施的中类混合度；N_{ij} 为 i 住区周边第 j 类设施的数量。

$$m_i = 1 - \frac{\sum_{k=1}^{k=32} \left| n_{ik} / \sum_{k=1}^{k=32} n_{ik} - \frac{1}{32} \right|}{\frac{62}{32}} \quad \text{式（3–5）}$$

式（3–5）中，m_i 为第 i 个住区周边服务设施的小类混合度；n_{ik} 为 i 住区周边第 k 类设施的数量。

式（3–4）用于计算住区周边中类服务设施的混合度；中类服务设施包含零售、餐饮等 8 类。式（3–5）用于计算住区周边小类服务设施的混合度；小类包含便利、菜市场等 32 类（见表 3–9）。

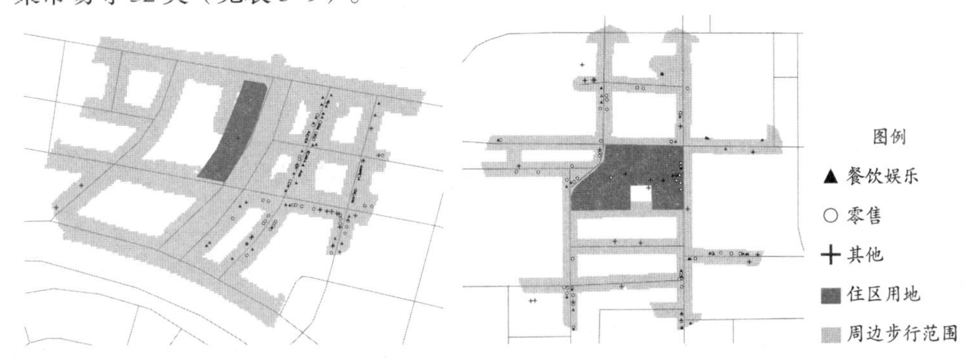

图 3–26　两个混合度典型住宅区周边设施比较（左低；右高）

图 3-26 给出了两个住区样本周边设施分布图示。左侧样本（Z18）是一个典型的低混合度住区，中类设施混合度为 0.33，小类设施的混合度为 0.35。该住宅区周边设施以餐饮娱乐（▲）为主。右侧样本（S7）是一个典型的高混合度住区，中类设施混合度为 0.59，小类设施混合度为 0.61。该住宅区周边设施类型多种多样，且相对数量比较平均。由这两个例子可知，虽然混合度与设施数量并没有一一对应关系。但从其计算公式可知，当设施数量较少时，混合度的值不太稳定，容易出现极端高值或低值。所以，设施混合度较高的住区一般设施的数量也有一定的基础。

表 3-12 分城市设施混合度及数量比较

	济南	石家庄	郑州	太原	均值
中类混合度	0.539	0.555	0.483	0.514	0.518
小类混合度	0.440	0.398	0.418	0.500	0.441
设施数量（个）	321.8	93.1	256.4	177.1	232.3

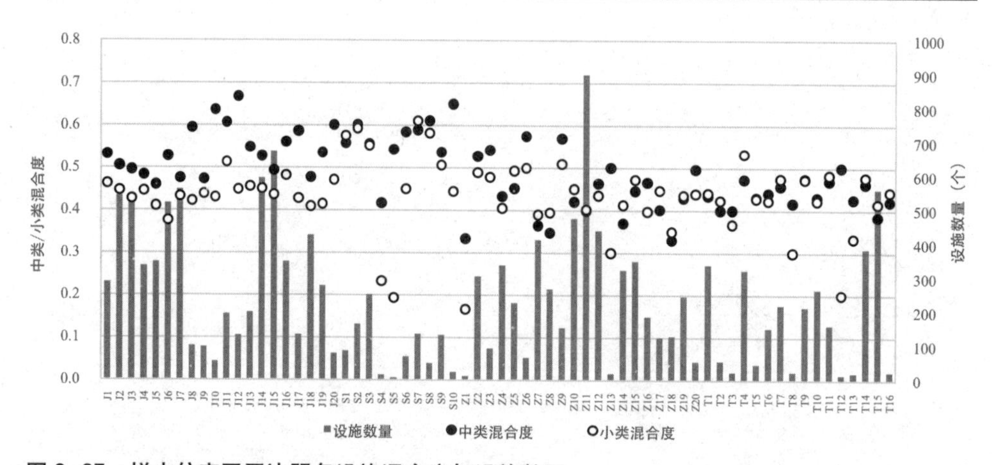

图 3-27 样本住宅区周边服务设施混合度与设施数量

四个案例城市中，郑州样本住区的平均中类设施的混合度最低（0.483），石家庄最高（0.555）；小类设施的混合度则是太原最高（0.500），石家庄最低

（0.398），可见中、小两类设施的混合度之间并没有明显的相关现象。石家庄在设施数量上远低于其他三个城市，混合度却并不低，其中类混合度还是四个城市中最高的，这说明石家庄样本住区周边设施虽然数量少，但类型丰富。济南设施数量是四个城市中最高的，但混合度并不高，表明总体上看，济南住宅区周边设施的功能重叠比较严重，同质化水平较高。

从样本住宅区周边服务设施混合度与设施数量的关系看（图 3–27），石家庄住宅区周边设施的中类混合度相差不多，只有安苑住宅区较差（S4）。在小类混合度上表现最好的是联盟小区（S7）、建明（S2）和天苑小区（S8），而这三个住区的中类设施混合度都不是最高的。由于在 32 个小类设施中，零售行业占到 14 个，因此小类混合度指标高的住区一般其周边的零售服务水平也更好，而零售业无论在数量比例还是使用频率上都是各类设施中最高的。因此，小类设施混合度能够更好地反映住宅区周边常用设施的多样化程度。上述三个高混合度住区都是 20 世纪 90 年代规划建设的大型生活区，体现了规划设计对住宅区周边设施服务水平的重要影响。济南、郑州和太原样本住区的混合度特征与石家庄相似，只是住区间差异略小。

综合三城市住区样本来看，中类设施混合度在不同住区间的波动较小；小类设施混合度波动较大，且普遍低于中类设施混合度。当设施数量较少时，混合度容易出现极端值。在混合度的定义中，假设各类设施数量相等时混合度最高取 1。而实际生活中，混合度的理论最大值是很难达到的。样本住宅区中，中类设施混合度的最大值为 0.688，小类设施混合度略低，最大值仅为 0.596。以小类设施混合度最高的太原东大盛世华庭住宅区（T4）为例（图 3–28），该样本周边拥有全部 32 项小类设施中的 26 项（除影剧院、健身、其他康体娱乐、邮电、体育和公园），其中便利店、食品、餐饮和银行类设施的数量明显高于其他设施，菜市场、电器、百货、通讯等设施的数量则偏低。可见，由于设施规模、服务人口等方面的区别，不同小类设施的数量必然会有明显差异。只有在极个别情况下，才可能接近理论上的最高混合度。

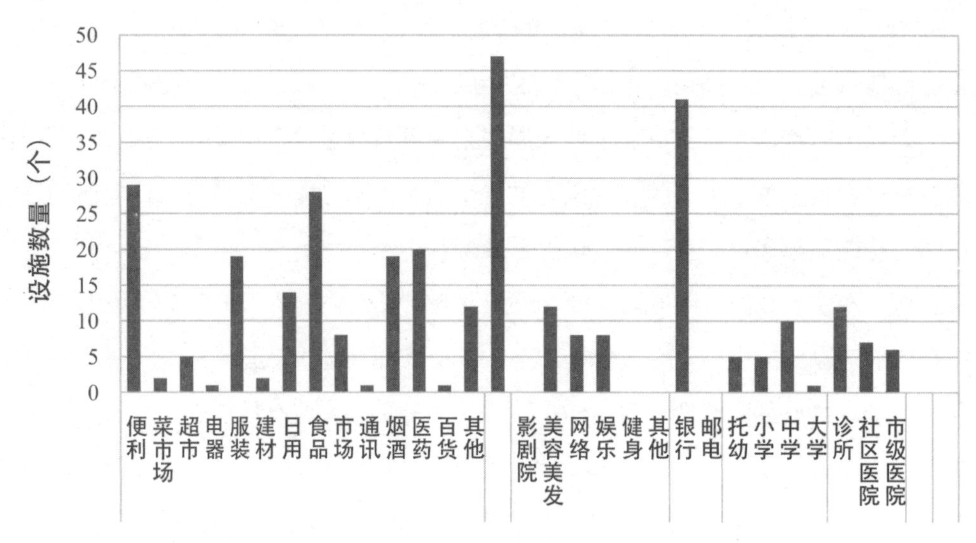

图 3-28　太原东大盛世华庭住宅区（T4）周边各类设施数量

（三）空间分布

密度和混合度从规模、多样性两方面反映了住区服务设施的数量关系，但无论住区还是服务设施都是空间的概念，我们需要一些关于空间的指标来描述这些住区服务设施的分布情况及它们与住宅区之间的空间关系。

我们取每个住区服务设施平面的质心，将设施抽象为一个个分散的点输入进ArcGIS 地理信息系统，这样就把设施转换为点。描述点分布特征的方法有很多，在此我们选择最近邻指数。最近邻指数是关于要素分布模式的指标，根据每个要素与其最近邻要素之间的平均距离计算得出。如果指数小于 1，所表现的模式为聚集类；数值越小，聚集趋势越显著。如果指数大于 1，则所表现的模式趋向于离散或竞争[①]。四城市样本住区的平均最近邻指数见表 3-13。

表 3-13 中数据显示，四城市中平均最近邻指数最高的为太原，最低为郑州，也就是说，太原样本住区周边设施分布相对较分散，郑州住区周边设施分布相对更集中。四城市的平均便捷指数相差不多，其中太原最高，表示太原住区周边设施距住区出入口的平均距离最短，石家庄和郑州较低。

① 详情参见 ArcGIS10.0 帮助文件中“平均最近的相邻要素（空间统计）”词条。

从表 3–13 还可以发现，各住区的最近邻指数均小于 1，也就是说，所有样本住区服务设施均不属于离散式分布。这是因为大多数服务设施是沿道路两侧分布的。表中大多数住区的最近邻指数介于 0.4 ～ 0.6，属于聚集分布，服务设施以沿路分布为主（图 3–29 c）。

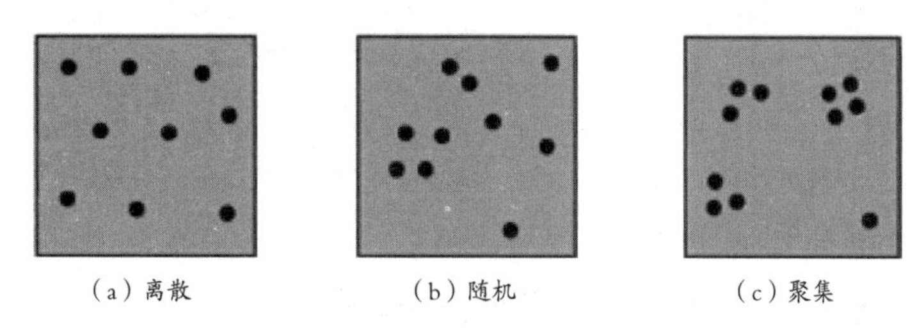

图 3–29　设施点分布模式示意

最近邻指数最低的样本为济南燕子山小区（J7，0.205），从图 3–31a 中可以看出，该小区服务设施数量很多，并在主要道路两侧和交叉口集中。最近邻指数最高的为太原理工大学长风小区（T12，0.875），接近临界值 1，说明该小区周边服务设施的分布较为分散（图 3–31c）。

一般来讲，沿街分布（即适度分散性布局，最近邻指数 0.4 ～ 0.6）对营造街道氛围、促进步行活动是有帮助的；在住宅区出入口较多的情况下，服务设施的适度分散布局还可能缩短出行距离。如果设施分布过于集中（即高度集中布局，最近邻指数小于 0.3），设施对于住宅区不同出入口的可达性之和将会下降。

表 3–13　分城市住宅区周边设施最近邻指数与设施数量

	济南	石家庄	郑州	太原	均值
最近邻指数	0.469	0.502	0.375	0.554	0.466
设施数量（个）	321.8	93.1	256.4	177.1	232.3

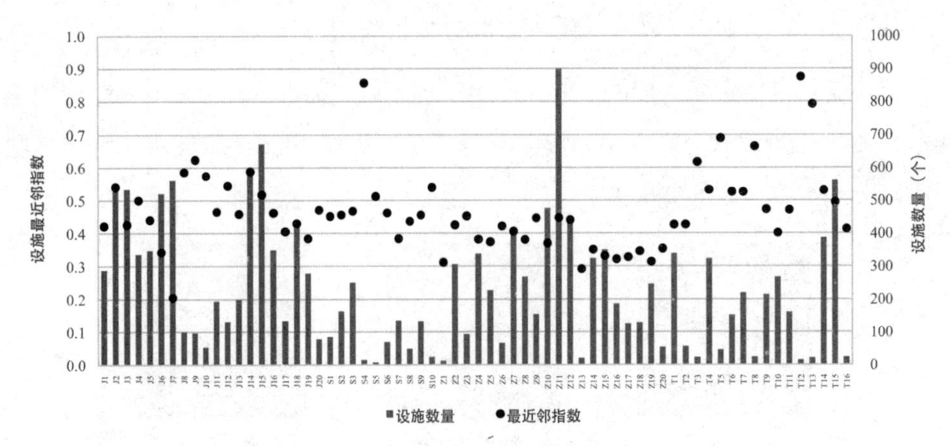

图 3–30　样本住宅区周边服务设施最近邻指数和设施数量

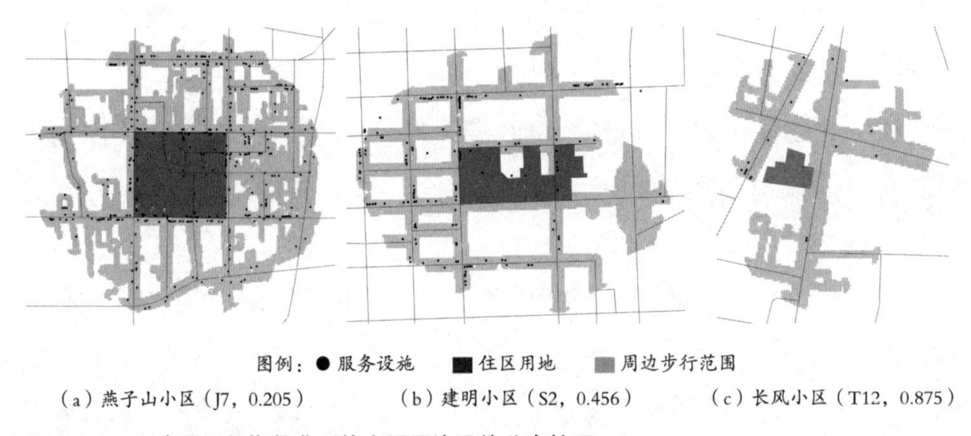

（a）燕子山小区（J7，0.205）　（b）建明小区（S2，0.456）　（c）长风小区（T12，0.875）

图 3–31　三个最近邻指数典型住宅区周边设施分布情况

第五节　道路与公交系统

本节关注的住区道路与公交系统仅限于住宅区周边范围，研究范围划定方法与上一节相同（详见第四节）。本节将从住宅区出入口数量、路网密度和公共交通服务三方面展开讨论。

一、住宅区出入口

住宅区出入口是一切家庭交通行为的必经环节，其空间特征对家庭成员是否使用小汽车存在一定关系。例如，如果住宅区封闭式管理，用地规模越大、出入口越少，从住宅楼步行到出入口的时间越长，对外交通联系就越不方便，可能鼓励居民更多地选择机动车出行，减少步行出行频率。

表 3–14 给出了四个案例城市的样本住宅区平均出入口数量及密度①。从表中可以看出，四个城市样本住宅区的出入口数量差别悬殊。济南样本住宅区平均拥有 7.85 个出入口，远远高于郑州和太原。以上差距主要是由城市间住宅区样本的类型差异造成的。济南调查选择了 5 个开放式街坊，这类样本没有明确的“大门”，调查时以道路交叉口代替出入口，因此开放式街坊的平均出入口数量较多。郑州和太原调查以封闭式住宅区为主，且用地规模偏小，因此出入口数量较少。四城市住宅区出入口密度相差不多，均为 0.5 个 / 公顷左右，相当于每个 140m × 140m 的组团有一个独立出入口。

表 3–14　分城市住宅区出入口数量及密度比较

	济南	石家庄	郑州	太原	均值
数量（个）	7.85	5.10	2.80	3.06	4.74
密度（个 / 公顷）	0.49	0.47	0.49	0.53	0.49

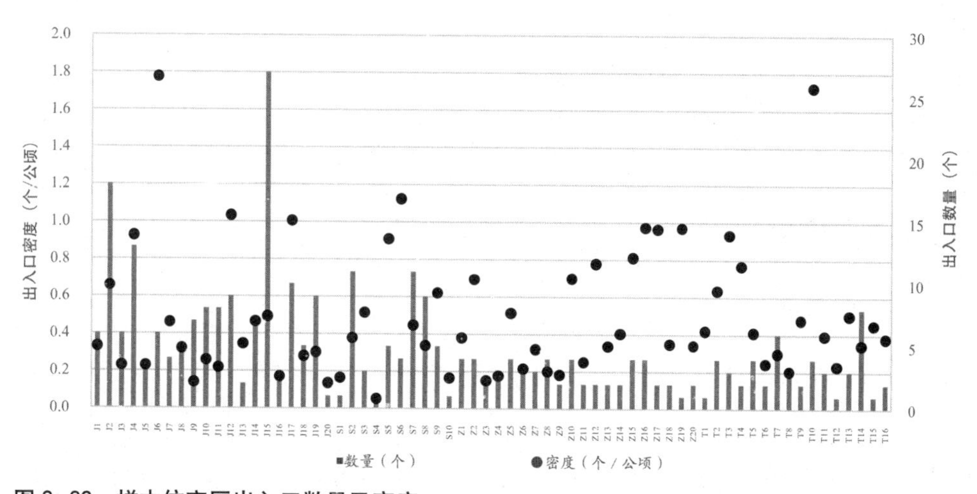

图 3–32　样本住宅区出入口数量及密度

① 计算出入口密度是为了控制用地规模对出入口数量的干扰。

住宅区出入口数量与密度没有明显相关，有些住宅区的出入口数量很多，密度却不高，如石家庄建明小区（S2），有些则刚好相反，如太原省中医研究宿舍（T10）。出入口密度较高，也就是对外交通比较便利的住宅区的用地规模通常比较小，如济南数码港（J18）、石家庄旭翠园（S6）、郑州兴华小区（Z19）、太原省中医研究宿舍（T10）等。出入口密度较低的住区通常用地规模较大，且以新建高层住宅区为主。这与近年来我国居住用地出让政策密切相关。规模较大的多层住宅区大多建设于20世纪90年代，而近几年，二三十公顷土地由同一开发商拍下的情况比比皆是。处于效益最大化等考虑，开发商大多不愿意将土地细分，尽量减少与城市交通流的交汇，造成了超大型住宅区的盛行，如郑州美景天城（Z8）。

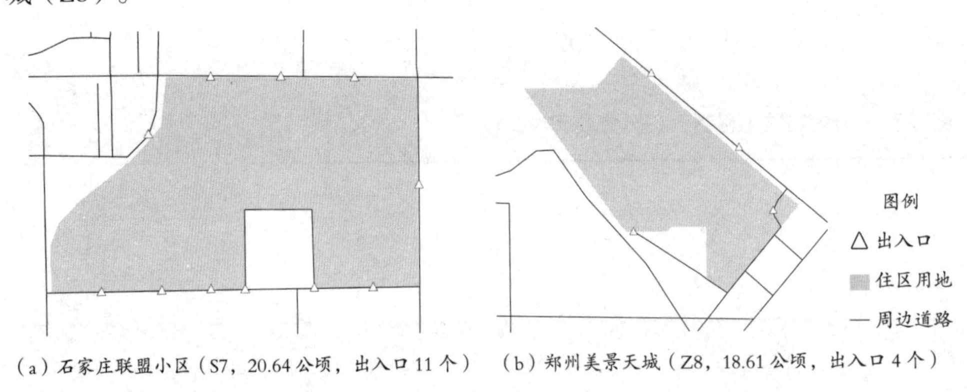

（a）石家庄联盟小区（S7，20.64公顷，出入口11个）　（b）郑州美景天城（Z8，18.61公顷，出入口4个）

图 3–33　典型住宅区出入口分布

二、路网密度

描述住区道路空间特征的指标很多，比如沿路平均建筑退让距离、平均街道宽度、人行道宽占整个道路宽度的比、交叉口密度等。其中又以反映路网特征的交叉口密度和十字路口比例等指标最为常见。本研究以路径法划定住宅区周边范围，因此划定的范围都是线性的道路空间，不宜采用传统的交叉口密度计算方法。为此我们提出一种新的路网密度表示方法，即以住宅区周边任意两个交叉口的平均距离来表示交叉口密度[①]。

表 3–15　分城市住宅区周边平均交叉口数量及交叉口间距比较

	济南	石家庄	郑州	太原	均值
十字路口数量（个）	12.47	5.90	11.70	7.00	9.92
丁字路口数量（个）	16.68	7.00	12.30	11.19	12.56
交叉口合计（个）	29.16	12.90	24.00	18.19	22.47
交叉口间距（m）	226.76	284.11	236.84	210.40	234.54

表 3–15 显示了四个城市样本住区平均交叉口数量和交叉口间距。在交叉口数量上，济南和郑州住区的数量最多，石家庄最低，仅为郑州的一半。而在交叉口平均间距方面，四城市相差不多；其中太原住区周边交叉口的平均间距最短，为 210.40m，石家庄的最长，为 284.11m。由于我们在计算交叉口间距时，十字路口和丁字路口都包括在内，因此如果将表中交叉口平均间距转化为方格路网的道路间距的话，对应的间距要略大一些。以太原为例，住区周边交叉口平均间距为 210.40m，对应的方格路网间距应为 250m 左右。另外，对于各案例城市来说，样本住区在城市中的相对位置有所不同，例如济南样本中位于中心城区的住区偏多，所以表中所示的住宅区周边路网密度并不能完全代表城市平均水平（关于案例城市路网结构的详细内容请参见第二章）。

在所有样本中，交叉口间距最低的样本为太原御庭华府（T15），该样本紧邻柳巷—鼓楼商业中心，周边地区仍保持着传统街道结构。交叉口间距最远的样本是郑州奥兰花园（Z1）。该样本位于郑州东站附近，周边均为新开发用地，路网密度整体较低。其他路网密度较低的样本，如济南桃园小区（J9）、石家庄安苑（S4）、郑州康桥上城品（Z5）等也多是相似情况，即城市边缘新开发的住宅

① 在统计住宅区周边道路时，以下三种情况的道路予以省略：1）与北美的研究统计尽端路不同，本研究绘制过程中省略了所有的尽端路，因为依据航拍图绘制尽端路误差较大。2）横穿街区内部的道路如果存在出入的管制（如居住区内部路）则实际不存在疏解区域交通的能力，也予以省略。3）穿过地块的道路只有当道路两端连接在不同的主干路时才予以考虑，那些起点和终点均在同一条主干路上的道路，由于其功能同“尽端路”类似，也予以省略。

区。与城市干路相邻是造成住区周边路网密度偏低的另一原因。以济南绿景嘉园（J5）为例，该样本位于山东大学西侧，交通区位并不差，造成其周边平均路口间距较大的主要原因是小区所在街区的支路密度过低。该小区占地5.78公顷，但只有一面与城市道路相邻。可见，支路对路网密度的影响是很大的。导致石家庄铁道大学家属院（S5）周边路网密度偏低的主要原因则是该小区位于铁道大学校园内，没有独立的对外出入口，与城市道路连接不畅。

总结上述分析，我们发现交叉口数量与间距有以下规律。

第一，由于用地规模不同，不同住区间交叉口数量差异非常大，而交叉口间距的差别相对较小。

第二，交叉口数量低的住区，其交叉口间距一般也比较大，但二者并非绝对线性关系。

第三，交叉口间距小的几个样本几乎都位于城市中心区附近，均显示出城市中心与边缘新区之间的差别。

第四，通达性不好的样本大致可分为以下几种情况。（1）位置过于偏远，周边路网的整体密度很低，如济南桃园（J9）、石家庄安苑小区（S4）。（2）周边路网的整体密度并不低，但与交通性主干路或城市快速路相邻，切断了支路间的联系，如石家庄天苑小区（S8）。（3）被封闭的大单位包围，与城市道路系统的接驳不顺畅，如石家庄铁道大学家属院（S5）。

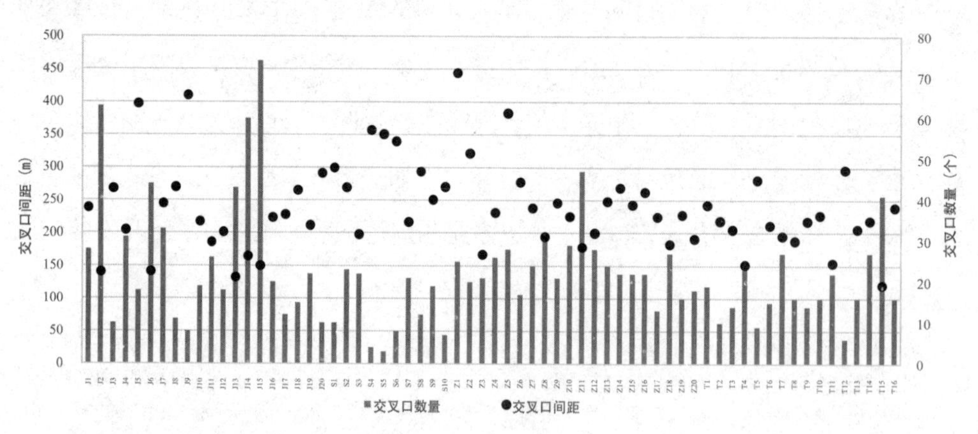

图 3–34　样本住宅区周边道路交叉口数量及交叉口间距

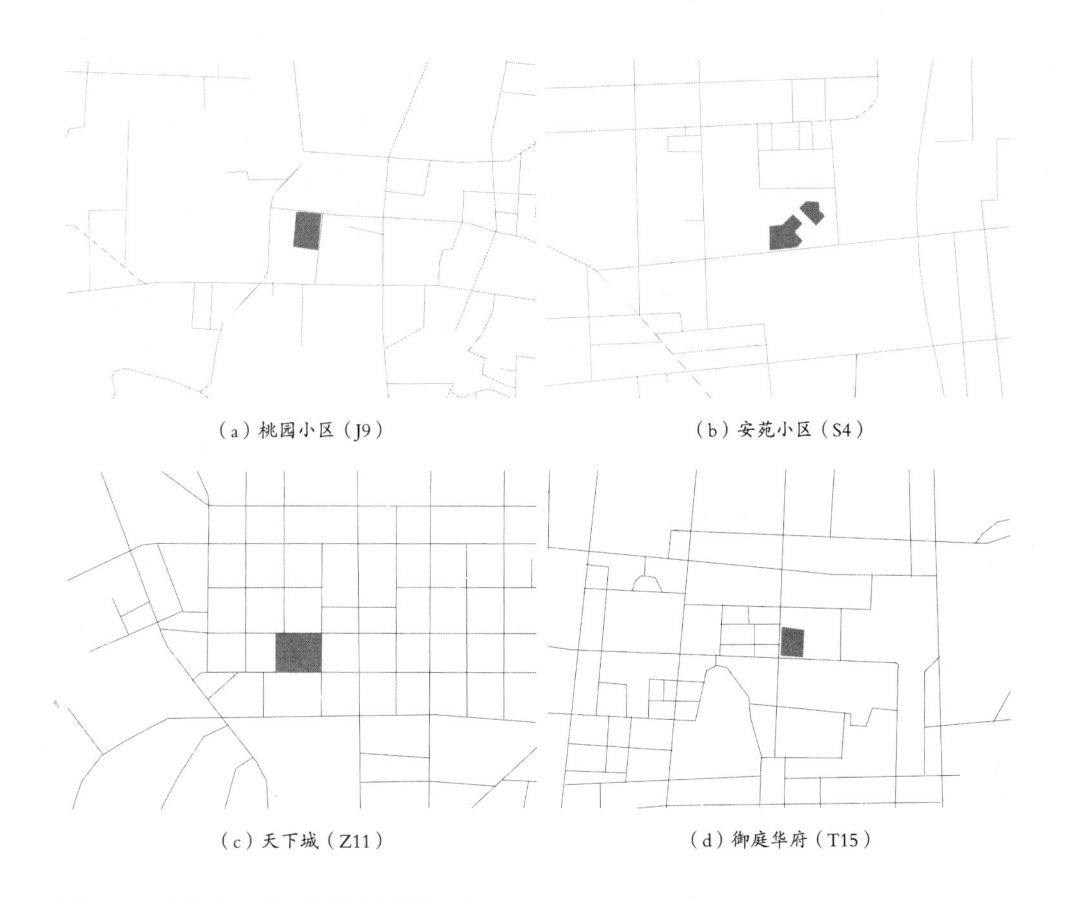

（a）桃园小区（J9）　（b）安苑小区（S4）

（c）天下城（Z11）　（d）御庭华府（T15）

图 3–35　典型样本住宅区周边路网简图

三、公共交通

公共交通是交通系统的重要组成部分，便捷的公共交通系统能够在一定程度上降低私家车使用率，促进居民搭乘公共交通工具出行。在本研究中，我们根据在线商业地图服务网站提供的公交信息，提取了样本住宅区周边 800m 步行范围内的公交站点和线路数据①，用以分析比较样本住区的公共交通服务水平。

① 住宅区周边范围划定方法详见本章第四章第四节第一小节。

表 3–16　分城市样本住宅区周边公交站及公交线路数量比较

	济南	石家庄	郑州	太原	均值
公交站（个）	14.65	10.60	12.65	9.06	12.08
公交线路（条）	29.75	21.30	21.20	18.25	23.09

表 3–16 显示了四城市样本住区周边平均公交站及公交线路数。各住区周边平均公交站数量为 12.08 个，公交线路数量为 23.09 条，每个公交站平均有 2 条线路经停。城市间的公交站和线路数差距不大，其中济南样本住区的平均公交站和公交线路最多，郑州其次，石家庄和太原略少。

整体上看，位于城市中心附近的住区周边公交站和公交线路数量比较多，而位置偏远的住区普遍较低。公交站与公交线路数量基本成正比，公交站多的住区公交线路一般也比较多，但也并非绝对。

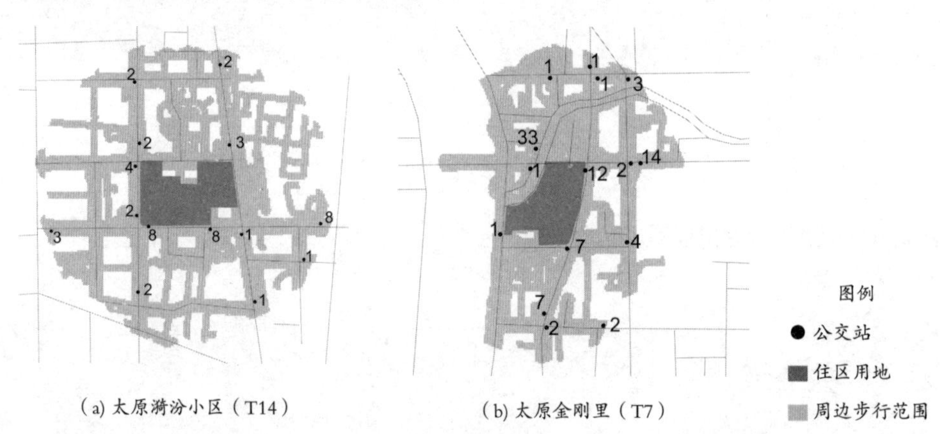

图 3–36　典型住宅区周边公交站分布及线路情况

图中数字为经过该站点的公交线路数

例如，太原样本中的金刚里小区（T7）的公交站数量与漪汾小区（T14）相近，但公交线路数量却较高（图 3–36）。图 3–37 中折线与柱高的差异反映了每个站点经停的公交线路的重复程度，差异大，重复率低；差异小，则表示每个车站经停的公交线路基本相同，典型样本包括济南上海花园（J8）、石家庄安苑（S4）、郑州万丰慧城（Z13）、太原富力现代广场（T5）等。

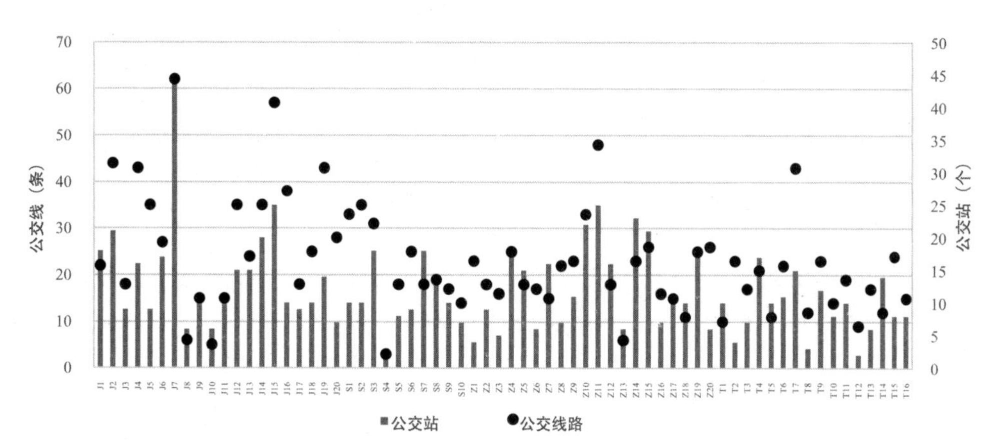

图 3–37　样本住宅区周边公交站及公交线路数量

参考文献

[1] Poortinga W, Steg L, Vlek C. Values, Environmental Concern, and Environmental Behavior: A Study into Household Energy Use[J]. Environment & Behavior, 2004,36(1):70–93.

[2] Newman P G, Kenworthy J R. Cities and automobile dependence: an international sourcebook[M]. 1989.

[3] Cervero R, Kockelman K. Travel demand and the 3Ds: density, diversity, and design[J]. Transportation Research Part D: Transport and Environment, 1997,2(3):199–219.

[4] Cervero R. Walk-and-ride: factors influencing pedestrian access to transit[J]. Journal of Public Transportation, 2001,7(3).

[5] Ewing R, Greenwald M J, Zhang M, et al. Measuring the impact of urban form and transit access on mixed use site trip generation rates - Portland pilot study[R]. Washington, D.C.: US Environmental Protection Agency, 2009.

[6] Haas R, Schipper L. Residential energy demand in OECD-countries and the role of irreversible efficiency improvements[J]. Energy Economics, 1998,20(4):421–442.

[7] Wier M, Lenzen M, Munksgaard J, et al. Effects of household consumption patterns on CO_2 requirements[J]. Economic Systems Research, 2001,13(3):259–274.

[8] Zhang Q. Residential energy consumption in China and its comparison with Japan, Canada, and USA[J]. Energy and Buildings, 2004,36(12):1217–1225.

[9] Ko Y. Urban Form and Residential Energy Use: A Review of Design Principles and Research Findings[J]. Journal of Planning Literature, 2013,28(4):327–351.

[10] Ratti C, Baker N, Steemers K. Energy consumption and urban texture[J]. Energy and Buildings, 2005,37(7):762–776.

[11] 李振海，孙娟，吉野博．上海市住宅能源消费结构实测与分析 [J]. 同济大学学报（自然科学版），2009(3):384–389.

[12] 凌浩恕，谢静超，杨威，等．北京市住宅除采暖外能耗实测统计分析 [J]. 建筑科学，2012(S2):266–270.

[13] Crawley D B, Hand J W, Kummert M, et al. Contrasting the capabilities of building energy performance simulation programs[J]. Building and Environment, 2008,43(4):661–673.

[14] 龙恩深，付祥钊，王亮，等．相同建筑相同节能措施在不同气象条件下的负荷减少率 [J]. 暖通空调，2005(8):114–118.

[15] 简毅文，江亿．住宅供暖空调能耗计算模式的研究 [J]. 暖通空调，2005(2):11–14.

[16] 清华大学建筑技术科学系 DeST 开发小组．DeST-h 用户使用手册 [Z]. 2004.

[17] 数学辞海编辑委员会．数学辞海（第一卷）[M]. 北京：中国科学技术出版社，2002.

[18] Lee S, Lee B. The influence of urban form on GHG emissions in the U.S. household sector[J]. Energy Policy, 2014,68:534–549.

[19] Wells N M, Yang Y. Neighborhood Design and Walking: A Quasi-Experimental Longitudinal

Study[J]. American Journal of Preventive Medicine, 2008,34(4):313–319.
[20] Yun G Y, Steemers K. Behavioural, physical and socio–economic factors in household cooling energy consumption[J]. Applied Energy, 2011,88(6):2191–2200.
[21] Clark K E. House Characteristics and the Effectiveness of Energy Conservation Measures[J]. American Planning Association, Journal, 1995,61(3):386–395.
[22] 霍燚，郑思齐，杨赞．低碳生活的特征探索——基于 2009 年北京市“家庭能源消耗与居住环境”调查数据的分析 [J]. 城市与区域规划研究，2010,3(2):55–72.
[23] 中华人民共和国建设部．GB/T 50280—98 城市规划基本术语标准 [S]. 1998.
[24] 中华人民共和国建设部．GB 50180—93 城市居住区规划设计规范 [S]. 2002.
[25] 周俭．城市住宅区规划原理 [M]. 上海：同济大学出版社，1999.
[26] 清华大学建筑节能研究中心．中国建筑节能年度发展研究报告 2013[M]. 北京：中国建筑工业出版社，2013.
[27] Cheng V, Steemers K, Montavon M, et al. Urban form, density and solar potential, 2006[C].2006.
[28] Cervero R, Murakami J. Effects of built environments on vehicle miles traveled: evidence from 370 US urbanized areas[J]. Environment and Planning A, 2010,42(2):400–418.
[29] 王丹寅，唐明方，任引，等．丽江市家庭能耗碳排放特征及影响因素 [J]. 生态学报，2012(24):7716–7721.
[30] Ewing R, Rong F. The impact of urban form on US residential energy use[J]. Housing Policy Debate, 2008,19(1):1–30.
[31] 叶红，潘玲阳，陈峰，等．城市家庭能耗直接碳排放影响因素——以厦门岛区为例 [J]. 生态学报，2010(14):3802–3811.
[32] Kahn M. The environmental impact of suburbanization[J]. Journal of Policy Analysis and Management, 2000(19):569–586.
[33] Holden E, Norland I T. Three challenges for the compact city as a sustainable urban form: household consumption of energy and transport in eight residential areas in the greater Oslo region[J]. Urban Studies, 2005,42(12):2145–2166.
[34] Heisler G M. Effects of individual trees on the solar radiation climate of small buildings[J]. Urban Ecology, 1986,9(3):337–359.
[35] Donovan G H, Butry D T. The value of shade: Estimating the effect of urban trees on summertime electricity use[J]. Energy and Buildings, 2009,41(6):662–668.
[36] 胡永红，秦俊，等．城镇居住区绿化改善热岛效应技术 [M]. 北京：中国建筑工业出版社，2010.
[37] Jensen R R, Boulton J R, Harper B T. The relationship between urban leaf area and household energy usage in Terre Haute, Indiana, US[J]. Journal of Arboriculture, 2003,29(4):226–230.
[38] Ewing R, Cervero R. Travel and the built environment: a synthesis[J]. Transportation Research Record: Journal of the Transportation Research Board, 2001(1780):87–114.
[39] Bhat C R, Guo J Y. A comprehensive analysis of built environment characteristics on household residential choice and auto ownership levels[J]. Transportation Research Part B: Methodological,

2007,41(5):506-526.

[40] Boer R, Zheng Y, Overton A, et al. Neighborhood Design and Walking Trips in Ten U.S. Metropolitan Areas[J]. American Journal of Preventive Medicine, 2007,32(4):298-304.

[41] Vance C, Hedel R. The impact of urban form on automobile travel: disentangling causation from correlation[J]. Transportation, 2007,34(5):575-588.

[42] Van Acker V, Witlox F. Commuting trips within tours: how is commuting related to land use?[J]. Transportation, 2011,38(3):465-486.

[43] Greenwald M J. The Road Less Traveled: New Urbanist Inducements to Travel Mode Substitution for Nonwork Trips[J]. Journal of Planning Education and Research, 2003,23(1):39-57.

[44] Van Acker V, Witlox F. Car ownership as a mediating variable in car travel behaviour research using a structural equation modelling approach to identify its dual relationship[J]. Journal of Transport Geography, 2010,18(1):65-74.

[45] 袁方 . 社会研究方法教程 [M]. 北京 : 北京大学出版社 , 1997.

[46] Keitt T H, Urban D L, Milne B T. Detecting critical scales in fragmented landscapes[J]. Conservation Ecology, 1997,1(1):4.

[47] Ewing R, Cervero R. Travel and the Built Environment[J]. Travel and the Built Environment, 2010,76(3):265-294.

[48] Rajamani J, Bhat C R, Handy S, et al. Assessing the impact of urban form measures on nonwork trip mode choice after controlling for demographic and level-of-service effects[J]. Transportation Research Record: Journal of the Transportation Research Board, 2003,1831(1):158-165.

[49] Ewing R, Cervero R. Travel and the built environment: a synthesis[J]. Transportation Research Record: Journal of the Transportation Research Board, 2001,1780(1):87-114.

第四章

家庭生活能耗与住区形态的关系

第一节 家庭生活能耗的计算与总体特征

一、家庭生活能耗的内涵与计算

在第二章中我们以个体为变量，从城市维度分析了居民生活能耗。从本章起将以“家庭”能耗为因变量，分析家庭生活能耗与住区形态的关系。城市层面和住区层面的相关分析所涉及的能耗内容完全一致，它们的区别在于居民能耗以人为计量单位，家庭能耗以家庭为单位。

参考相关研究[1-3]，这里将家庭生活能耗按使用目的分为六大类：空调能耗、照明能耗、炊事能耗、生活热水能耗、采暖能耗和家用电器能耗。每个大类由若干子项构成（图 4-1）。相对于能源类型分类法[4-6]，这里采用的使用目的分类法对生活能耗结构的描述更具体，与真实耗能行为之间的联系更紧密，更有利于分析家庭社会经济特征、空间形态等因素对特定耗能行为的影响①。

本研究对家庭生活能耗的分类与日常生活中的习惯分类不完全一样。

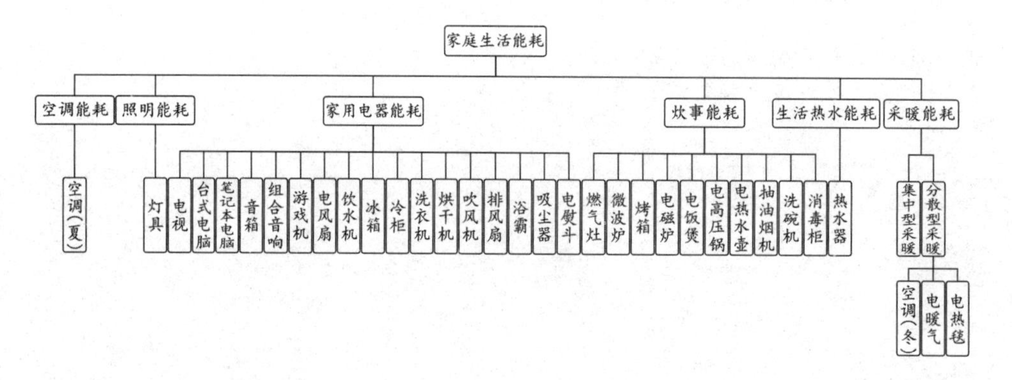

图 4-1 家庭生活能耗构成示意

① 最早开展的济南调查采用“账单法”采集能耗数据，应用能源类型分类法估算能耗。其后石家庄、郑州和太原三个城市的调查改进为“设备使用详情法”采集能耗数据，用使用目的分类法估算能耗。由于前种方法无法将能耗按目的进行细分，因此济南无法与另三个城市进行分项能耗比较，详见后文。

首先，在家庭生活能耗或称为住宅能耗的研究中，“空调能耗”仅指夏季用于制冷的空调电耗，冬季用于采暖的空调电耗归入采暖能耗。

其次，炊事能耗指用于做饭及饮用热水的热力及电力消耗，耗能设备包括消耗天然气、液化气、燃煤等能源的灶具及消耗电力的微波炉、烤箱等炊事电器，因此家用电器能耗是不含炊事电器的。

再次，生活热水能耗指洗浴及其他非饮用热水所消耗的能源，饮用热水能耗归入炊事能耗。

最后，采暖能耗分为集中型采暖和分散型采暖两类。集中型采暖在案例城市中为冬季住宅采暖的主体，包括市政集中供暖、家庭煤炉、电地暖、燃气壁挂炉等类型；分散型采暖为集中采暖的辅助形式，包括冬季空调、取暖器（油汀电暖气、“小暖阳”等）、电热毯等设备。

家庭生活能耗的具体计算方法详见附录 2。

二、四城市家庭生活能耗总体特征

（一）济南家庭生活能耗

济南问卷调查先后在 2009 年、2010 年进行，共采集了 20 个住区 4000 多个家庭的数据。济南调查采用“账单法”，通过直接询问家庭电力、热力和采暖消费情况采集能耗数据（其他三个城市采用“设备使用详情法”），因此其能耗估算结果不能细分为上一节中提出的六大类能耗。但大致可以判断，电力消耗包括空调、照明和家用电器能耗，热力消耗包括炊事和生活热水能耗，采暖能耗仅包含集中型采暖能耗[①]。

① 六大类生活能耗与电力、热力和采暖三项能耗账单不存在精确的对应关系，因为生活热水和炊事能耗既包括电力消耗，也包括热力消耗。

表 4–1　济南家庭生活能耗构成（年均）

能耗类型	能耗 kgce	比例 %	单位面积能耗 $kgce/m^2$ ($kW·h/m^2$)	能耗标准差	能耗变异系数 %
采暖	1541.60	57.91	17.26 (56.04)	634.44	40.27
电力	839.15 (2725kW·h)	31.52	9.76 (31.69)	495.38	59.03
热力	210.98	7.93	3.22 (10.45)	168.81	68.49
合计	2662.13	—	30.24 (98.18)	960.86	36.09

经计算，济南家庭总生活能耗为 2662.13kgce，其中采暖能耗所占比重最高（57.91%），热力能耗所占比重最低（7.93%），电力能耗比重居中。家庭单位面积总生活能耗 30.24kgce/m^2，合 98.18 kW·h/m^2。单位面积采暖能耗 17.26kgce/m^2，略高于济南平均集中供暖能效（16.40kgce/m^2）。因为济南被访家庭中有一部分使用煤炉采暖，而分户煤炉采暖能耗水平远高于热电联产锅炉、分户燃气炉等常见的现代化热源形式[8]。

除各项能耗的数量及比重外，还我们可以借助标准差和变异系数两项指标比较各项能耗间的差异程度。标准差又称均方差，反映数据集的离散程度，标准差越大，观察值的分布越分散，观察值间的绝对差异程度越大[9]。标准差的大小与均值有关，因此当两组数据均值不同时，需要引入变异系数①以比较不同数据集间的相对差异程度。变异系数又称“标准差率”，计算公式为：变异系数 CV=（标准差 ÷ 均值）× 100%[10]。经计算，三项能耗中标准差最大的为采暖能耗，说明采暖能耗差异是造成济南家庭总生活能耗不同的最主要原因。而变异系数最大的则为热力能耗，不同家庭间热力能耗的差异程度最大。但由于采暖能耗的绝对值较高，可以说，采暖仍是造成家庭间生活能耗差异的主因。

（二）石家庄家庭生活能耗

石家庄调查于 2012 年 9 月至 12 月之间开展，从中心城区内的 10 个住区采集了近 600 个家庭样本。经计算，石家庄家庭六类能耗中采暖能耗比重最大，占

① 当需要比较两组数据离散程度大小的时候，如果两组数据的测量尺度相差太大，或者数据量纲不同，直接使用标准差来进行比较不合适，此时就应当消除测量尺度和量纲的影响，因此引入变异系数（coefficient of variation）这一概念。

总生活能耗的62.38%，其余依次为炊事（13.33%）、生活热水（9.79%）、家用电器（8.81%）、空调（3.86%）和照明（1.55%）能耗。空调能耗的变异系数最大（119.49%）。不同家庭在空调能耗上的差异最为显著，生活热水（73.16%）次之，采暖能耗最小（37.81%），但采暖的标准差却是最大的（610.32）。也就是说，虽然家庭间采暖能耗的差异不大，但由于采暖的绝对量很大，仍是造成家庭生活能耗差异的最主要原因。采暖能耗受采暖形式和住房面积两方面影响。石家庄样本的采暖形式比较单一，98.8%为市政集中采暖。因此可以说，石家庄家庭间的采暖能耗差异主要是由住房面积造成的。

表4–2　石家庄家庭生活能耗构成（年均）

能耗类型	能耗 kgce	比例 %	单位面积能耗 kgce/m² (kW·h/m²)	能耗标准差	能耗变异系数 %
采暖	1614.20	62.38	17.61 (57.18)	610.32	37.81
炊事	344.90	13.33	4.20 (13.64)	170.24	49.36
生活热水	253.39	9.79	3.14 (10.19)	185.38	73.16
家用电器	227.95 (740kW·h)	8.81	2.69 (8.73)	124.97	54.82
空调	99.75 (324kW·h)	3.86	1.09 (3.53)	119.20	119.49
照明	40.07 (130kW·h)	1.55	0.48 (1.57)	20.93	52.23
合计	2580.25	—	29.21 (94.84)	790.02	30.62

（三）郑州家庭生活能耗

郑州调查于2013年6月至10月进行，住区样本以近五年新建的高层住宅小区为主，总计采集了20个住区、近1200个家庭样本。经计算（表4–3），郑州家庭六类能耗中比重最大的仍是采暖能耗，约占总生活能耗的60%。其次为生活热水能耗，比重达到17.88%；再次为炊事（9.41%）、空调（4.74%）、家用电器（4.23%）和照明（1.26%）能耗。郑州抽样住区在建成年代和建筑类型上相对集中，家庭样本同质性较高，因此各类能耗的标准差和变异系数较低。标准差最大的仍然是采暖能耗，其次为生活热水，变异系数则是空调能耗最高。也就是说，郑州样本家庭间采暖和生活热水能耗差异的绝对程度较大，这两项能耗是导致总生活能耗不同的主要原因，而家庭间差异相对程度最大的则是空调能耗。

表 4–3 郑州家庭生活能耗构成（年均）

能耗类型	能耗 kgce	比例 %	单位面积能耗 kgce/m² (kW·h/m²)	能耗标准差	能耗变异系数 %
采暖	1624.22	60.20	14.59 (47.37)	544.01	33.49
生活热水	482.40	17.88	4.61 (14.97)	238.19	49.38
炊事	253.99	9.41	2.53 (8.21)	72.63	28.60
空调	127.80 (415kW·h)	4.74	1.22 (3.96)	88.53	69.27
家用电器	114.10 (370kW·h)	4.23	1.14 (3.71)	63.14	55.33
照明	34.02 (110kW·h)	1.26	0.32 (1.04)	17.79	52.30
合计	2636.52	—	24.41 (79.25)	678.55	25.74

（四）太原家庭生活能耗

太原调查于 2013 年 11 月至次年 2 月进行，涉及环城高速以内的 16 个住区、1337 个家庭样本。在能耗构成上，太原与前述案例城市相似，采暖能耗比重最大（66.26%），其次为炊事（10.90%）、生活热水（9.60%）、家用电器（9.47%）和照明（2.16%）能耗，空调能耗的比重最低（1.16%）。六项能耗中，采暖能耗的标准差最大。在采暖形式以市政供热为绝对主导的前提下，采暖能耗的高标准差反映出太原家庭住房面积的显著差异。变异系数方面，空调能耗（194.21%）高出其他能耗数倍，表明不同收入、生活习惯的太原家庭在空调使用情况方面具有非常显著的不同，差异程度高于其他案例城市。

表 4–4 太原家庭生活能耗构成（年均）

能耗类型	能耗 kgce	比例 %	单位面积能耗 kgce/m² (kW·h/m²)	能耗标准差	能耗变异系数 %
采暖	1307.38	66.26	11.79 (38.28)	402.47	30.78
炊事	215.02	10.90	2.10 (6.82)	104.68	48.68
生活热水	189.44	9.60	1.83 (5.94)	118.78	62.70
家用电器	186.94 (607kW·h)	9.47	1.82 (5.91)	106.94	57.20
照明	42.63 (138kW·h)	2.16	0.40 (1.29)	33.65	78.93
空调	31.70 (103kW·h)	1.61	0.31 (1.00)	61.56	194.21
合计	1973.11	—	18.25 (59.25)	507.99	25.75

三、案例城市家庭生活能耗比较

与2013年出版的《中国建筑节能年度发展研究报告》给出的全国城镇家庭能耗相比，本研究对四个案例城市的生活能耗的计算结果，除照明外的其余五类能耗均与全国平均水平相差不多（表4–5）。两套数据的差异主要来自估算方法。表中所引的全国平均数据是用能耗模型进行估计的[8]，其中单位面积照明能耗直接参考了《建筑照明设计标准》（GB 50034—2004）中的居住建筑每户照明功率密度值，而本研究的数据是通过调查问卷获得的，估算方法完全不同，因此能耗估值也有差距。

在家庭总生活能耗方面，案例城市平均家庭年生活能耗2369.19kgce。济南、石家庄和郑州三城市的平均家庭生活能耗相近，均为2600kgce上下。太原家庭平均总生活能耗明显偏低（主要与采暖和空调能耗有关），而郑州家庭的空调和生活热水能耗则高出其余城市较多。上述现象主要由以下两个原因导致：

第一，气候差异。太原相对凉爽，而郑州比较闷热，两地夏季平均气温分别为26.3℃和22.37℃，夏季平均相对湿度分别为72.67%和70.00%，差异明显。因此，郑州家庭的平均空调和洗浴能耗较高，而太原家庭的空调和洗浴能耗较低。

第二，城市集中供暖能效①差异。集中采暖能耗由城市集中供暖能效和住房面积估算获得，因此供暖能效是影响采暖能耗估计结果的关键。四案例城市的集中采暖能效分别为：济南和石家庄16.40kgce/m^2·a，郑州14.16kgce/m^2·a，太原11.69kgce/m^2·a。可见太原市集中供暖能效显著低于其他三个调查城市，因此太原家庭的平均采暖能耗也比较低。

---

① 供暖能效为单位面积城市集中供热能耗（单位kgce/m^2·a），具体数据根据自各城市统计年鉴并参考《中国统计年鉴》进行修正。计算方法为各城市集中供热总量除以供热面积。

表 4–5 案例城市家庭生活能耗比较

<table>
<tr><th rowspan="2">能耗类型</th><th colspan="5">能耗 kgce</th><th>单位面积能耗</th><th>全国城镇家庭平均单位面积能耗</th></tr>
<tr><th>济南</th><th>石家庄</th><th>郑州</th><th>太原</th><th>均值</th><th>kgce/m^2 (kW·h/m^2)</th><th>kgce/m^2 (kW·h/m^2)</th></tr>
<tr><td>空调</td><td rowspan="3">839.15 (2725kW·h)</td><td>99.75 (324kW·h)</td><td>127.80 (415kW·h)</td><td>31.70 (103kW·h)</td><td>79.97 (260 kW·h)</td><td>0.81 (2.62)</td><td>1.05 (3.40)</td></tr>
<tr><td>照明</td><td>40.07 (130kW·h)</td><td>34.02 (110kW·h)</td><td>42.63 (138kW·h)</td><td>39.04 (127 kW·h)</td><td>0.39 (1.26)</td><td>1.88 (6.10)</td></tr>
<tr><td>家用电器</td><td>227.95 (740kW·h)</td><td>114.10 (370kW·h)</td><td>186.94 (607kW·h)</td><td>169.74 (551 kW·h)</td><td>1.73 (5.61)</td><td>2.25 (7.30)</td></tr>
<tr><td>炊事</td><td rowspan="2">210.98</td><td>344.90</td><td>253.99</td><td>215.02</td><td>256.01</td><td>2.67 (8.66)</td><td>3.20 (10.39)</td></tr>
<tr><td>生活热水</td><td>253.39</td><td>482.40</td><td>189.44</td><td>306.56</td><td>3.14 (10.21)</td><td>1.00 (3.25)</td></tr>
<tr><td>采暖</td><td>1541.60</td><td>1614.20</td><td>1624.22</td><td>1307.38</td><td>1517.87</td><td>15.83 (51.38)</td><td>16.40 (53.25)</td></tr>
<tr><td>合计</td><td>2662.13</td><td>2580.25</td><td>2636.52</td><td>1973.11</td><td>2369.19</td><td>26.95 (87.50)</td><td>25.77 (83.67)</td></tr>
</table>

注：全国数据来自《中国建筑节能年度发展研究报告2013》（北京：中国建筑工业出版社），正文第10页。在进行城市间横向比较时需要注意四城市问卷题目设置有所不同。济南直接采集每月电、气消费量（账单法），从石家庄调查起改为采集常用家用电器使用信息间接计算能耗（设备使用详情法），而郑州和太原又在石家庄基础上进一步细化完善，因此横向比较时不能仅以数值大小判断。

四城市的生活能耗构成颇为相似。采暖能耗比重最大，约占总生活能耗的60%，也是造成家庭总生活能耗差异的核心要素。总采暖能耗中的 90% 以上为集中采暖能耗（详见第 5 节）。

除采暖能耗外，占家庭总生活能耗比重较高的三项能耗分别为炊事、生活热水和家用电器能耗，三类合计占总生活能耗的 30% ～ 35%。虽然上述三类能耗比重不低，但几乎都由家庭成员个人因素决定，如人口数量、饮食偏好、洗浴习惯等，与住宅及住宅区空间形态因素没有直接关联。

相反，空调和照明能耗虽然比重不大，但与空间形态的关系更为密切，例如住房面积、房屋朝向、楼层位置等。目前，我国空调能耗占家庭生活能耗的比例约为 10.4%①。以欧美发达国家经验来看，随着生活水平的提高，居民对生活舒

① 这一比例是空调能耗占住宅各终端用能的比例，不含北方城镇采暖能耗，因此比表 4–1 至表 4–4 中列出的空调能耗的比重高出较多。

适度的要求必然逐渐提高，空调及其他大功率电器的使用将越来越频繁。宏观数据显示，从 2001 年至 2011 年，我国夏季空调电耗十年间增长了 5.4 倍，空调普及率提高了近 10 倍[1]，且增长速度仍在持续加快。可以预见，未来空调能耗占总能耗的比例仍将上升。

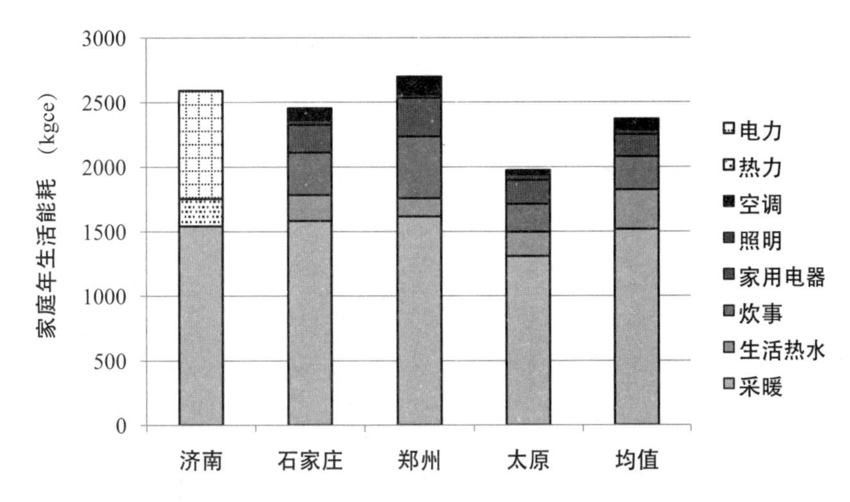

图 4–2　案例城市家庭生活能耗比较

第二节　空调能耗与住宅区形态

本节将详细分析空调能耗与住宅区形态的关系。由于济南调查不包括能耗终端信息，本节内容将围绕石家庄、郑州和太原三个城市的家庭样本展开。

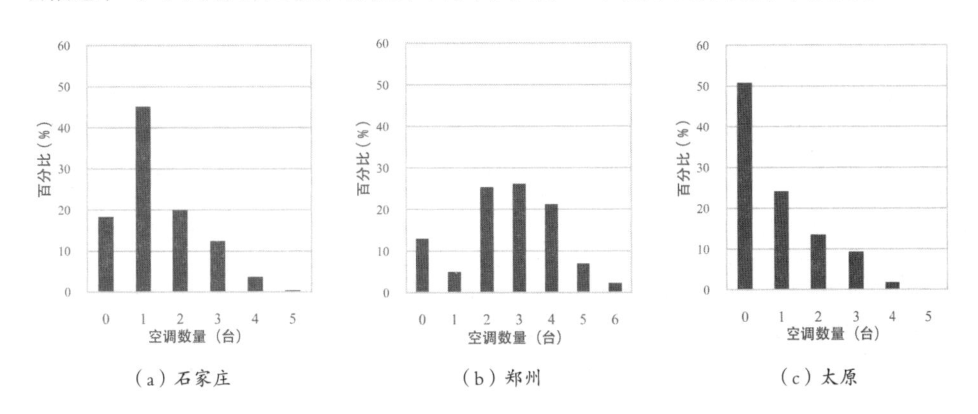

图 4–3　三城市家庭空调数量频率分布

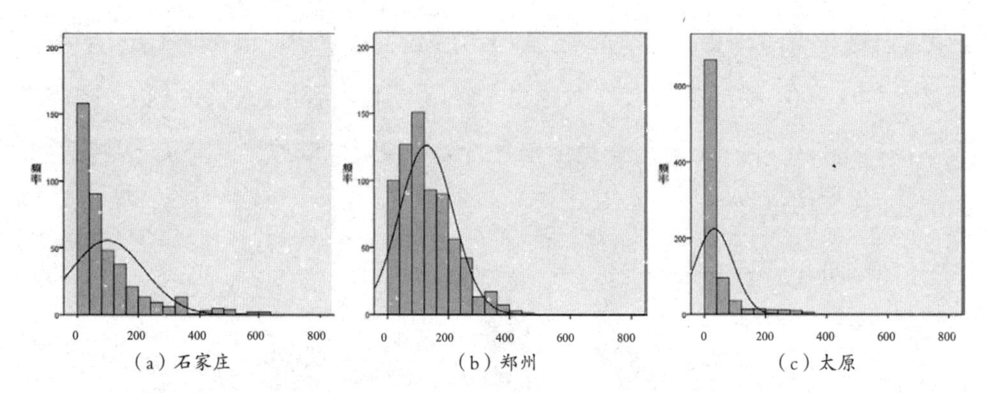

图 4–4 三城市家庭空调能耗频率分布图

一、空调使用概况

在包含能耗终端信息的三个案例城市中，郑州家庭空调普及率最高，达到 90.14%，户均空调保有量 2.58 台；石家庄居中，空调普及率 87.47%，户均空调保有量 1.49 台，低于郑州但略高于全国平均水平（1.22 台 / 户）[1]。太原家庭的空调保有率最低，仅为 50.06%，平均每户安装空调 0.87 台，远低于郑州和石家庄。大多数石家庄家庭仅安装 1 台空调（45.7%），郑州安装 2 台空调的家庭最多（35.1%），而太原则是不安装空调的家庭比例最高（49.9%）。大量被访太原家庭表示夏季室内并不热，没有安装空调的必要，即使安装了空调的家庭也很少使用。因为相对于另外两个城市，太原的夏季比较清凉，温度和湿度均低于石家庄和郑州①，气候更为舒适，因此居民对空调的需求也比较弱。

空调能耗方面，郑州家庭平均年空调能耗最高，达到 415kW·h，石家庄略低，太原最低（103kW·h），仅为郑州的四分之一，这充分反映了三城市气候条件的差异。石家庄和太原家庭的能耗分布相对分散，极端值占比较大，中间值频率不高；郑州家庭空调能耗集中在均值附近，更接近正态分布。在郑州，空调已经成为非常普及的家用电器，不同家庭间空调使用模式和能耗的差异正在逐渐缩小，而石家庄和太原家庭的空调普及程度尚不及郑州，家庭间仍存在较大差异。

① 太原、石家庄和郑州的夏季平均温度分别为 22.37℃、25.97℃和 26.30℃；夏季相对湿度分别为 70.00%、70.67% 和 72.64%。数据来源：国家气象信息中心 http://www.nmic.gov.cn/。

二、家庭空调能耗模型

随着现代应用统计科学的发展，量化分析方法已成为社会科学实证研究的主要方法。空调能耗的影响因素很多，影响因素间的相互关系较为复杂。在此情境下，统计模型是比较理想的分析方法。下面我们将借助空调能耗方程模型，探索住宅区形态对空调能耗的影响。

（一）理论模型

在第三章中，我们通过简要的文献研究对空调能耗影响因素进行了梳理。家庭空调能耗影响因素主要包括：（1）形态因素，包括住宅区、住宅建筑两个层次。形态因素是家庭空调能耗模型研究的重点内容。（2）非形态因素，包括家庭社会经济特征、生活方式和空调使用模式。（3）气候因素，包括城市年平均气温。在“态度中介”模式[11]的基础上构建理论模型（图4–5），即以气候要素为控制变量①，形态要素为外生变量，非形态要素为中介变量，家庭空调能耗为被解释变量。

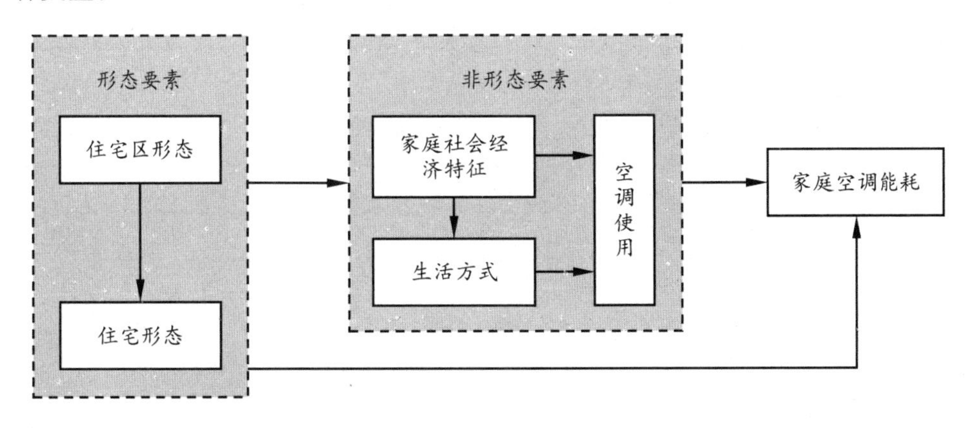

图4–5　家庭空调能耗理论模型

由于模型包含类别因变量。使用均差方差调整加权最小二乘法（mean and variance–adjusted WLS，WLSMV），运算在Mplus中进行。经计算（表4–6），

① 气候条件是家庭空调能耗的重要影响因素，但由于本研究涉及的四个城市处于同一个气候分区，并非本研究重点考察的对象。因此本研究将气候作为控制变量。为简化理论模型，控制变量未在图4–5中标出。

模型卡方值较小，RMSEA、WRMR 和 CFI 均符合适配标准。由于未删除不显著路径，与模型复杂度有关的 TLI 未能达标，但综合几项指标来看，模型质量还是比较理想的。各变量对家庭空调能耗的效果分解结果如下（表 4–7）：

表 4–6　家庭空调能耗模型适配情况

模型适配指标	含　义	标　准	模　型
x^2	卡方值: 由最小差异函数转换而来的统计量，卡方值越大，表示模型越不合适。样本数的大小会影响卡方值，模型估计越复杂，卡方值越小，资料不符合多元正态或有共线现象，卡方值容易膨胀。	越小越好	145.634
P	卡方值显著性检验：理论上要求不显著，即 P>0。但实际上只要样本数量较大，P 值一般都是显著的。	>0	0
RMSEA	渐进残差均方和平方根: 通常被视为最重要的适配指标，不需要基准线模型的绝对性指标，不易受样本多寡影响。小于 0.05 表示适配度很好，0.05 ～ 0.08 为适配良好，0.08 ～ 0.1 表示适配一般。	<0.08	0.053
CFI	比较性适配指标：可反映假设模型与独立模型之间的差异程度，同时考虑到被检验模型与中央卡方分配的离散型。越接近 1 表示适配越理想。	>0.9	0.981
TLI	非规范适配指标: 修正了的 NFI，几乎不受样本数量影响。其值接近 1 表示适配良好。	>0.9	0.740
WRMR	加权残差均方根：适用于样本变量的方差差别大，因变量非正态分布，样本统计量测量尺度不同等情况。	≤1	0.763

表 4–7　各解释变量对家庭空调能耗的总效果、直接效果和间接效果

解释变量		非标准化效果			标准化效果		
		总	间接	直接	总	间接	直接
家庭社会经济特征	成员数量	0.035**		0.036**	0.263		0.289
	平均年龄	−0.002**	−0.003**		−0.122	−0.212	
	平均教育年限	0.006**			0.111		
	人均收入	0.025**	0.011**	0.014**	0.191	0.083	0.107
生活方式	家庭型		0.006*			0.045	
	工作型	−0.055**	0.058**	−0.113**	−0.440	0.400	−0.900
	通勤型	0.050**	−0.023**	0.072**	0.417	−0.188	0.605
	社区型						

待续

续表

解释变量			非标准化效果			标准化效果		
			总	间接	直接	总	间接	直接
空调使用		空调数量	0.019**		0.019**	0.207		0.207
		设定温度	−0.045**		−0.045**	−0.564		−0.564
形态要素	住宅形态	面积	0.090**	0.090**		0.214	0.214	
		租赁		−0.044**	0.053**		−0.330	0.401
		朝南	−0.021**	−0.025**		−0.180	−0.208	
		楼层						
	住宅区形态	容积率		0.103**	−0.130**		0.153	−0.193
		建筑密度	−0.021**		−0.036**	−0.092		−0.156
		容积率·建筑密度	0.209**		0.285**	0.185		0.253
		绿地率						
		楼栋平面形式	−0.077**	0.113**	−0.190**	−0.109	0.160	−0.269
		开敞空间形式	−0.121**	−0.246**	0.125*	−0.102	−0.207	0.105
气候因素		年平均气温	0.006**	0.036**	−0.030**	0.059	0.345	−0.286

注：以*号标注显著水平。其中，**表示在置信度为0.05时显著，*表示在置信度0.1时显著。未通过检验（p<0.1）的数据未列出。

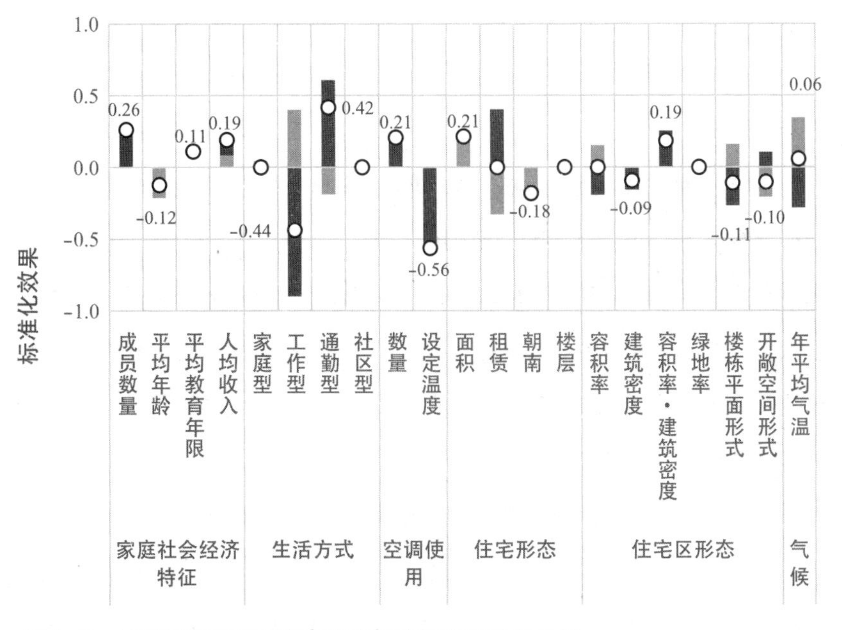

图 4–6 各解释变量对家庭空调能耗的标准化效果分解

模型结果显示，住宅区及住宅形态、家庭社会经济特征、生活方式、空调使用模式和气候因素均对家庭空调能耗具有不同程度的影响。其中，空调使用模式和生活方式变量组的整体影响力较强；住宅区及住宅形态、家庭社会经济特征、气候因素的影响力相当。在作用形式上，形态变量对家庭空调能耗的影响以直接效果为主（图中深灰色数据柱），表明合理的住区规划设计将是节约空调能耗的重要手段。

（二）非形态因素对空调能耗的影响

研究以空间形态为重点，此处仅简要总结一下非形态因素对空调能耗的影响强度及形式，后文不再展开讨论。

空调使用模式对家庭空调能耗具有较强的直接影响。设定温度与空调能耗负相关，空调数量与空调能耗正相关，且设定温度的影响力（标准化系数 –0.564）高于空调数量。

模型所使用的四个家庭社会、经济特征变量均对家庭空调能耗具有显著影响，家庭成员数对能耗的影响力最大（标准化效果 0.263），其余依次为收入（0.191）、年龄（–0.122）和教育水平（0.111）。成员数量与空调需求直接相关，收入和教育水平与能耗的关系略微迂回一些。高收入、高学历家庭往往对舒适度有着更高的要求，由于经济条件较好，这类家庭对能源消费的付出不太在意，因此空调能耗也比较高。年龄对空调能耗的总影响为负，年轻家庭比年长家庭消费更多能源，反映出青年与中老年家庭在空调使用习惯上的差异。

生活方式是经潜在类别模型（Latent Class Model，LCM）分析获得的潜类别变量，用以替代复杂的设备使用及出行行为变量。这种处理方法的优势在于，一方面将大量行为变量转化为少数几个类别变量，实现了精简模型的目的；另一方面将具体行为转换为家庭生活方式的群体差异，便于模型解释。生活方式潜在类别模型由空调设定温度、周烹饪次数、人均通勤距离等外显指标组成，构建过程从略。计算获得的“生活方式”潜变量共包含五类，分别为家庭型（室内活动频率高）、工作型（室内活动频率低）、一般型、通勤型（通勤距离长）和社区型

（非通勤出行频率高）。一般型生活方式为参照变量，不参与模型运算。

经计算，四类生活方式中的两类对空调能耗影响显著。通勤型生活方式的路径系数为正，该类生活方式的平均能耗水平高于一般家庭，工作型生活方式的路径系数刚好相反。通勤型生活方式以满巢期家庭为主。一方面，满巢期家庭的成员数量多；另一方面，家长为了给子女创造更舒适的生活环境，倾向于更频繁地使用空调。两方面综合起来导致通勤型生活方式的空调能耗水平较高。工作型生活方式以工作繁忙、居家活动少为主要特征，因此该类生活方式的空调能耗水平较低。

（三）形态因素对空调能耗的影响

形态因素包括住宅形态和住宅区形态两个层次。

四个住宅形态变量中，住房面积对空调能耗的效果最强（标准化总效果为 0.214）。面积的未标准化效果可解读为：当住房面积提高 10% 时，家庭空调能耗将提高约 1%。“朝南”为虚拟变量。经模型估算，“朝南”对空调能耗的总效果为负（标准化总效果 –0.180），朝南住宅的空调能耗较低。在目前大进深户型为主的情况下，一般南向房间的户型南北通风的情况要好于其他朝向的户型，所以朝向对能耗的直接影响体现在顺应四个案例城市夏季主导风向，促进住宅通风散热，进而节约空调能耗。楼层和产权形式对空调能耗没有显著影响。

住宅区形态从密度（容积率及建筑密度）、平面形式和绿化三个角度进行量化分析。结果显示，在样本所提供的数据范围内，建筑密度与容积率存在交互作用。高容积率—低建筑密度和低容积率—高建筑密度两种形态的住宅区相对较为节能；而高容积率—高建筑密度和低容积率—低建筑密度则是相对能耗较高的住宅区形态。绿化规模对空调能耗没有显著影响，但绿化布局形式对能耗的影响却是显著的，有集中绿地或广场、开敞空间尺度变化丰富的住宅区空调能耗较低。楼栋平面形状对空调能耗的总效果显著为负，紧凑型平面住宅将导致家庭空调能耗上升。因为紧凑型平面住宅的“体形系数”较小，有利于住宅建筑保温，但不利于通风散热，增加了夏季住宅耗冷量。

以上对家庭空调能耗模型的主要结论进行了简要介绍。接下来，我们将采用描述分析为主的方法对住宅区形态与空调能耗的关系进行深入分析，将模型结果与样本数据进行耦合，挖掘隐藏的规律。

三、空调能耗与住宅区形态描述分析

（一）容积率及建筑密度的影响

家庭空调能耗模型中设定了建筑密度、容积率及二者的交互作用。模型结果显示，建筑密度及交互项对空调能耗的总效果十分显著，容积率的总效果不显著，但交互作用依然存在。建筑密度对空调能耗的影响为负，交互项的效果为正，交互效应与简单效应的符号相反，也就是说，建筑密度和容积率的交互作用对建筑密度与能耗的关系具有抑制作用。下面我们首先分别讨论建筑密度和容积率两个形态要素对空调能耗的影响，随后重点分析交互作用的影响形式。

1. 建筑密度对空调能耗的影响

我们将住宅区建筑密度（定义详见第三章第二节中第二小节）分为五组[①]，比较各组家庭样本间的空调能耗的差异。如图 4–7 所示，建筑密度与空调能耗呈折线关系——建筑密度较低组的空调能耗最高，其后能耗随着密度的提高逐渐降低，建筑密度最高组与建筑密度最低组的能耗水平基本持平。

建筑密度与建筑群体的通风、日照关系密切，但它们之间的关系又非常复杂，并不是简单的线性关系。从调查数据看，建筑密度最低组（建筑密度 16.5% 以下，均为高层住宅区，样本包括太铁白龙苑 T11、滨东花园 T2 等）的空调能耗最低，但该组的户均住房面积反而高于其他组。据此可以判断，这种低能耗现象并不是由住房面积引起的。从住宅区形态考虑，低建筑密度住宅区的通风条件一般优于

---

① 为保证每个组内家庭样本的数量相近，使用不等距法对样本进行分组。后文中容积率、收入等数据的分组方法均为不等距法。建筑密度分组标准：低（～ 16.5%）、较低（16.6% ～ 20.0%）、中等（20.1% ～ 22.0%）、较高（22.1% ～ 27.0%）、高（27.1% ～）。

高密度住宅区，低密度能够在一定程度上促进室内外气流交换，减少住宅耗冷量，进而节约空调能耗。

建筑密度“较低”组（建筑密度在 16.6% ～ 20.0% 之间，以高层住区为主，平均层数低于最低组，样本包括绿都城 Z6、康桥上城品 Z5 等）的平均空调能耗最高。也就是说，对于这密度区间的住宅区样本而言，随着建筑密度的下降，空调能耗逐渐下降。观察图 4–7 不难发现，当建筑密度高于 16.6% 时（除“低”组以外的其他四组），住房面积与空调能耗的组间变化趋势较为相似，说明此时空调能耗与建筑密度的负相关关系可能与户均住房面积有关。但图中住房面积与空调能耗又非简单线性关系（二者在“中等”和“较高”组间的变化趋势不同）。这说明住房面积并非造成能耗差异的唯一因素。从住宅区形态考虑，随着建筑密度的提高，建筑物之间的遮挡逐渐变得严重，建筑得热减少（用地紧张的高层住宅区表现尤为突出），一定程度上抵消了高密度布局在通风上的劣势，导致空调能耗下降。

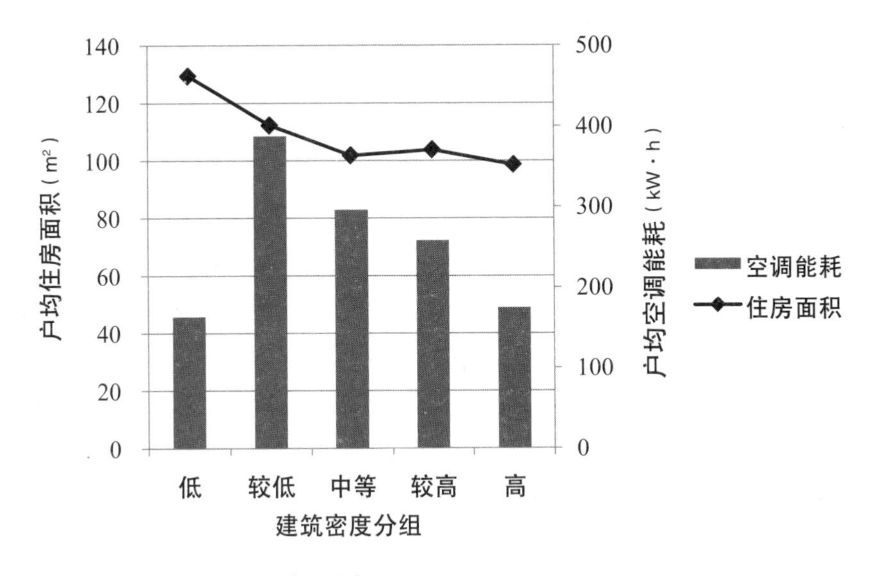

图 4–7　建筑密度组与空调能耗

2. 容积率对空调能耗的影响

我们采用与建筑密度相同的分析方法，比较不同容积率组间的空调能耗差异。

如图 4–8 所示，空调能耗与容积率的相关形式近似“M”形曲线——容积率“较低”（容积率 1.6～3.0，多层、高层住宅区各占一半）和“较高”组（容积率 3.7～6.0，高层住宅区为主）的户均空调能耗较高，容积率最低组（容积率 1.5 以下，仅为多层住宅区）、“中等”组（容积率 3.1～3.6，均为高层住宅区）和最高组（容积率 6.1 以上，高层及商住综合体）的户均空调能耗较低[①]。

观察不同容积率组的户均住房面积不难发现，“低”容积率和“高”容积率组的平均住房面积较小，这可能是造成以上两组空调能耗偏低的原因之一。“中等”容积率住宅区的户均住房面积高于容积率“较低”组，而“中等”组的空调能耗却比“较低”组低。由此可以推论，住房面积并不足以解释容积率对空调能耗的全部影响，容积率对空调能耗具有独立的、非线性形式的作用。

结合调查数据，“低”容积率组（容积率 1.5 以下，样本包括长风小区 T12、天苑小区 S8 等）均为多层住宅区，建筑密度和层数较低，通风条件好，利于节约空调能耗。“高”容积率组（容积率 6.1 以上，样本包括升龙国际 Z10、曼哈顿广场 Z7 等）为高层或商住综合体，建筑密度和层数较高，建筑相互遮挡导致太阳辐射得热较少，耗冷量下降。当容积率处于“中等”水平时（容积率 3.1～3.6，样本包括丽华苑 T8、奥林花园 T1 等），既对通风散热较为有利，又不会获得过多的辐射热量，呈现出另一种相对节能的住宅区形态。

综上，我们认为建筑密度与容积率对家庭空调能耗的影响并不是孤立的，而是相互牵制、相互制约的。仅仅调整其中一个指标并不能取得理想的节能效果，必须将容积率和建筑密度进行合理组合，使住宅建筑在辐射得热与通风散热间取得平衡，才能形成真正节能的住宅区形态。

3. 建筑密度与容积率交互作用对空调能耗的影响

分析建筑密度与容积率的交互作用首先要从能耗模型估计结果出发。从表 4–7 可知，建筑密度及交互项对家庭空调能耗的总效果较显著，容积率的总效果不显

① 容积率分组标准：低（～1.5）、较低（1.6～3.0）、中等（3.1～3.6）、较高（3.7～6.0）、高（6.1～）。另外，我们在第三章第二节第二小节中已说明，由于数据所限，本书推算出的容积率高于一般城市规划审批的容积率。

著，交互效应与建筑密度的简单效应符号相反，交互作用对建筑密度与能耗的关系有抑制作用。

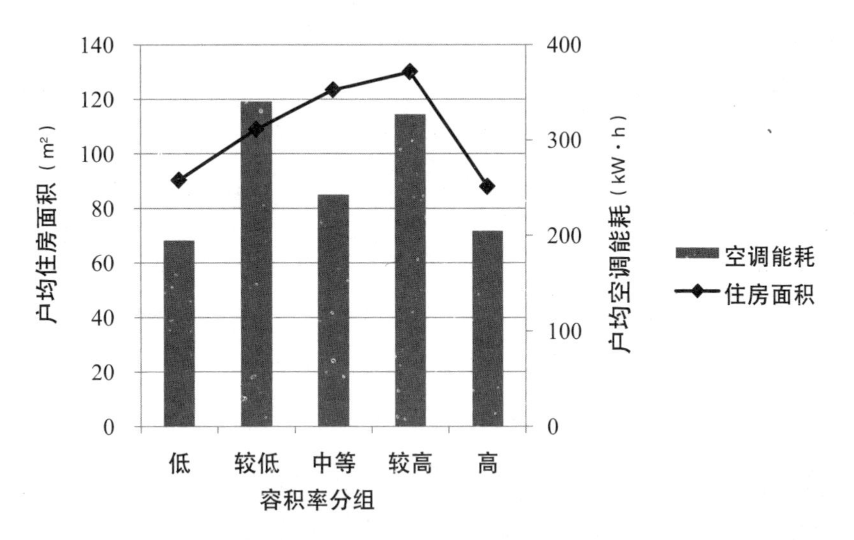

图 4–8　容积率组与空调能耗

为了形象地表示建筑密度和容积率的交互作用，我们计算了建筑密度和容积率分别取不同值时，空调能耗相对于样本均值的变化量（建筑密度均值 20.869%，容积率均值 3.622），并以矩阵的形式表现如下（图 4–9）。图中横轴为容积率，纵轴为建筑密度，灰度代表空调能耗的相对变化量，灰度越深能耗越高，灰度越浅能耗越低。若以能耗变化趋势分界线为 X 轴和 Y 轴划分为四个象限，则二、四象限的能耗偏高，一、三象限能耗偏低。也就是说，低容积率与低建筑密度（右下角）、高容积率与高建筑密度（左上角）这两种组合是相对高耗能的住宅区形态，而低容积率与高建筑密度（右上角）、高容积率与低建筑密度（左下角）则对应相对低能耗的住宅区形态[①]。

建筑密度和容积率主要通过建筑表面得热和自然通风两条途径影响空调能

① 在此需要特别强调一点，本研究中住宅区用地规模按真实存在的物理边界计算，如围墙或住宅外墙，因此容积率和建筑密度比一般资料大。容积率变化趋势分界线为 4.6，大约相当于一般资料中的 3.0。建筑密度变化趋势分界线为 20.9%，大约相当于一般资料中的 18%。这里给出的容积率和建筑密度分界线值是根据处于分界线附近的样本住宅区推测得到的。

耗。在容积率一定的前提下，较低的建筑密度能够使住宅获得更多太阳辐射，并促进自然通风。在夏季，低密度住宅区的辐射得热较高，冲抵了一部分通风造成的节能效果[12]。最佳的住宅区形态即是在辐射得热和通风两方面取得平衡。对气候Ⅱ类地区而言，低容积率—高密度和高容积率—低密度两种形态在太阳辐射和自然通风两方面得到了较好的平衡。而且从公共空间角度来看，这两种形态对住宅区绿化设计也是相对有利的。而对高容积率—高密度住宅区而言，夏季虽然辐射得热较小，但室内外通风不畅，耗冷量仍会上升。对低容积率—低密度住宅区而言，夏季辐射得热过多导致室内升温迅速，消耗了更多空调能耗。因此，在样本数据的值域内，高容积率—高密度、低容积率—低密度是两种相对高能耗的住宅区形态。

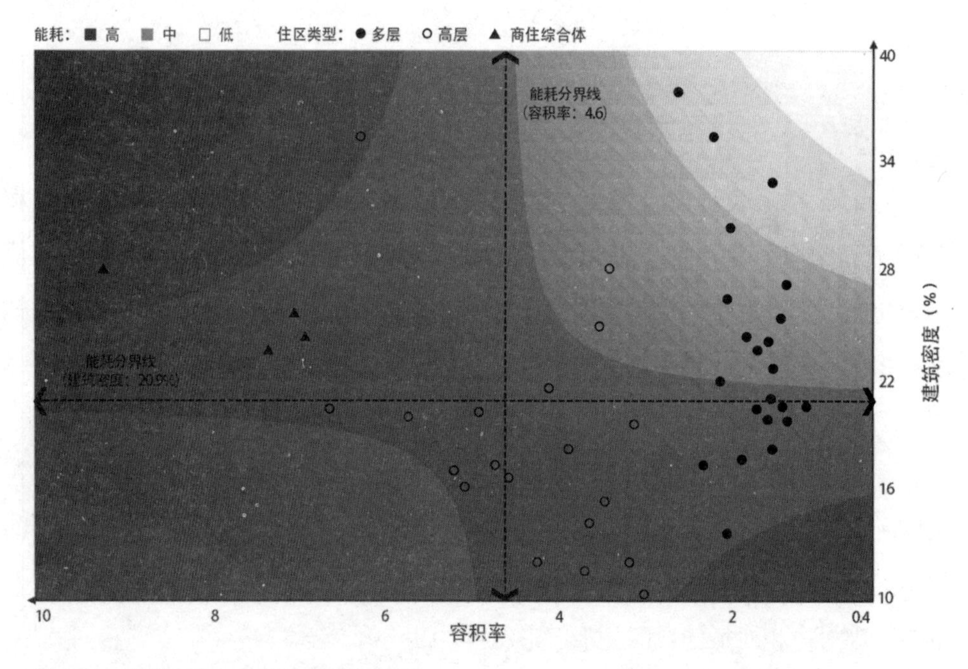

图 4–9 建筑密度、容积率与空调能耗

将住宅区样本落点到图上后可以发现，位于低能耗区域的主要是密度较高的多层住宅区。这些高密度多层住宅区样本大多建设于 20 世纪 90 年代或更早，住宅排列紧密，绿地率较低。虽然这种高密度住宅区的综合能耗水平较低，但是否应作为推荐的住宅区类型还需斟酌。首先，除容积率和建筑密度外，能耗还与绿化等形态要素有关，不能仅以密度和容积率组合形势判断能耗高低。其次，高密度多层住宅区的容积率较低，与当前住宅开发的现实存在一定矛盾。商住综合体住宅区的整体能耗水平较高，有个别样本落入了高能耗区域。高层住宅区的能耗水平居中，除了个别“双低”（低容积率低密度）样本外，大多数样本点位于中等能耗区域。相对而言，高层住宅区是一种不易落入高能耗区域的形态类型。因为高层住宅区能够保障较好的住宅采光、辐射得热和通风散热；室外空间充裕，有利于集中绿化及活动场地的布局。另外，高层住宅区的容积率比较高，符合土地集约利用政策，是比较推荐的住宅区类型。

以上结论是由模型结果推导得出的，接下来我们将比较各类住宅区的家庭空调能耗，对模型结论进行验证。首先，为了避免住房面积对空调能耗的干扰，以单位面积空调能耗作为比较对象。另外，考虑到家庭收入对空调安装和使用习惯的影响，将样本家庭按收入高低分为三组，分组比较三类住宅区的平均单位面积空调能耗是否存在差异。分析结果如图 4–10。

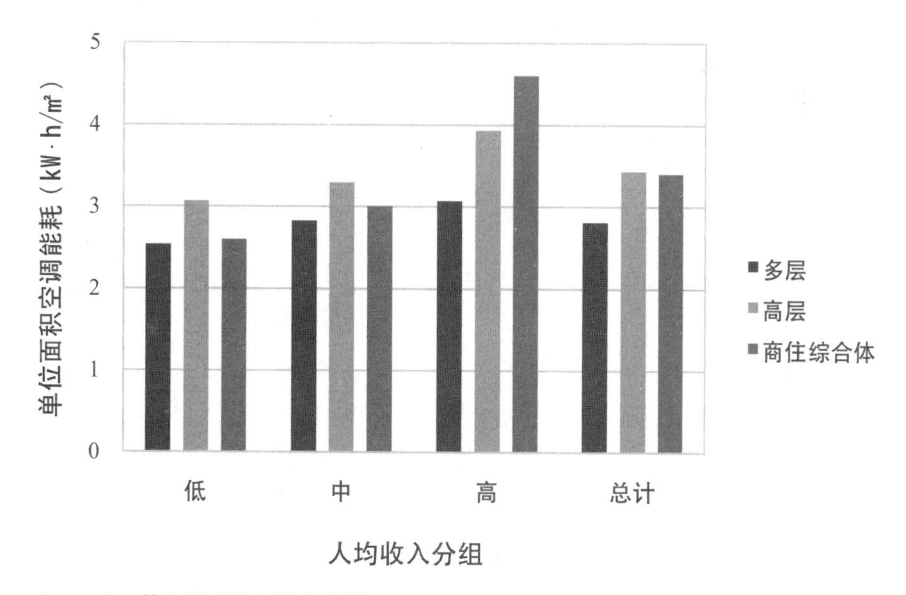

图 4–10　住宅区类型与空调能耗

总体上看，多层住宅区的平均空调能耗水平最低，高层与商住综合体的能耗水平相当，与模型结论基本相符，为前文推论提供了佐证。分收入组来看，在低收入及中等收入组中，高层住宅区的平均单位面积空调能耗最高，多层住宅区最低，商住综合体的能耗水平居中。在高收入组，三类住宅区间的能耗差距增大，多层住宅区的能耗仍是最低的，而高层和商住综合体住宅区的能耗排位却发生了变化，商住综合体成为能耗最高的住宅区类型。可以说，与低收入和中等收入组相比，高收入组的空调能耗特征与模型结论更相符。导致这一现象的主要原因在于，高经济水平的家庭支付能力更强，对空调的使用更自由。因此，在高收入组，家庭成员因素对空调能耗的干扰较低，在某种程度上实现了对相关因素的“控制”，使得该组数据能够更好地反映出住宅区形态对微气候以及室内耗冷量的影响，因此高收入组数据与模型结论的符合程度也更高①。

综上，对气候Ⅱ类地区住区而言，低容积率—高密度、高容积率—低密度两种组合形式是更利于节约家庭空调能耗的住宅区形态。从住区类型角度来看，多层住区是空调能耗最低的类型，这种住区类型可以达到容积率与密度对空调能耗的交互作用的较好平衡。高层住区和商住综合体住区的空调能耗略高。

（二）绿化的影响

环境工程领域研究发现，下垫面②类型、绿化规模和布局方式均对住宅区温度、湿度和风环境具有不同程度的影响[13, 14]。借鉴相关研究并考虑到调查的可实施性，本研究从绿化规模（绿地率）和布局形式（开敞空间形式）两个方面考察绿化要素对空调能耗的影响。

1. 绿地率

从模型结果来看（表 4–7），绿地率对空调能耗的直接效果显著为负，证明绿地率在调节温湿度、夏季防热方面是有效的。但绿地率积极的直接效果被总间接效果抵消，导致总效果不显著。间接效果中，影响力最大的是住房面积，绿地

① “控制”是回归分析的重要特征，通过“控制”可以获得解释变量对被解释变量的“净作用”，而描述分析只能比较“毛作用”，“毛作用”中可能包含其他因素对被解释变量的影响。关于“控制”的具体内容详见《经济计量学精要（第四版）》（古扎拉蒂，波特 . 北京：机械工业出版社，2010.）

② 下垫面 (underlying surface) 是指与大气下层直接接触的地球表面，包括地形、土壤、河流和植被等，是影响住宅区微气候的重要因素之一。

率高的住宅区平均住房面积大，间接导致能耗。也就是说，理论上讲，提高绿化规模对节约空调能耗是有帮助的，但实际建设中往往将高绿地率与大户型捆绑在一起，致使绿化的节能效果难以显现。

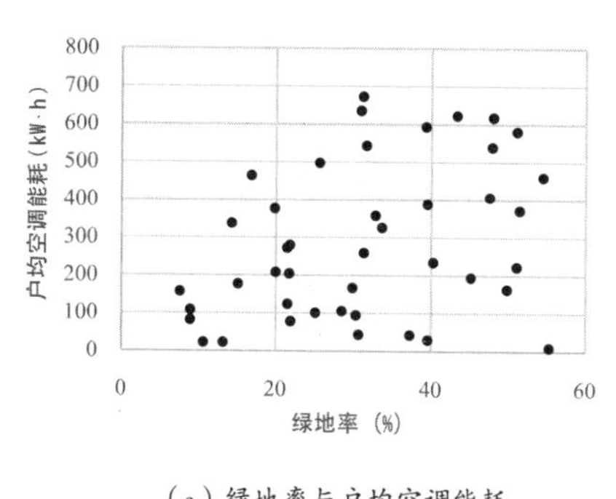

（a）绿地率与户均空调能耗

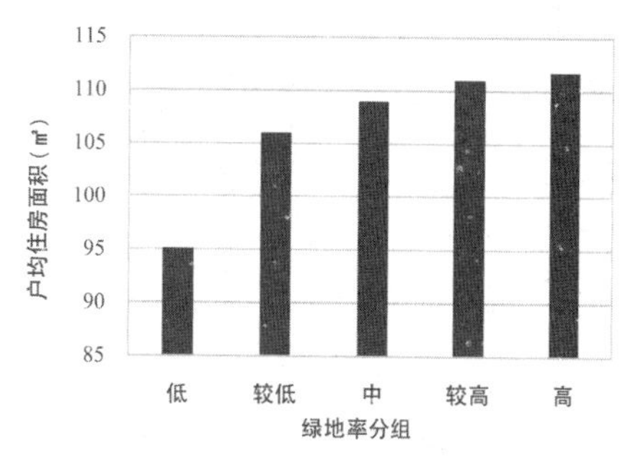

（b）绿地率与户均住房面积

图 4–11　绿地率与家庭空调能耗及住房面积关系图

同样描述分析得出了与能耗模型一致的结论。如图 4–11 所示，绿地率与空调能耗散点图并没有呈现出明显的分布规律，即绿化规模与空调能耗的关系并不大。但与此同时，绿地率与住房面积却存在一定正相关关系，即绿地率高的住宅区平均住宅面积较高。在当前状况下，一般高绿化率的住宅区都“档次”较高，套型面积也更大。

2. 布局形式

前文已述，本研究以“开敞空间变异系数”衡量住宅区开敞空间的布局形式。变异系数数值高表示室外空间有收有放，变化丰富；数值低表示室外空间单调均质，没有集中活动空间或集中开放空间的规模较小。图 4–12 显示了住宅区开敞空间变异系数与空调能耗的散点关系。从图中可以发现，变异系数与空调能耗大体上呈负相关关系，即开敞空间尺度变化丰富、有收有放的住宅区的空调能耗较低。分段来看，当开敞空间变异系数小于 0.75 时，能耗数据点分布几乎没有规律。而当系数大于 0.75 时，随着开敞空间变异系数的提高，空调能耗明显下降，也就是说，变异系数处于这一区间内的住宅区明显比其他住宅区更节能。

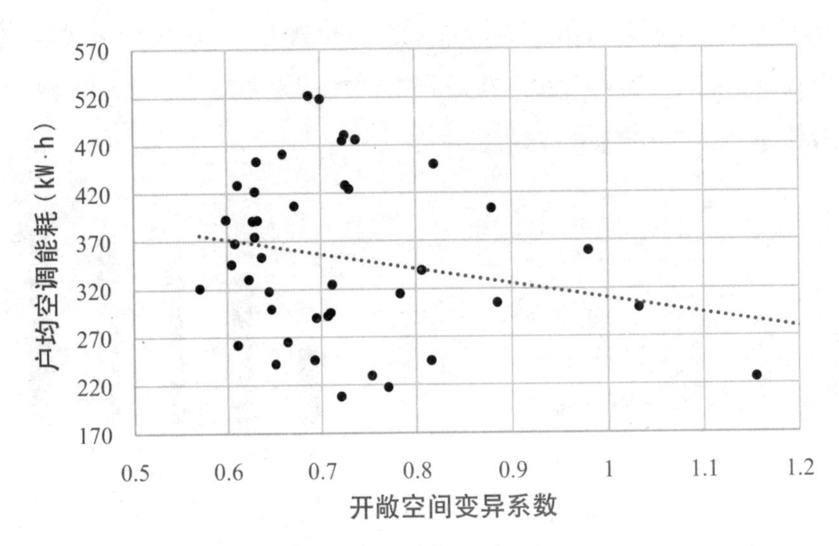

图 4–12 住宅区开敞空间变异系数与空调能耗

通过对样本的分析，我们发现，高变异系数与以下住宅区形态相对应。（1）有一处规模较大的集中公共空间。（2）有规模非常小的楼间空间。

也就是说，在住宅区布局中，除了有满足日照等相关规范的基本要求的空间外，还应有一片以上面积较大的开放空间。布局做到“大疏大密”，才能形成更加节能的住宅区形态。图 4–13 给出了几个调研住宅区中变异系数大于 0.75 的住宅区平面简图。

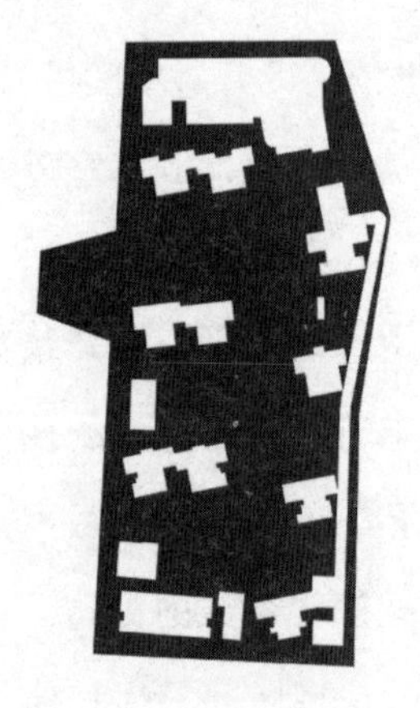

（a）滨东花园（T2，0.82）

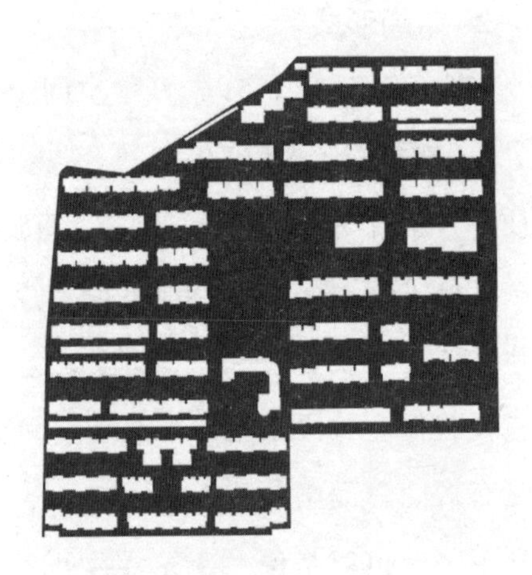

（b）湖光新苑（Z3，0.87）

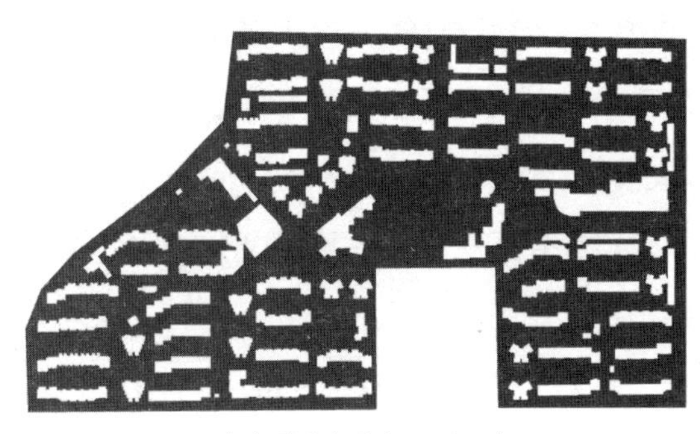

（c）联盟小区（S7，1.16）

图 4–13　高开敞空间变异系数的样本住宅区平面

开敞空间变异系数高的住宅区空调能耗较低的原因，可能主要源于绿化斑块面积导致的降温效果差异。一项关于居住区热环境与绿化布局的实测研究指出，住宅区平均绿化斑块面积与降温效果具有正相关关系，绿化斑块规模越大，降温效果越好。而当斑块平均面积小于 $100m^2$ 时，基本没有降温效果[14]。开敞空间变异系数大的住宅区大多拥有一块相对集中的大规模绿化斑块，产生了更好的降温调湿作用，进而节约了空调能耗。

（三）平面形式的影响

我们借鉴景观和地理学中紧凑度的描述方法，引入“回旋半径比”这一指标定量描述楼栋平面形状（详见第三章）。回旋半径比越大，表明楼栋平面形状越不紧凑，例如条形和“L”形平面；回旋半径比越小，楼栋平面形状越紧凑，如点式和蝶形平面。图 4–14 为几个典型住宅区的回旋半径比值及楼栋平面示意图。

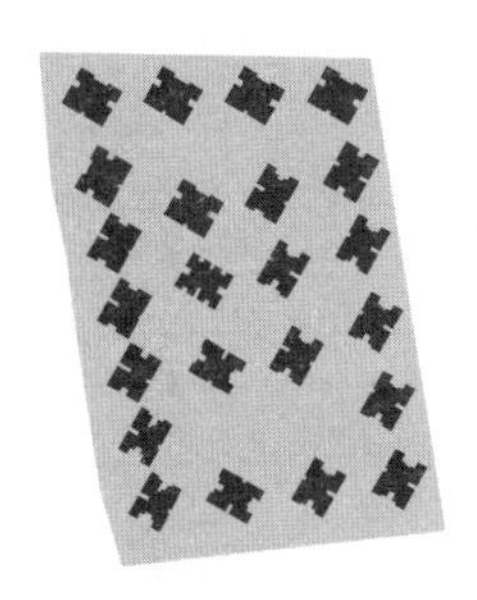

（a）旭翠园（S6，1.434）

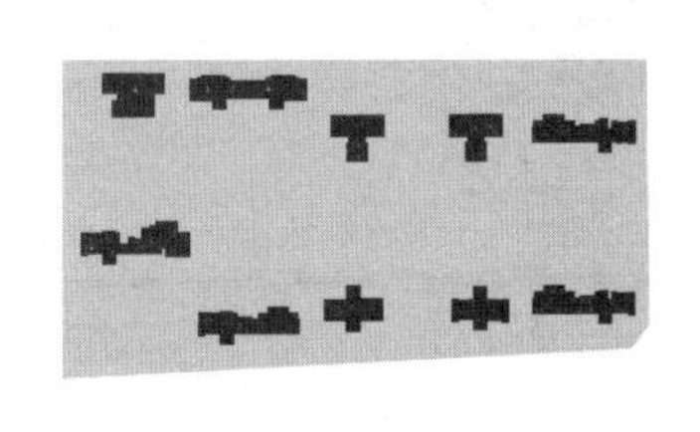

（b）正弘蓝堡湾（Z20，1.765）

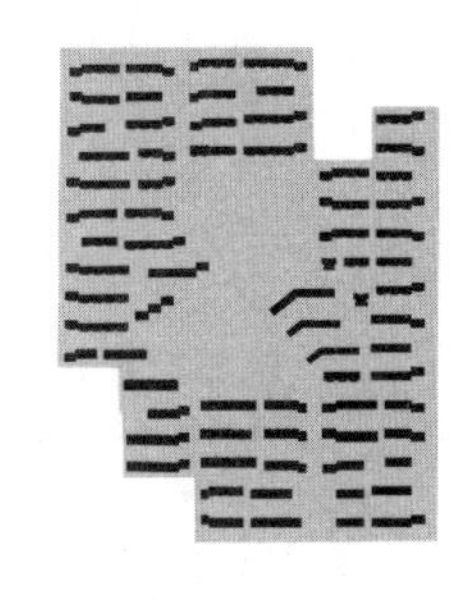

（c）天苑小区（S8，2.182）

图 4–14　典型住宅区楼栋平面及其回旋半径比值

从图 4–15 中可以发现，回旋半径比与空调能耗间存在一定负相关关系[①]，表明回旋半径比越大的住宅区空调能耗越低，也就是楼栋平面为条形、曲尺形等形状的住宅区，其空调能耗低于楼栋平面紧凑的住宅区（如点式和蝶形）。这一现象在建筑环境专业可以得到合理解释。一般情况下，紧凑的住宅建筑的户型（如高层住宅）通风条件较差，夏季室内温度会高一些。

从模型结果来看，回旋半径比对空调能耗的直接和总效果显著为负，紧凑型平面将导致家庭空调能耗上升，与空调能耗描述分析的结论一致。楼栋平面形式对空调能耗的影响以直接效果为主，直接效果即平面形状的独立作用。

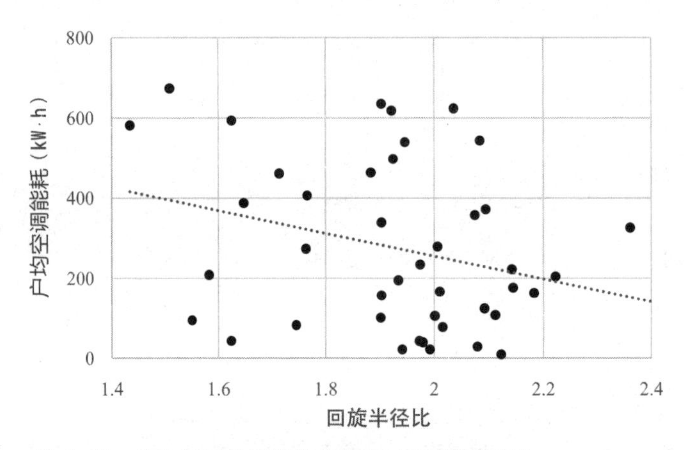

图 4–15 住宅区平均回旋半径比与空调能耗情况

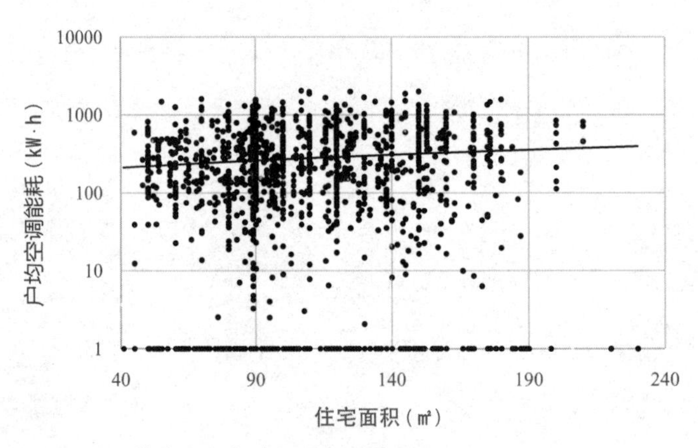

图 4–16 住房面积与空调能耗散点图

① 它们并不是非常严格的负相关，很多数据点散落在距离趋势线较远的位置。

四、空调能耗与住宅建筑形态描述分析

理论上讲，住房面积越大，维持同等室温消耗的能源就越多，空调能耗也越高。通过住房面积（X 轴）与空调能耗（Y 轴）的散点图（图 4–16）可以发现，住房面积与家庭空调能耗略呈正相关，但二者的相关趋势并不是特别强烈。

“朝向”指住宅主要采光窗的朝向（非楼栋朝向）。如表 4–8 所示，南向住宅的空调保有率、使用频率、周期及能耗都显著低于其他三个朝向，与空调能耗模型结果相符。与东、北朝向的住宅相比，朝南住宅接受的日照时间长、强度高，理论上朝南房间的夏季室温应高于东、北朝向，但实际上朝南住宅的空调能耗却低于其他朝向，我们认为造成这一现象主要有以下两个原因。

首先，从户型看，大多数样本南向住宅位于一梯两户型楼栋，通风条件较好。其次，从住宅区层面看，一梯两户型住宅有相当比例为 2000 年以前建设的砖混结构多层住宅区，砖的保温隔热性能比普通混凝土好。另外，有一定年代的多层住宅区的绿化形式多为高大乔木与草地结合。一般来讲，相对于一些以空旷草坪为主的新建高层住宅区，树荫和草地结合的场地空气温度偏低 2℃ [13]，所以可以推论这些住宅区的住户的室内温度也更为舒适一些。

在南向以外的三个朝向中，朝西住宅在空调数量、使用频率、周期及能耗方面均明显高于朝东和朝北住宅，“西晒”是最主要原因①。朝东住宅仅在上午接受阳光直射，午前环境温度低，升温较慢，室内温度升幅低于午后。朝北住宅几乎没有阳光直射，因此在空调使用频率和能耗上都较低。

表 4–8　住宅朝向与空调使用情况

	单位	朝向				均值
		南向	东向	西向	北向	
保有率	%	68.44	74.76	87.85	73.60	72.09
户均空调数量	台	1.50	1.74	2.14	1.65	1.61

待续

① 研究还比较了各朝向的平均家庭成员数、收入和住宅面积，差异并不明显。

续表

	单位	朝　向				均值
		南向	东向	西向	北向	
使用频率	小时／周	33.17	36.00	48.13	32.67	35.26
使用周期	天／年	40.15	56.89	61.60	46.20	44.91
设定温度	℃	25.04	25.81	25.57	25.57	25.29
空调能耗	kW·h/年	231.12	276.80	417.73	264.06	260.43

第三节　采暖及照明能耗与住宅形态

除空调能耗外，采暖和照明是另外两项与住宅及住宅区形态直接相关的家庭生活能耗分项。如本章第二节所述，采暖能耗约占家庭总生活能耗的60%，是六个分项生活能耗中比例最高的。目前分户供热计量在我国尚未普及，大多数家庭的集中采暖能耗与室内热舒适度并没有太大关系，主要是由采暖面积决定的。因此在现阶段，集中采暖能耗与住宅围护结构、朝向、建筑布局形式等住宅及住宅区形态要素的关系难以通过本研究所采用的方法进行分析。虽然如此，我国有关规范对新建住宅冬季最短日照时间有严格的要求，所以在未来住宅区容积率不可能下降的前提下，通过住宅区布局改善增加建筑日照时间的潜力极为有限。所以，从理论和现实两个方面讲，研究住宅区布局对我国住宅区采暖能耗的影响可以忽略，不会对本研究的主要结论产生本质的影响。

综上，本小节主要对采暖能耗与住房面积的关系进行简要分析。照明能耗约占家庭总生活能耗的2%，是六个分项生活能耗中比例最低的。照明能耗主要与住宅朝向、建筑布局形式两方面形态要素有关，与绿化规模及布局形式没有理论上的直接联系。

一、采暖能耗与住房面积

采暖能耗是家庭生活能耗的重要组成部分，约占总生活能耗的60%。可以说，降低采暖能耗是实现生活能耗节能目标的重中之重。家庭采暖能耗包括集中式采暖能耗和分散式采暖能耗两部分，其中绝大部分为集中式采暖能耗，集中采暖占总采暖能耗的 90% 以上。集中式采暖包括市政集中供暖、家庭煤炉、电地暖、燃气壁挂炉等；分散式采暖为集中采暖的辅助，包括冬季空调、取暖器（油汀电暖气、“小暖阳”等）、电热毯等。

市政供暖是主要的集中采暖形式，98.44% 的家庭都在使用，另有 1.04% 的家庭使用燃气采暖，0.34% 使用燃煤，0.17% 使用电采暖。四类集中采暖形式中，市政供暖的能耗最高，达到 1525kgce/ 年，燃煤最低，仅为 537kgce/ 年，电力和燃气居中，约为 950kgce/ 年。

图 4–17 给出了集中和分散采暖与住房面积的关系。图中横轴为面积分组，灰色数据柱为总采暖能耗（集中和分散采暖能耗之和），折线分别代表集中和分散采暖能耗。因为二者数值差距悬殊，为了在一张图上清晰表现，我们调整了分散采暖的单位，因此图中分散采暖的折线仅代表组间变化趋势，并非具体数值。

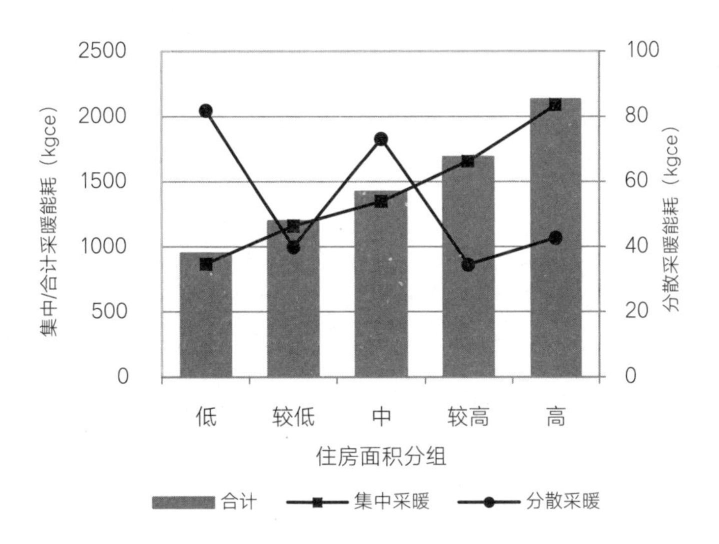

图 4–17　采暖能耗与住房面积

集中采暖能耗是由城市供热能效和住房面积相乘估算的，因此集中采暖能耗与面积的线性关系非常明确。反映在图中，集中采暖能耗的折线非常平滑，几乎为一条直线。

分散采暖的组间波动比较大，表明分散采暖与住房面积几乎没有关系。分散采暖能耗与住宅区整体供暖质量有关，这使住宅面积与分散采暖能耗间的关系变得复杂。例如，一些大户型住房集中供暖充足，不需辅助采暖即可达到舒适温度。而一些建成年代较早的小户型住宅可能存在外保温性能较差、供暖不足等问题，住户更依赖电暖气过冬，因此分散采暖能耗反而更高。

二、照明能耗与朝向

我们对石家庄、郑州、太原三城市家庭的灯具数量、类型、能耗及基本使用情况进行了调查。在调查中引入了“户均灯具数量”的概念，指光源数量而非灯组的数量。比如，如果一组起居室吊灯由 10 盏白炽灯组成，那么起居室的灯具数量记作 10 而不是 1。“日均使用时间”指平均每盏灯具每天使用的小时数。郑州和太原调查按上述定义分别采集每个房间的“灯具”数量、类型和使用时间，而石家庄采集的是整套住宅的“灯组”数量和平均使用时间，与郑州和太原不具可比性。

研究还在郑州和太原调查了住宅中不同功能房间的灯具数量和使用情况（表 4–9）。数据显示，各类房间中起居室的灯具数量最多（3.02 盏），使用时间也最长（2.94 小时 / 日），可见起居室是家庭生活（尤其夜间生活）的核心空间。其次是卧室（1.77 盏，2.34 小时 / 日）和餐厅（1.43 盏，1.34 小时 / 日），厨房、卫生间和门厅的灯具数量和使用时间相近（1.05 盏，1.10 小时 / 日；1.19 盏，0.89 小时 / 日；0.70 盏，1.10 小时 / 日），阳台则明显低于其他房间（0.27 盏，0.17 小时 / 日）。

图 4–18 显示了不同朝向住宅的灯具使用情况和照明能耗。在灯具数量方面，朝南住宅较少，朝东住宅较多。在使用时间、总照明能耗和单位面积照明能耗方面，只有朝西住宅略低于其他朝向住宅[①]。这一现象可能由两个原因导致。第一，

① 仅以表中数据直观观察，可能认为朝南住宅的照明能耗水平高于其他朝向，但如果进行方差分析的话，朝南与其他朝向并不存在显著差异。

朝西的住宅与太阳落山方向一致，相对于其他朝向，朝西的房间保持明亮的时间要长一些，因此灯具的平均使用时间较短，照明能耗也较低。第二，总体来讲，客厅或卧室这两类房间使用灯具照明的机会和时间较多，而西向的房间一般不是客厅和卧室，所以其使用灯具照明的时间相对短些。

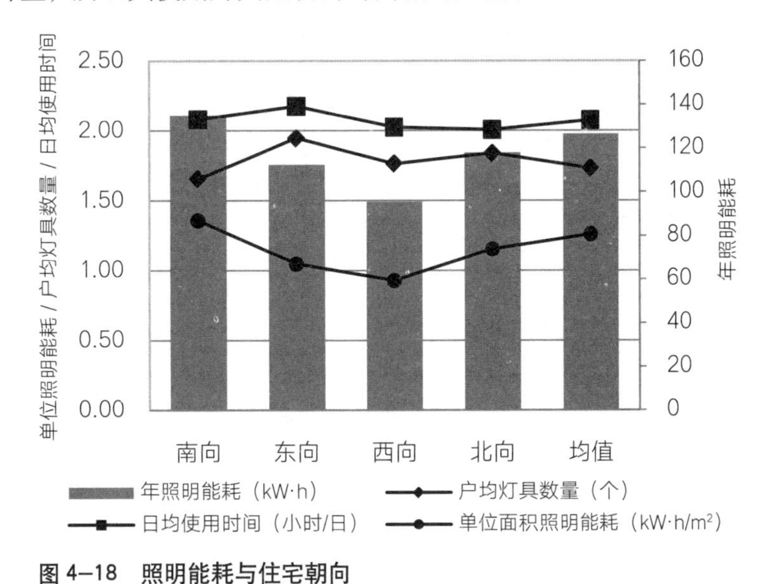

图 4–18　照明能耗与住宅朝向

表 4–9　家庭灯具安装及使用情况

		石家庄	郑州	太原	均值
户均灯具数量（盏）		—	12.68	11.48	12.02
灯具类型（%）	白炽灯	—	1.07	13.57	7.78
	荧光灯	—	4.92	6.07	5.56
	节能灯	—	92.87	80.36	86.66
日均使用时间（小时 / 日）		—	2.28	1.64	1.73
年照明能耗（kW·h）		130.09	110.44	138.41	126.77
单位面积照明能耗（kW·h/m^2）		1.57	1.04	1.29	1.26

参考文献

[1] 清华大学建筑节能研究中心 . 中国建筑节能年度发展研究报告 2013[M]. 北京 : 中国建筑工业出版社，2013.

[2] 陈淑琴，李念平 , 付祥钊 , 等 . 住宅建筑能耗统计方法的研究 [J]. 暖通空调 , 2007(3):44–48.

[3] 李振海，孙娟，吉野博 . 上海市住宅能源消费结构实测与分析 [J]. 同济大学学报 (自然科学版)，2009(3)：384–389.

[4] 叶红，潘玲阳，陈峰，等 . 城市家庭能耗直接碳排放影响因素——以厦门岛区为例 [J]. 生态学报 , 2010(14):3802–3811.

[5] 凌浩恕 , 谢静超 , 杨威 , 等 . 北京市城镇生活方式的环境与能源调查分析 [J]. 中国人口 · 资源与环境，2010(12)：35–39.

[6] 王丹寅，唐明方，任引，等 . 丽江市家庭能耗碳排放特征及影响因素 [J]. 生态学报 , 2012(24)：7716–7721.

[7] 中华人民共和国国家标准 . GB/T 2589—2008 综合能耗计算通则 [S]. 北京 : 中国标准出版社，2008.

[8] 清华大学建筑节能研究中心 . 中国建筑节能年度发展研究报告 2011[M]. 北京 : 中国建筑工业出版社，2011.

[9] 袁方 . 社会研究方法教程 [M]. 北京 : 北京大学出版社，1997.

[10] 何晓群 . 现代统计分析方法与应用 [M]. 北京 : 中国人民大学出版社，2007.

[11] Cao X, Mokhtarian P L, Handy S L. Examining the impacts of residential self - selection on travel behaviour: a focus on empirical findings[J]. Transport Reviews, 2009,29(3):359–395.

[12] Givoni B. Climate considerations in building and urban design[M]. New York: John Wiley, 1998.

[13] 江亿，林波荣，曾剑龙，等 . 住宅节能 [M]. 北京 : 中国建筑工业出版社 , 2006.

[14] 胡永红，秦俊，等 . 城镇居住区绿化改善热岛效应技术 [M]. 北京 : 中国建筑工业出版社 , 2010.

第五章

家庭交通能耗与住区形态的关系

第一节　家庭交通能耗的内涵与计算

一、家庭交通能耗分类

在估算居民交通能耗之前，我们首先应该对家庭交通目的的分类方法做一个归纳，进而指导研究交通能耗的构成分类。

国际上直接研究交通能耗的文献较少，不过我们可以借鉴交通行为研究中关于目的的分类方法。通常认为，研究家庭交通能耗与研究家庭（或居民）机动车交通距离类似，所以这里首先借鉴家庭机动车交通距离研究中的目的分类方法。在国外研究家庭机动车交通距离的相关文献中，有很多是以交通目的为划分依据的。例如，通勤需求的机动车交通距离研究（Cervero 和 Duncan[1]），非通勤需求的机动车交通距离研究（Boarnet 等[2]与 Chatman[3]），以及购物需求的机动车交通距离研究（Chatman[4]与 Cervero 和 Duncan[1]）等。另外，以交通目的为依据的分类方法还可见于家庭（或居民）交通模式选择和频率等其他类似的交通行为研究文献中。例如，步行方式通勤交通频率和步行方式非通勤交通频率，公共交通方式通勤交通频率和公共交通方式非通勤交通频率（Frank 等[5]）；以及商业区对居民交通行为影响中的步行到商店的频率（Handy[6]）等。

在家庭交通目的分类方面，国内相关研究仍以家庭总交通行为、能耗和碳排放为主，只有少数研究涉及某些细类交通研究。例如针对家庭购物交通频率和交通目的组合的研究（张文佳与柴彦威[7]）等。

综上可以看出，国外的相关研究通常以是否为工作交通作为依据对交通行为目的分类，划分为通勤交通和非通勤交通，有少数文献着重研究非通勤交通中的购物交通行为。国内相关研究对家庭交通行为也没有较系统的目的分类方法。因此本研究将基于国内外已有的通勤交通、非通勤交通两类常见交通分类，对家庭总交通能耗进行更深入的划分。

通勤出行指上下班和上下学。非通勤出行目的多种多样，在本研究中，我们选择了日常生活中出现频率最高的几种类型进行分析，具体包括：

（1）购物出行，目的地包括：菜市场、便利商店、大中型超市、百货商场；

（2）服务出行，目的地包括：邮局、银行、诊所药店、医院、体育场馆和健身房、餐厅酒吧、影剧院、课外辅导班；

（3）公园和绿地，目的地包括：公园（远）、绿地（近）；

（4）其他出行，包括：探亲访友、公务及其他。

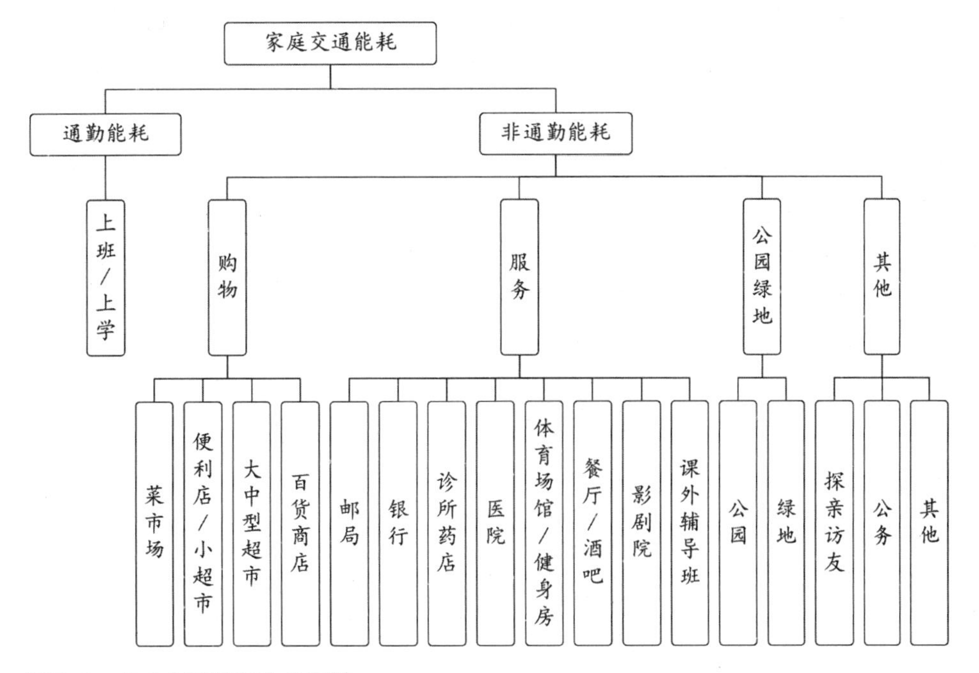

图 5–1　家庭交通能耗构成示意

如本书第三章第一节所述，与家庭交通能耗相关的形态要素可归纳为“6Ds”，即密度（density）、混合度（diversity）、设计（design）、目的地可达性（destination accessibility）、公交设施可达性（distance to transit）和需求管理（demand management）。通勤能耗主要与就业设施及就业地周边的“6Ds”要素有关，非通勤能耗主要与住宅区周边“6Ds”要素有关，如周边设施密度、步行环境等。也有一些“6Ds”形态要素对通勤和非通勤能耗都有影响，如公交站点和线路数量、路网结构、停车位供给情况等[8]。关于住区形态的家庭能耗研究以住区形态要素为重点，所采集的形态变量均在住区范围以内，所以无法对行为空间涉及城市维度的通勤行为做出解释，只能就“发生在住区范围内”的非通勤能耗展开。所以，后文将以家庭非通勤能耗为重点。

二、交通能耗的计算方法

家庭交通能耗以“年”为计量周期，能耗单位采用“千克标准煤（kgce）”。交通能耗为通勤能耗和非通勤能耗之和，通勤数据以“周”为单位进行采集，非通勤数据以“月”为单位进行采集，两者的计算方法略有差异。

（一）通勤能耗

通勤出行距离的计算采用家庭成员叠加方法，即以每个家庭成员每周通勤出行的次数、交通方式和单程距离（或时间）计算每个成员的周通勤能耗，再加总得出家庭通勤总能耗。具体公式见附录 3。

本研究中能源强度因子的取值将引用麻省理工学院（MIT）与清华大学建筑学院（2010）的相关研究结果。表 5-1 列出了本研究中主要 8 类家庭出行交通方式。其中包括：电动自行车、摩托车、出租车、私家车、公车、公交车、班车和快速公交（BRT）的能源强度因子。因为本研究假设步行和自行车等“人力”的交通出行方式不消耗能源，即能源强度因子为 0，所以表中不包含步行和自行车等“人力”交通出行方式。另外，公车、公交车、班车和 BRT 的能源强度因子已均摊至个人。

表 5-1 燃油经济性因子、燃油能源含量因子和能源强度因子表

交通工具 (m)	燃油经济性因子 (FEm)		×	燃油能源含量因子 (ECm)		=	能源强度因子 (EIm)	
电动自行车	0.021	kW·h/km	×	0.124	kgce/kW·h	=	0.003	kgce/km
摩托车	0.019	L/km	×	1.099	kgce/L	=	0.021	kgce/km
出租车	0.083	L/km	×	1.099	kgce/L	=	0.091	kgce/km

待续

续表

交通工具 (m)	燃油经济性因子 (FEm)		×	燃油能源含量因子 (ECm)		=	能源强度因子 (EIm)	
私家车	0.083	L/km	×	1.099	kgce/L	=	0.091	kgce/km
公车	0.114	L/km	×	1.099	kgce/L	=	0.125	kgce/km
公交车	0.017	L/km	×	1.215	kgce/L	=	0.020	kgce/km
班车	0.010	L/km	×	1.215	kgce/L	=	0.012	kgce/km
BRT	0.011	L/km	×	1.215	kgce/L	=	0.013	kgce/km

资料来源：MIT与清华大学建筑学院[9]；姜洋等[10]。

（二）非通勤能耗

非通勤出行能耗为家庭每月各类非通勤出行能耗之和，某类出行目的的能耗由月出行次数、交通方式和单程距离（或单程时间）计算得出。与通勤能耗不同的是，非通勤能耗以家庭作为一个整体而非成员个人为计算单位，因此不涉及同程搭载问题。具体计算公式参见附录4。

第二节 家庭交通能耗总体特征

一、四城市家庭交通能耗

（一）济南家庭交通能耗

济南调查分两批进行，第一批问卷没有调查交通工具保有情况，出行信息采集方式也与其他城市的问卷不同，因此交通能耗分析将不使用这部分数据。第二批问卷于2010年采集，共收集了12个住区的1500余个家庭样本。住区样本比较集中于济南老城，其中包括2个商埠区的街坊。

济南样本家庭年均交通能耗为513.24kgce，其中非通勤能耗22.14kgce，占总交通能耗的4.31%，通勤是家庭日常出行活动中的绝对主角。家庭年均出行距离1.58万km，其中非通勤出行距离936.76km，占总出行距离的8.09%。交通能耗是由距离和出行方式决定的，济南家庭非通勤出行的距离占比高于其能耗占比。也就是说，与通勤出行相比，济南家庭的非通勤出行能耗强度较低。

变异系数可以在单位不同的情况下比较数据的离散程度。表 5–2 中通勤与非通勤出行的距离和能耗的变异系数都非常大，远高于生活能耗（详见第四章），反映出不同家庭在交通行为及能耗上的显著不同。出行距离数据的离散程度整体上低于能耗，说明出行方式是造成能耗差异的主要原因。

表 5–2 济南家庭交通能耗构成及出行距离（年均）

	能耗				距离			
	能耗(kgce/年)	比重(%)	标准差	变异系数(%)	距离(km/年)	比重(%)	标准差	变异系数(%)
通勤	491.10	95.69	1589.20	323.60	10646.41	91.91	21612.40	203.00
非通勤	22.14	4.31	63.81	288.21	936.76	8.09	1958.95	209.12
合计	513.24	—	1598.31	311.42	11583.16	—	21763.13	187.89

（二）石家庄家庭交通能耗

石家庄调查于 2012 年 9 月至 12 月进行，共搜集了 10 个住区的 600 个家庭样本。石家庄样本的年均家庭交通能耗为 383.80kgce，年均出行距离为 1.40 万 km。其中，年均非通勤能耗 37.48kgce，占总交通能耗的 9.77%；年均非通勤距离 1595.74km，占总出行距离的 11.36%，通勤仍占家庭日常出行距离和能耗的绝大部分。变异系数方面，非通勤能耗最高，通勤能耗次之，距离最小，可见出行方式仍是影响家庭出行行为与能耗的重要方面，而且对非通勤能耗的影响尤为突出。

表 5–3 石家庄家庭交通能耗构成及出行距离（年均）

	能耗				距离			
	能耗(kgce/年)	比重(%)	标准差	变异系数(%)	距离(km/年)	比重(%)	标准差	变异系数(%)
通勤	346.32	90.23	750.87	216.82	12454.04	88.64	13831.06	111.06
非通勤	37.48	9.77	110.19	293.97	1595.74	11.36	1862.62	116.72
合计	383.80	—	774.58	201.82	14049.79	—	14068.77	100.14

（三）郑州家庭交通能耗

郑州调查于 2013 年 7 月至 12 月进行，共搜集了 20 个住区的 1199 个家庭样本。住区样本向近年新建高层住区有所倾斜，位置上也更偏向中心城边缘及新开发地区，因此家庭出行距离和能耗都略偏高。郑州样本家庭年均交通能耗 549.37kgce，年均出行距离 2.64 万 km。其中，非通勤能耗 119.14kgce，占总交通能耗的 21.69%，年均非通勤出行距离 4546.54km，占总出行距离的 17.20%，非通勤能耗及距离占比是所有案例城市中最高的。造成以上差异的主要原因除上述抽样侧重点的不同外，还与城市结构和住宅区周边服务设施情况有关，将在四城市横向比较部分详细说明。

郑州家庭交通距离和能耗的变异系数较低，反映出样本家庭在出行模式上的一致性。非通勤距离和能耗的变异系数比通勤高，反映出样本住区周边服务设施等方面的差异较大，说明郑州家庭在非通勤目的地及出行方式上差异较大，而通勤距离及方式差异较小。

表 5–4　郑州家庭交通能耗构成及出行距离（年均）

	能　耗				距　离			
	能耗（kgce/年）	比重（%）	标准差	变异系数（%）	距离（km/年）	比重（%）	标准差	变异系数（%）
通勤	430.24	78.31	685.33	159.29	22836.32	86.39	19949.75	87.36
非通勤	119.14	21.69	283.82	238.23	4546.54	17.20	6933.67	152.50
合计	549.37	—	846.22	154.03	26435.15	—	23335.28	88.27

（四）太原家庭交通能耗

太原调查于 2013 年 11 月至次年 1 月进行，共收集了 16 个住区的 1337 个家庭样本。太原样本家庭年均交通能耗 265.08kgce，年均出行距离 1.23 万 km。其中，年均非通勤能耗 222.30kgce，占总交通能耗的 16.14%，年均非通勤出行距离 1502.35km，占总出行距离的 12.25%。

太原家庭的出行距离变异系数较高，反映出不同家庭在出行目的地上的多样性以及出行方式上的相似性。非通勤能耗变异系数高于通勤。也就是说，与通勤相比，非通勤出行方式相对更多样一些。

表 5-5　太原家庭交通能耗构成及出行距离（年均）

	能　耗				距　离			
	能耗（kgce/年）	比重（%）	标准差	变异系数（%）	距离（km/年）	比重（%）	标准差	变异系数（%）
通勤	222.30	83.86	411.60	185.16	10698.36	87.21	25758.69	240.77
非通勤	42.78	16.14	135.06	315.71	1502.35	12.25	3595.02	239.29
合计	265.08	—	454.18	171.34	12267.90	—	26079.99	212.59

二、四城市家庭交通能耗比较

表 5-6 和图 5-2 将四案例城市的平均家庭交通距离及能耗进行了比较。四城市的样本家庭年平均交通能耗在 260 ~ 510kgce，其中，非通勤能耗为 20 ~ 120kgce，占总交通能耗的 5% ~ 20%，城市间差异非常明显。从出行距离上看，四城市样本家庭的年平均出行距离在 1.2 万～ 2.6 万 km，其中，非通勤距离为 900 ~ 4500km，占总出行距离的 8% ~ 17%。非通勤出行距离差异比非通勤能耗略小，暗示四城市家庭在交通工具选择上也存在明显不同。

抛开城市差异，以总体均值来看，非通勤能耗占总交通能耗的 10.68%，非通勤出行距离占总出行距离的 12.08%。不论从能耗还是距离来看，居民日常出行都是以通勤出行为主的。四个案例城市的通勤距离的差异反映出这些城市的样本住区职住分离的状况不同，而非通勤能耗距离的差异折射出四城市样本住宅区与周边乃至更大区域的服务设施水平的高低。

表 5–6 案例城市家庭交通能耗构成及出行距离比较

	济南(2010)	石家庄(2012)	郑州(2013)	太原(2014)	均值
能耗：kgce/年					
通勤能耗	491.10	346.32	430.24	222.30	411.62
非通勤能耗	22.14	37.48	119.14	42.78	47.63
总交通能耗	513.24	383.80	549.37	265.08	459.25
非通勤能耗比重（%）	4.31	9.77	21.69	16.14	10.68
距离：km/年					
通勤距离	10646.41	12454.05	22836.32	10698.36	13236.12
非通勤距离	936.76	1595.74	4546.54	1502.35	1852.67
总出行距离	11583.17	14049.79	26435.15	12267.90	14881.27
非通勤距离比重（%）	8.09	11.36	17.20	12.25	12.08

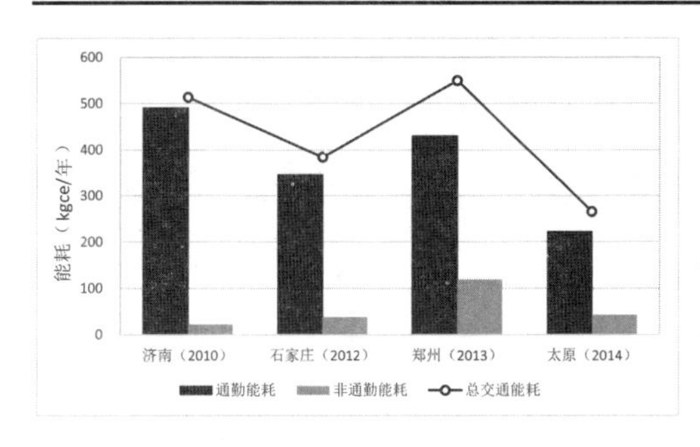

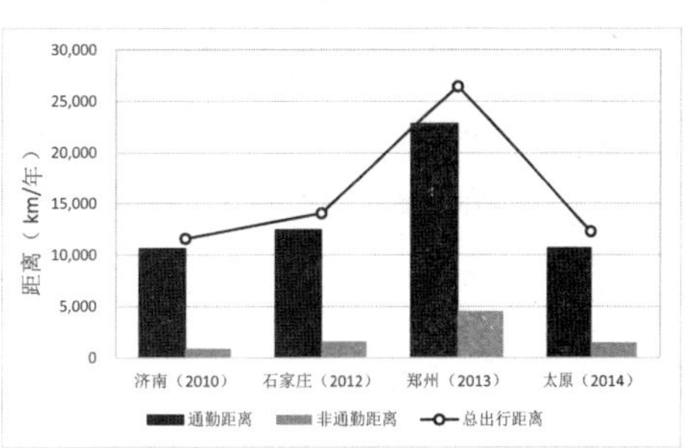

图 5–2 案例城市交通能耗（左）及出行距离（右）构成

在通勤距离方面，郑州的居民年通勤距离最高，超过 2 万 km，比其他三个城市高出约一倍。一方面可能与郑州样本偏向城市边缘新建住区有关；另一方面也可能是城市规模差异造成的。郑州市建成区面积最大，且呈“摊大饼”同心圆式扩张，几个工业区也位于城市外围的各个方向，比较分散，还有铁路横穿市区，这些因素都使得居民的通勤距离变大。其余三个城市的通勤平均距离相差不大。从通勤能耗上看，四个城市之间的相对关系有了明显变化。济南超越郑州，成为通勤能耗最高的城市，原因主要来自通勤方式，济南居民更倾向于私家车等高能耗出行方式，而郑州家庭的出行方式总体上比较节能。济南的经济发展水平在四城市中是最高的，所以私家车保有率和出行率也比较高。

四城市的非通勤距离及能耗都和通勤距离及能耗的关系类似，郑州在能耗和距离两方面都是最高的，且远远高于其他三个城市。可见建成区范围较大、“摊大饼”、同心圆式的蔓延不仅会加剧通勤能耗，也会使得非通勤能耗急剧升高。太原市建成区被汾河分成两岸，主要商业中心都在东岸，西岸缺少高级别的商业网点，这可能是其非通勤能耗较高的一个重要原因。济南虽然通勤能耗高，非通勤能耗却是四个城市中最低的。我们认为济南相对多中心的商业中心结构及高可达性的住宅区周边配套服务设施功不可没。

第三节 家庭非通勤能耗模型

统计模型是目前家庭交通能耗研究常用的分析方法。由于交通能耗影响因素的丰富性，以及相互作用的复杂性，多元线性回归模型难以胜任，而结构方程模型是近年来较受推崇的分析方法[12]。如本章第一节所述，住区形态主要与家庭交通能耗中的非通勤能耗有关，而通勤能耗由于其行为空间超越了住区空间范畴，并不适宜与住区形态进行相关分析。综上，本节将以家庭非通勤能耗为核心因变量构建结构方程模型，重点关注住区形态对非通勤能耗的影响。本小节仅简要介绍模型结果，下一节将对非通勤能耗与住区形态的关系进行详细描述分析，模型理论构建、估计和路径分析的详细内容将在附录中说明。

一、理论模型

根据“6Ds”理论，影响家庭非通勤能耗的环境因素主要包括“密度”“混合度”“设计”“目的地可达性”“公交设施可达性”和“需求管理”六个方面。除此之外，非通勤能耗还与家庭社会、经济特征和交通工具保有情况有关。在本节，我们以上述解释变量为元素，延续生活能耗理论框架，在“态度中介”模式的基础上构建家庭非通勤能耗模型。

由于模型包含类别因变量。使用均差方差调整加权最小二乘法（mean and

variance-adjusted WLS，WLSMV），运算在 Mplus 中进行。经计算（表 5-7），模型卡方值较小，RMSEA、WRMR 和 CFI 均符合适配标准。由于未删除不显著路径，与模型复杂度有关的 TLI 未能达标，但综合几项指标来看，模型质量还是比较理想的。各变量对家庭空调能耗的效果分解结果如下（表 5-8）：

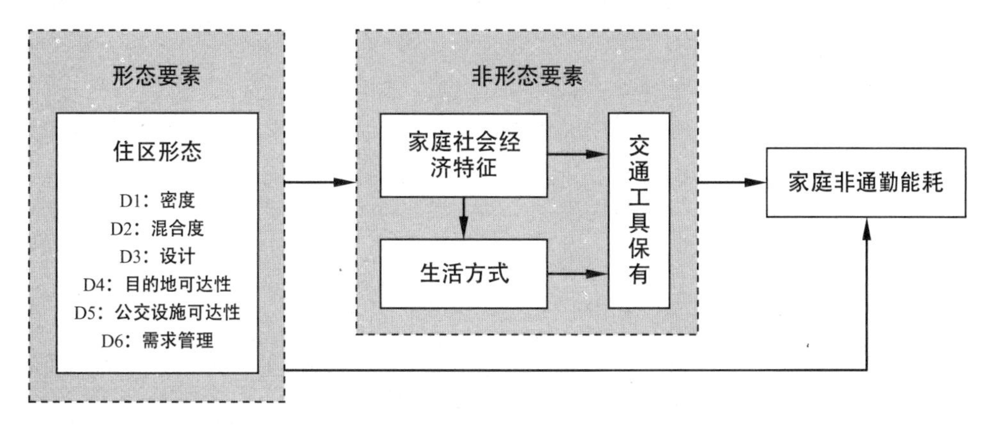

图 5-3　家庭非通勤能耗理论模型

表 5-7　家庭非通勤能耗模型适配情况

模型适配指标	含　　义	标准	模型
x^2	卡方值：由最小差异函数转换而来的统计量，卡方值越大，表示模型越不合适。样本数的大小会影响卡方值，模型估计越复杂，卡方值越小，资料不符合多元正态或有共线现象，卡方值容易膨胀。	越小越好	104.355
P	卡方值显著性检验：理论上要求不显著，即 P>0。但实际上只要样本数量较大，P 值一般都是显著的。	>0	0
RMSEA	渐进残差均方和平方根：通常被视为最重要的适配指标，不需要基准线模型的绝对性指标，不易受样本多寡影响。小于 0.05 表示适配度很好，0.05 ~ 0.08 为适配良好，0.08 ~ 0.1 表示适配一般。	<0.08	0.045
CFI	比较性适配指标：可反映假设模型与独立模型之间的差异程度，同时考虑到被检验模型与中央卡方分配的离散型。越接近 1 表示适配越理想。	>0.9	0.974
TLI	非规范适配指标：修正了的 NFI，几乎不受样本数量影响。其值接近 1 表示适配良好。	>0.9	0.643
WRMR	加权残差均方根：适用于样本变量的方差差别大，因变量非正态分布，样本统计量测量尺度不同等情况。	≤1	0.681

表 5–8 各解释变量对家庭空调能耗的总效果、直接效果和间接效果

		未标准化效果			标准化效果		
		总	间接	直接	总	间接	直接
家庭社会经济特征	成员数量	0.165**	0.240**	−0.075*	0.087	0.126	−0.039
	平均年龄						
	平均教育年限	0.086**	0.092**		0.109	0.118	
	人均收入	0.056*	0.152**	−0.096**	0.030	0.081	−0.051
交通工具	自行车						
	电动车	0.153**		0.153**	0.052		0.052
	私家车	0.726**		0.726**	0.474		0.474
	月票	0.158**		0.158**	0.086		0.086
生活方式	家庭型	0.130**	0.120**		0.071	0.065	
	工作型						
	通勤型	0.580**	0.147**	0.432**	0.353	0.090	0.264
	社区型	0.595**	0.123**	0.473**	0.412	0.085	0.327
住区形态	设施平均营业规模						
	设施混合度	−1.950**		−1.694**	−0.091		−0.079
	设施分布形式	−1.271**	−3.057**	1.786**	−0.077	−0.186	0.109
	入口密度	−0.405**		−0.480**	−0.108		−0.128
	公交线路数量	0.019**	0.022**		0.079	0.094	
	交叉口间距	0.043*	0.035*		0.030	0.024	
	与城市中心距离						
	地下车库	0.220*	0.440**		0.046	0.092	

注：以星号标注显著水平。其中，**表示在置信度为0.05时显著，*表示在置信度0.1时显著。未通过检验（p<0.1）的数据未列出。

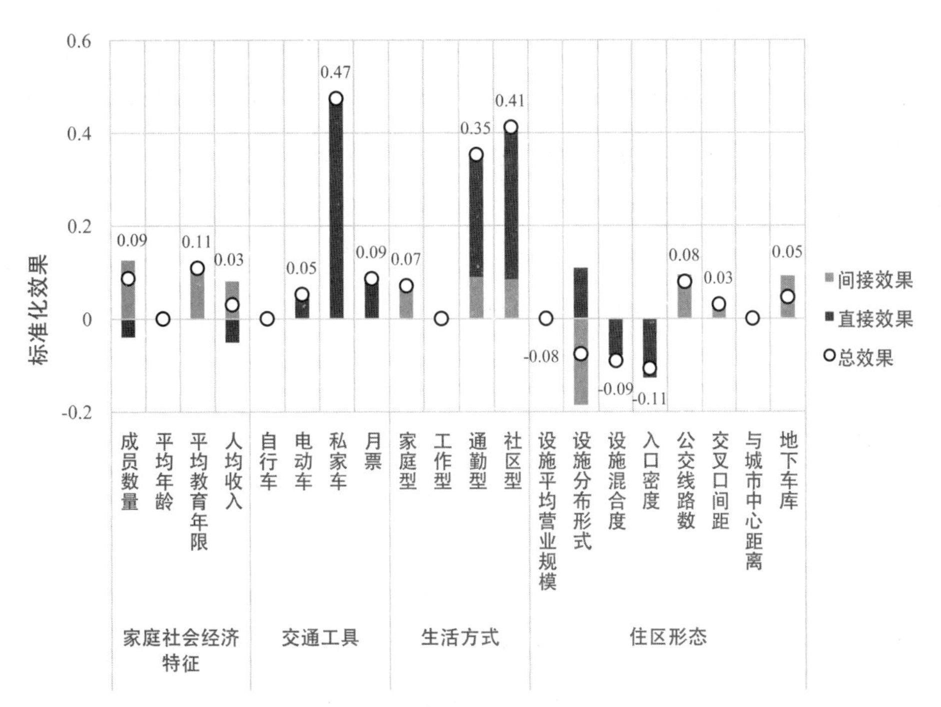

图 5–4　各解释变量对家庭非通勤能耗的标准化效果分解

经模型估计，住区形态、家庭社会经济特征、生活方式和交通工具保有情况均对家庭非通勤能耗具有不同程度的影响。其中交通工具（尤其是机动车）和生活方式对非通勤能耗的影响较强，住区形态的影响整体偏弱且以间接影响为主，即住区形态主要通过出行方式选择间接影响非通勤能耗。住区形态对非通勤能耗的作用偏弱，这是因为非通勤能耗与交通工具的关系特别密切，而交通工具选择具有较高的人为影响和不确定性，使得住区形态的影响力难以凸显。

二、不同因素与非通勤能耗的关系概述

（一）非形态因素与非通勤能耗

根据理论模型，交通工具对家庭非通勤能耗的影响只有直接效果，家庭社会经济特征、生活方式则有直接和间接两种效果。

四类交通工具中，私家车对非通勤能耗具有显著促进作用，也是所有变量中总效果最大的。家庭每增加一辆机动车，家庭非通勤能耗将提高 72.6%。能耗强度过高是导致机动车高能耗的主要原因（详见表 5–1）。月票和电动自行车对非通勤能耗具有微弱的正效果，因为这两种交通方式需要消耗能源，效果为正也在情理之中，但二者的标准化效果远低于机动车。也就是说，与私家车相比，公交和电动自行车仍是相当节能的出行方式。

家庭特征中，成员数量、收入和教育年限对非通勤能耗的总效果为正，人口多、收入高、教育水平高的家庭非通勤能耗更高，且这三个家庭特征要素对非通勤能耗的影响主要通过出行方式间接体现。

生活方式潜类别变量以能源消费行为为表征，与能耗的关系比态度倾向更直接，因此效果也比较强。与一般家庭相比，家庭型、通勤型和社区型生活方式的家庭非通勤能耗较高。通勤型和社区型生活方式的总效果基本都是直接效果，导致这两类生活方式高能耗的原因在于非通勤频率高、距离长。家庭型生活方式的影响均为间接效果，该类生活方式的高能耗主要与不节能的出行方式有关。

（二）住区形态与非通勤能耗

家庭非通勤能耗模型包括 8 个住区形态变量，它们从“6Ds”理论提出的 6 个维度（密度、混合度、设计、公共设施可达性、目的地可达性和需求管理）对住区形态进行了量化。其中，“密度”维度以“设施平均营业规模”变量表示；“混合度”维度以“设施混合度”变量表示；“设计”维度以“设施分布形式”和“入口密度”变量表示；“公交设施可达性”以“公交线路数量”变量表示；“目的地可达性”以“与城市中心距离”变量表示；“需求管理”以“地下车库”变量表示。

经估计，设施混合度对非通勤能耗的直接效果为正，高混合度住区的家庭非通勤频率和距离较高。但混合度的总间接效果为负且绝对值大于直接效果，其中又以经机动车数量传达的间接效果所占比重最大，说明高混合度能有效降低家庭购买和使用机动车的概率，进而降低非通勤能耗。也就是说，高混合度能鼓励居民更频繁的出行，但由于出行方式更节能，非通勤能耗仍是下降的。设施分布形式对非通勤能耗的总效果为负，分散式布局有利于节约非通勤能耗。设施平均规模对非通勤能耗没有显著影响。

入口密度对家庭非通勤能耗的效果显著为负且以直接效果为主，增加住区出入口数量有助于提高住宅区周边服务设施的可达性，显著缩短非通勤出行距离，进而降低家庭非通勤能耗。

公交线路数量在一定程度上代表住区公交服务水平。经计算，公交线路数量对非通勤能耗的影响均为间接效果。公交服务水平与特定家庭特征和生活方式有关，便利的公交服务可能促进居民更频繁进行非通勤出行，因此公交线路数量对非通勤能耗的总效果也是正的。但公交线路数量的标准化效果值远小于私家车。与私家车相比，公交仍是相当节能的出行方式。

路网密度以交叉口间距表示。交叉口间距对非通勤能耗的影响以间接效果为主，“小网格、高密度”地区的家庭非通勤能耗更低。高路网密度有助于鼓励居民更多选择步行和电动自行车等低能耗方式出行，从而导致能耗下降。另外，路网结构也与沿街服务设施有关，这些设施在小网格地区的发育情况往往优于大网格地区。当沿街出行目的地增加时，步行和自行车等轻量化、灵活性出行方式就显得比机动车更具优势。

城市中心可达性对非通勤能耗的直接、间接和总效果均不显著。城市中心可达性与非通勤出行的关系不大，家庭日常出行较少以城市中心为目的地，反而与住宅区周边的关联更强。

停车方便与否也是影响私家车购买和使用的重要因素。有地下车库住区的私家车保有率明显高于无地下车库住区，间接导致能耗上升。

以上对家庭非通勤能耗模型的主要结论进行了简要介绍。接下来将对非通勤行为及能耗数据与模型结果进行耦合分析，深入挖掘住区形态与非通勤能耗的关系。

第四节　非通勤能耗与住区形态

在分析非通勤行为及能耗与住区形态的关系之前，先对样本家庭交通工具保有情况及非通勤能耗特征进行简要分析。不同交通工具的能耗强度差异巨大，可以说，交通工具保有情况是决定非通勤能耗的不可或缺的因素之一。另外，对非通勤能耗及行为特征形成基本性的认识，也对后文深入挖掘非通勤能耗与住区形态的关系更为有利。

一、家庭交通工具保有情况

交通工具是影响出行方式和交通能耗的重要因素。图 5–5 显示了自行车、电动车、摩托车和汽车这四种常用交通工具在不同家庭中的数量。四种交通工具中，自行车的保有率最高（63.78%），其次为电动自行车（41.42%）和汽车（36.19%），摩托车的普及率最低（6.60%）。

在自行车保有方面，只有 1 辆自行车的家庭比例最高，占所有家庭的 41.05%；拥有 2 辆或更多自行车的家庭占样本家庭总数的比例不足四分之一。在过去三十年中，自行车在我国家庭交通生活中的重要性有所下降，曾经人人必备的自行车正逐渐被多样化的出行方式所取代。

电动自行车是近几年发展迅速的交通工具，样本家庭中的 41.42% 拥有电动自行车，其中约四分之三的家庭拥有一辆，四分之一拥有两辆或更多。电动自行车比自行车省力，能胜任更远的出行距离，又比摩托车轻便、价格便宜，不需要驾驶执照，入门门槛低，所以近几年得到快速普及，一定程度上取代了自行车和摩托车的位置。

汽车的家庭保有率位于第三，达 36.19%，其中约 5% 的家庭拥有不止 1 辆。私家车适用于各种距离尤其是远距离出行，舒适性在各种交通工具中最高。随着家庭收入水平的不断提高，追求品质型生活的家庭越来越多，私家车已逐渐进入寻常家庭，成为普及化的现代代步工具。在样本家庭中，72.15% 的家庭有驾照，有驾照家庭的数量是有车家庭的 2 倍，也就是说，还有将近三成的家庭具备购车潜力，未来几年私家车普及率还会继续上升。

相对于汽车，摩托车价格更便宜，也适用于远距离出行，但舒适性差，而且同时最多只能搭乘两人，不适合多成员家庭，因此保有率较低，仅为 6.60%。

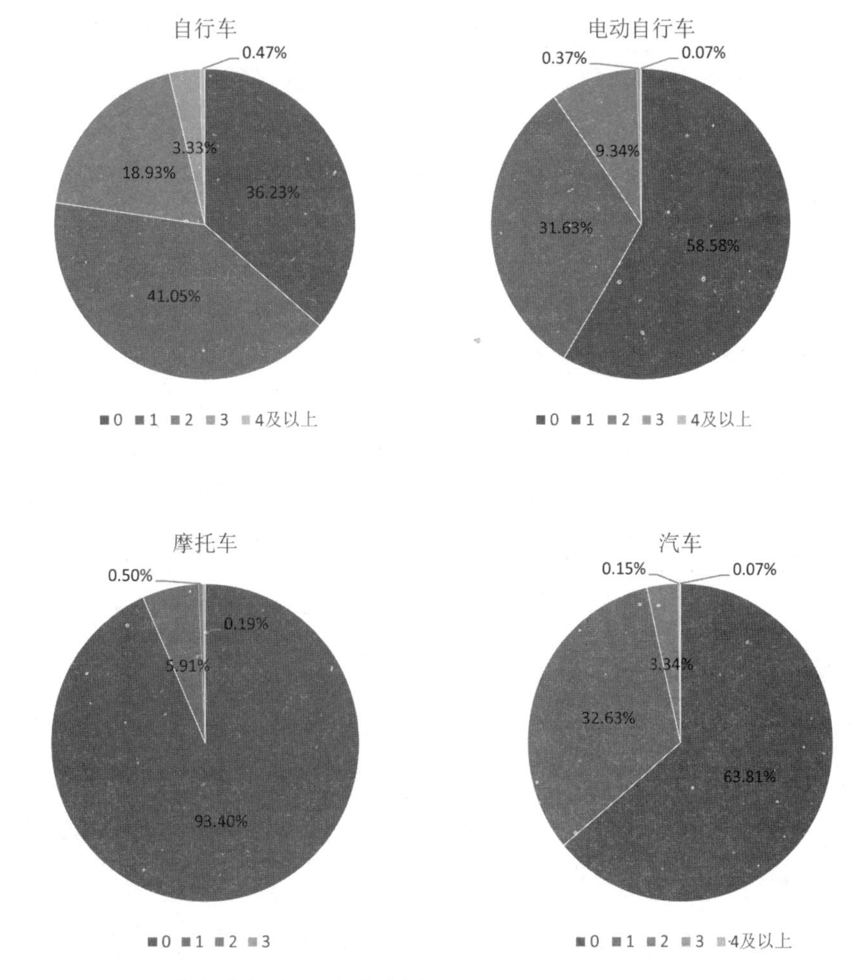

图 5–5 四种常用交通工具保有比例

研究还调查了家庭拥有的公交月票数量的情况，虽然月票不是交通工具，但也能在一定程度上反映家庭成员对公共交通工具的使用频率。月票持有者选择公共交通出行的概率一般比没有月票者高，所以如果一个家庭的大多数成员都有月票，那么这个家庭的公交出行比例可能会比较高。经统计，68.34% 的被访家庭持有月票，26.10% 的家庭持有 1 张月票，30.19% 持有 2 张月票，持有 1 张与 2 张月票的家庭比例相近，这与交通工具的情况完全不同，拥有任何交通工具中 2 辆的家庭的比例都明显低于 1 辆的家庭。我们以月票持有比例——家庭持有的月票数与成员总数的比值——表示家庭成员对公共交通工具的使用频率。样本家庭的平均月票持有比例为 0.43。也就是说，平均每个家庭中约有一半成员持有月票，虽然这并不代表有一半家庭成员一定会选择公交出行，但至少这些占到总数一半的月票持有者在出行时会考虑甚至优先考虑使用公共交通工具。

由于摩托车保有率过低，因此我们不再对摩托车相关的内容进行分析，而重点关注自行车、电动自行车、私家车和公交月票与家庭特征及建成环境的关系。

二、家庭交通工具与住区形态的关系

住区形态是影响家庭交通工具选择的重要方面。大量国内外研究关注建成环境与交通工具选择及出行行为间的联系，取得了丰硕的成果。例如相关研究证明了高土地利用或功能混合度能够减少私家车使用率[11]，小尺度、功能混合的街区能够促进步行和自行车出行等[10]。本小节将关注建成环境与家庭交通工具选择的关系。

图 5-6 显示了住宅区周边设施混合度与家庭交通工具保有量的散点关系。四种交通方式中，电动自行车和私家车与住宅区周边设施混合度的关系不显著，趋势线几乎为水平直线。自行车与设施混合度呈明显正相关关系，表明设施混度高的街区，居民拥有自行车的数量较高，尤其当设施混合度介于 0.4 ～ 0.6 时，这种正相关趋势非常强烈。家庭平均公交月票数与住宅区周边设施混合度呈负向关系，表明混合度高的街区居民选择公交出行的可能性较低。住宅区周边设施混合度高意味着服务设施类型丰富且各类设施数量相对平均，居民不必远距离出行就可以方便地获取某项服务，而公交更适合中远距离出行，因此高混合度住区居民对公交车的依赖度较低。综上，高混合度的街区形态有助于促进居民选择自行车，但并不能减少居民购买私家车的需求。

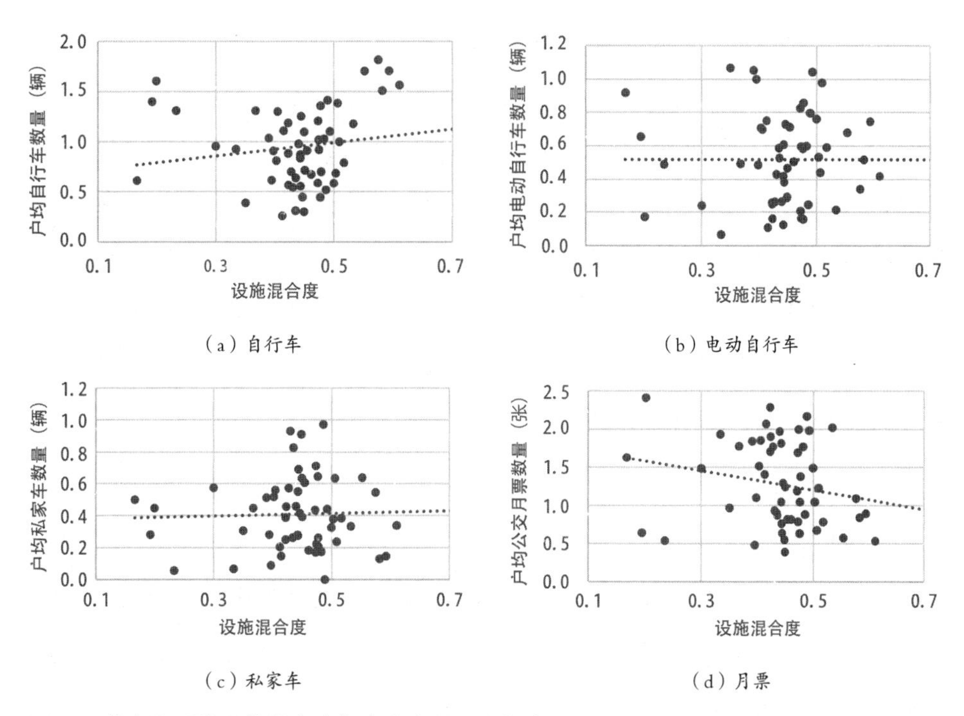

图 5–6　住宅区周边设施混合度与家庭交通工具保有量

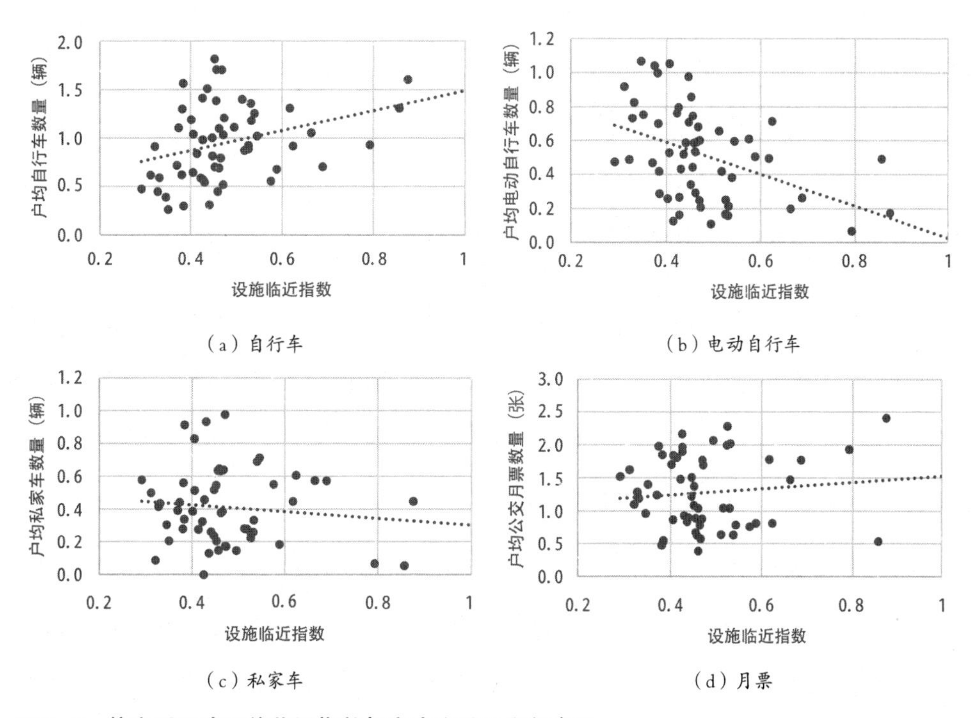

图 5–7　住宅区周边设施临近指数与家庭交通工具保有量

图 5–7 显示住宅区周边设施分布形式与家庭交通工具保有量间的关系。设施临近指数是关于住宅区周边设施分布模式的指标，指数小于 1 表明模式为聚集性的，数值越小聚集趋势越显著。由于住宅区周边服务设施大多数沿道路分布，不会呈现随机分布状态，因此样本住区的设施临近指数都小于 1，表明设施都比较集中。数值大的表示分布相对分散，数值小表示较为集中。如果设施分布较为分散，对于居住在街区不同位置的所有家庭来说，前往每个设施的平均距离都比较短；如果设施相对集中，对于临近集中点的居民来讲，出行距离很短，但远离集中点的居民出行距离则会大大延长。

从图 5–7a 中可以看出，家庭平均自行车保有量与设施临近指数呈显著正相关关系，即设施临近指数越高（也就是设施分布相对分散）的住区，家庭拥有自行车的数量越多。而电动自行车的情况则相反，设施临近指数越高的住区，家庭拥有电动车的数量越少（图 5–6b），这表明电动车主要用于较远距离的出行。私家车保有量也和设施临近指数具有一定负向关系，公交月票则是略呈正相关。综上可知，分散布局住区服务设施（设施临近指数高）有助于提高家庭自行车保有量并降低购买机动化交通工具的可能性，进而有可能对提高自行车出行比例并减少高能耗交通工具的使用有所帮助。

三、非通勤出行及能耗特征

在第二章中我们研究了城市空间结构与居民个体交通能耗的关系。本节我们将使用问卷调查数据分析家庭非通勤出行行为及能耗特征。非通勤行为以家庭为单位，我们在调查中询问了被访家庭每月各种非通勤出行的次数、方式、单程距离和时间，具体包括的出行类型详见图 5–1。

（一）非通勤出行频率

调查共搜集到 2 万余条家庭非通勤出行数据，涉及 16 万余次非通勤出行，将这些出行记录按图 5–1 所示分类整理如下（表 5–9）。家庭月均非通勤总次数为 40.04 次[①]。在 17 种不同目的的出行活动中，菜市场的出行频率最高，月均出行 14.95 次，占月总出行次数的 37%，平均每两天一次。其次是便利店和小超市，月均出行 5.95 次，占月总出行次数的 15%。此外，出行较为频繁的还有大、中型超市和附近绿地，月均出行次数分别为 4.29 次和 4.17 次，占月总出行次数的 11% 和 10%。在四项月均大于 4 次（也就是每周至少一次）的出行中，以购物为目的的出行占到三项（菜市场、便利店和大、中型超市）。四项购物出行次数之和占总出行次数的 66%，其中菜市场又占超过一半多。可见家庭日常非通勤出行是以购物，特别是消耗量大的蔬菜食品为主的。

公园绿地方面，附近绿地的平均出行频率为 4.17 次 / 月，距离较远的公园为 1.79 次 / 月，绿地的使用频率约为公园的 2.3 倍。可见城市绿化资源的利用率对距离比较敏感，住宅区周边绿地的利用效率高于大中型公园。因此，在城市绿地总量不变的情况下，分散布局将比集中布局获得更高的利用效率。

服务设施中，医院的月均出行次数最高，为 2.16 次 / 月，其后依次为银行（1.2 次 / 月）、邮局（0.79 次 / 月）、诊所 / 药店（2.16 次 / 月）、课外辅导班（0.60 次 / 月）、体院馆 / 健身房（0.57 次 / 月）、餐馆 / 酒吧（0.57 次 / 月）和影剧院（0.24 次 / 月）。设施的出行频率反映出需求的强弱，也就是说，家庭需求最高的服务设施为医疗类及银行、邮政，餐饮、健身较低，需求最低的是文化娱乐类设施。

表 5–9 家庭非通勤出行频率

单位：次 / 月

目的	购物				公园绿地		其他		
	菜市场	便利店 / 小超市	大、中型超市	百货商店	公园	绿地	探亲访友	公务	其他
频率	14.95	5.95	4.29	1.31	1.79	4.17	0.56	0.15	0.03

目的	服务								合计
	邮局	银行	诊所 / 药店	医院	体育场馆 / 健身房	餐厅 / 酒吧	影剧院	课外辅导班	
频率	0.79	1.20	0.71	2.16	0.57	0.57	0.24	0.60	40.04

① 由于出行数据由被访者凭记忆填写，且涉及家庭一个月内出行活动，时间跨度较大，遗忘现象比出行日志调查多。

（二）非通勤出行方式

接下来我们分析家庭去各类设施时所采用的出行方式。图 5-8 显示了购物、公园绿地、服务和其他四大类出行及总体的交通工具分担率。总体上，步行承担约一半的非通勤出行（50.65%），自行车承担 8.08%，两项之和为 58.73%，即家庭非通勤出行中的 58.73% 为“零能耗”出行。机动化交通方式中，私家车的非通勤出行分担率最高，为 17.80%，其次为公交车（11.36%）和电动自行车（10.00%）。

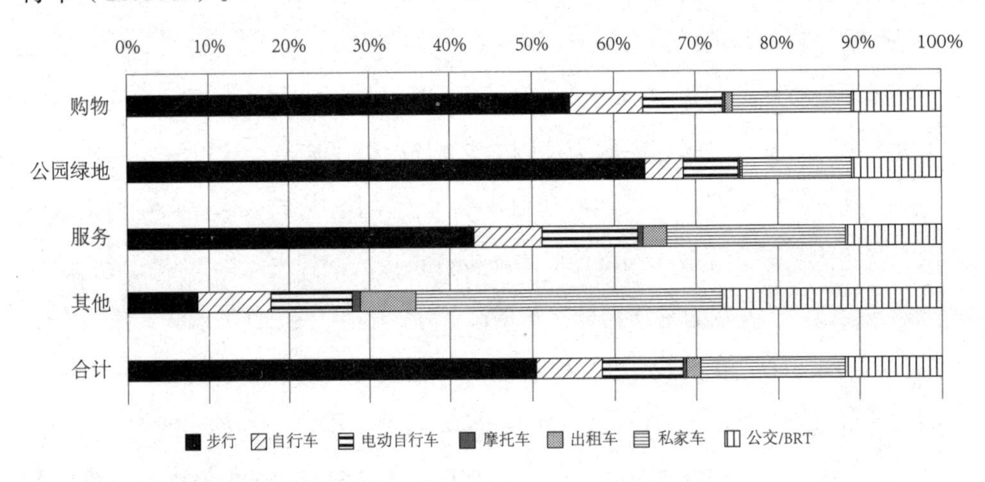

图 5-8 四大类非通勤出行分担率

以类型来看，公园绿地出行中步行的分担率最高，为 64.09%；购物其次（55%）；服务类为 43.14%；而其他出行中步行的分担率不足 10%，因为其他出行包括探亲访友、公务等，平均出行距离较远。除其他出行外，服务类中私家车的出行分担率最高，达到 22.08%；公园绿地的私家车分担率最低，为 13.56%；购物为 14.65%。由此可见，其他和服务类出行的机动化率较高，购物和公园绿地出行则以步行和自行车方式为主。

图 5-9 显示了各项非通勤出行的具体交通分担情况。购物出行中，菜市场和便利店的步行分担率均超出 70%，步行与自行车的联合分担率高达 85% 以上；大、中型超市和百货商店出行的机动化程度则明显提高，因为这两种设施平均出行距离远。附近绿地的步行出行率最高，接近 90%，而公园的步行出行率则低很多，

仅为 35% 左右。各类服务设施中，邮局、医院、诊所药店及银行的步行和自行车分担率较高，均超过一半；体育场馆、餐饮酒吧、影剧院及课外辅导班则是私家车的分担率最高，达到 40%。

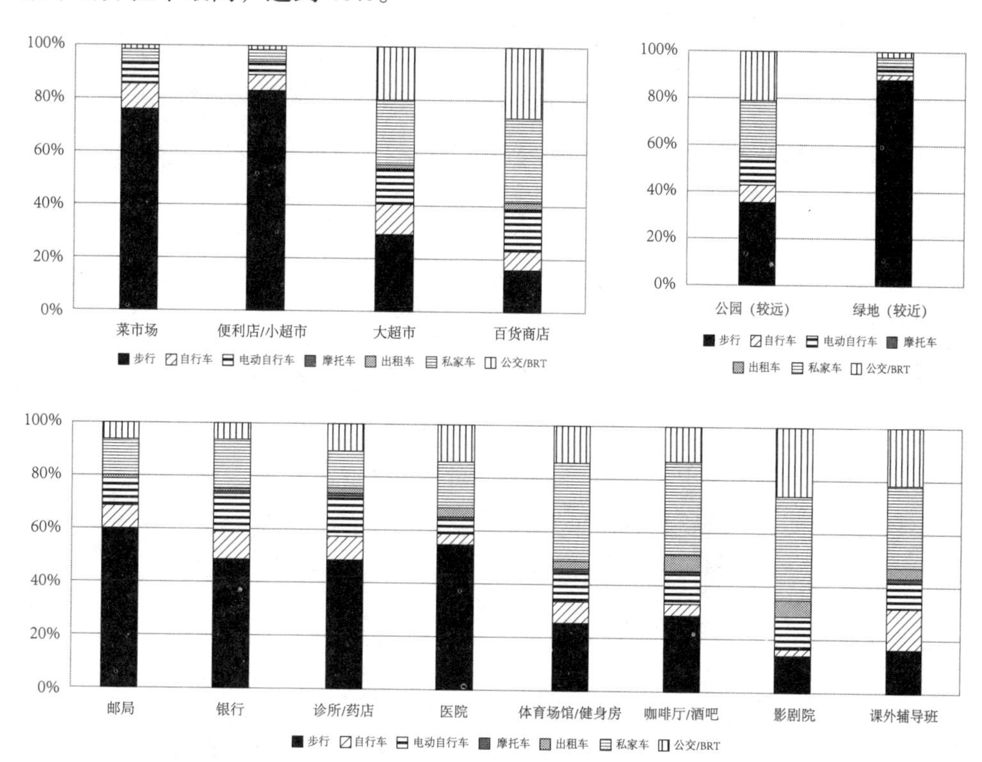

图 5–9　以目的细分的非通勤出行分担率

从以上数据可以看出，当目的地为基础性的、平均消费较低的商业或服务设施时，非机动化出行的比例高（如菜市场、便利店、绿地、邮局等）；而当目的地为非必需的、消费水平较高的设施时，机动化出行的比例较高（如百货商店、影剧院）。一方面，非基础性商业服务设施的数量相对较少，平均交通距离长，所以机动化出行率较高。另一方面，因为不同目的的出行对应着不同消费水平的家庭，例如体育场馆、影剧院这些相对高级的服务设施，高收入家庭的使用频率比低收入家庭高，因此高消费设施所对应的出行方式也会向高收入家庭的出行习惯靠拢。

（三）非通勤出行能耗

图 5–10 给出了四大类非通勤出行的统计结果。在四大类出行中，单程耗能最低的是购物，其次是公园绿地和服务类出行。月总能耗最高的则是购物，而服务居中，公园绿地最低。

表 5–10 显示了各项出行的具体能耗情况。出行频率较高的菜市场、便利店和绿地的平均能耗水平都非常低。菜市场、便利店和绿地（附近）以步行和自行车为主要出行方式，非机动化出行比例达到 85% 以上（详见前文），因此这三项出行的能耗都非常低。除其他类出行以外，在各项非通勤出行中，月总能耗最高的是大型超市（1.00kgce）。因为大型超市的出行频率比较高（4.29 次 / 月），且出行方式以机动交通工具为主。单程能耗最高的则为百货商店（0.29kgce）。

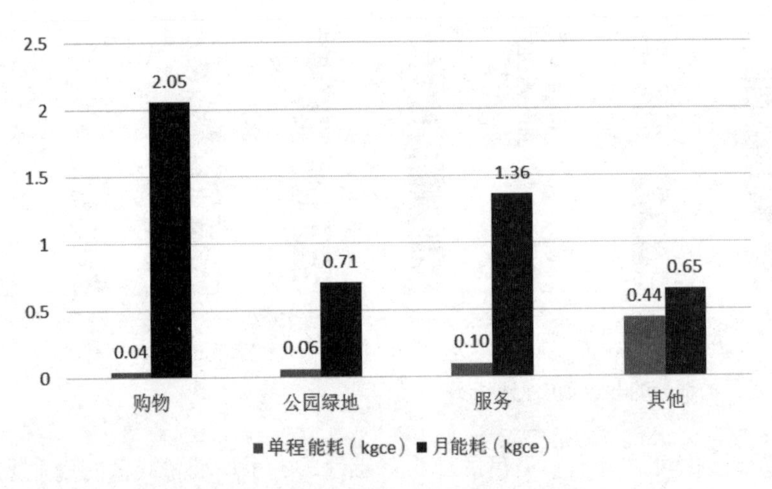

图 5–10　四大类非通勤出行的平均单程和月能耗（kgce）

表 5–10　家庭平均非通勤能耗

单位：kgce

目的	购物				公园绿地		其他		
	菜市场	便利店 / 小超市	大、中型超市	百货商店	公园	绿地	探亲访友	公务	其他
单程能耗	0.01	0.01	0.12	0.29	0.17	0.01	0.37	0.75	0.22
月能耗	0.17	0.12	1.00	0.76	0.62	0.09	0.41	0.23	0.01

待续

续表

目的	服　　务								合计
	邮局	银行	诊所／药店	医院	体育场馆／健身房	餐厅／酒吧	影剧院	课外辅导班	
单程能耗	0.13	0.09	0.08	0.02	0.19	0.16	0.19	0.20	0.06
月能耗	0.21	0.22	0.12	0.10	0.22	0.18	0.09	0.24	4.77

第五节　非通勤能耗与中心可达性、服务设施等的关系

本节将在家庭非通勤能耗模型的基础上，进一步探讨住区形态与家庭非通勤能耗的关系。家庭非通勤能耗模型共包含 8 个住区形态变量。按照所测度的空间实体来划分，这 8 个住区形态指标可分为五类，分别为中心可达性、服务设施、路网形态、公共交通和停车管理。下文仍沿用这一分类方法，分成五部分进行描述分析。另外，借助调查数据的阶层特征（城市、住区和家庭三个层次），本小节也将应用问卷数据对第二章提出的一些城市形态与居民能耗的关系进行验证，所涉及的城市形态包括中心可达性和路网密度两个维度。

一、中心可达性

关于住区中心可达性的讨论将承接第二章“中心度”的部分。本部分所分析的“中心”包括三类：邻里中心、商业中心和综合城市中心。下文将尝试应用调查数据与前文研究结论进行耦合分析。

（一）邻里中心

邻里中心作为日常基础性商业及服务消费的集中地，与家庭日常非通勤出行的关系非常密切，作为对宏观研究的补充，从微观层面分析非通勤能耗与邻里中心结构的关系非常必要。第二章研究发现，对规模在 200 万～ 500 万人口区间的城市而言，邻里中心密度与居民交通能耗呈“U”形曲线关系，当邻里中

心密度为 0.675 个 /km²，人均交通能耗最低。如果家庭非通勤能耗与居民交通能耗规律一致，那么根据该曲线，四城市能耗从小到大排序应为“郑州 < 济南 < 太原 < 石家庄”。与假设相比，调查得到的济南、太原及石家庄平均非通勤能耗情况符合，但郑州偏差较大，高出预期较多。我们认为主要原因来自以下两个方面。第一，郑州建成区面积大，对非通勤能耗有较强的正向促进作用。第二，郑州抽样住区较多分布于城市边缘，虽然整个城市的总体邻里中心可达性较高，但对样本住区来说，情况却未必如此。

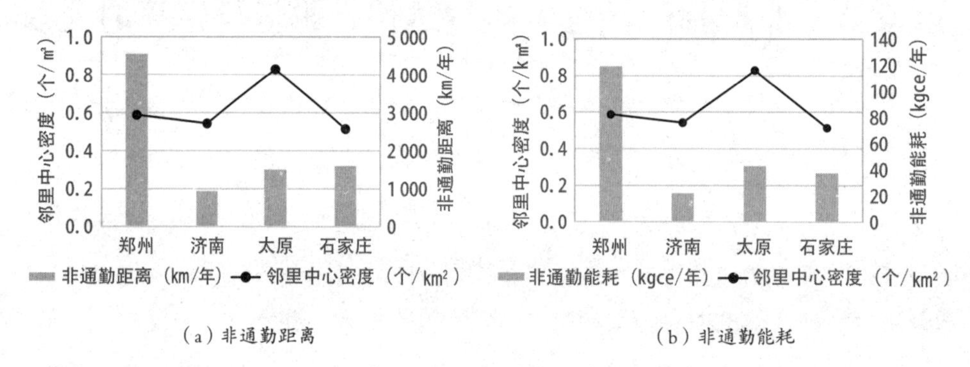

（a）非通勤距离　　（b）非通勤能耗

图 5–11　案例城市邻里中心密度与家庭非通勤距离及能耗

表 5–11　邻里及商业中心密度与家庭非通勤特征

	郑州	太原	济南	石家庄
邻里中心密度（个 /km²）	0.5867	0.8276	0.5421	0.5138
商业中心密度（个 / km²）	0.0133	0.0163	0.0231	0.0267
非通勤能耗（kgce/ 年）	119.14	42.78	22.14	37.48
非通勤距离（km/ 年）	4546.54	1502.35	936.76	1595.74
相关因素				
建成区面积（km²）	376.07	306.63	346.50	225.06
人均 GDP（元）	42981	53486	60498	44089
机动车保有率（%）	31.31	34.47	42.75	35.98

接下来进行住区层面的分析。图 5–12 给出了邻里中心可达性与家庭非通勤距离和能耗的散点关系，图中两两变量并不存在线性关系。但可以明显看出，当邻里中心距离较小时（1500m 以内），住区平均非通勤距离及能耗的值分布比较

分散，极大值较多；而当邻里中心距离较大时（1500m 以上），住区均值点的分布较为集中，总体低于平均水平。对这一现象可以进行如下解释：（1）当邻里中心可达性较高时，居民出行需求比较旺盛，但由于邻里中心提供的服务种类和规模有所不同，有些住区有较多商业及服务消费可以在邻里中心完成，有些则不行，仍需要远距离出行。（2）当邻里中心可达性较低时，考虑到前往该中心所需的距离及能耗成本，家庭会选择缩减出行需求，进而导致非通勤距离和能耗下降。也就是说，住区形态对出行行为的长时间影响可以累积形成一种出行模式，而这种模式的形成进一步强化了空间形态对行为的作用。

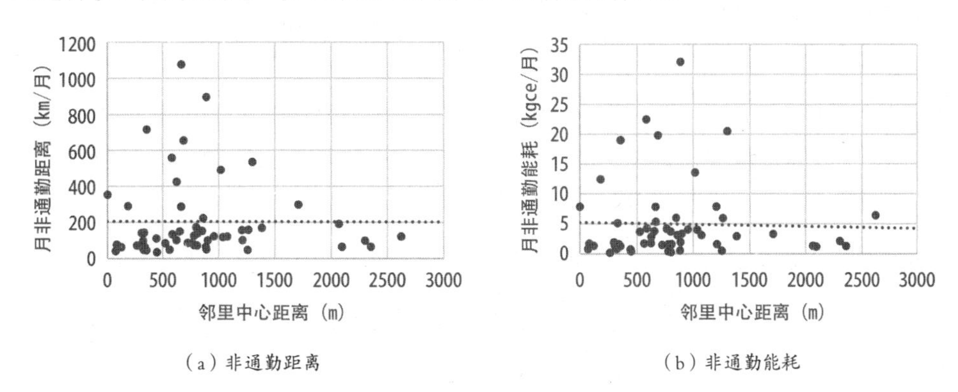

图 5–12　样本住区邻里中心可达性与家庭非通勤距离和能耗

（二）商业中心

第二章研究结果表明，在 200 万～ 500 万人口规模的城市中，商业中心密度与居民交通能耗呈“U”形曲线关系，当中心密度为 0.0290 个 /km^2 时，居民交通能耗最低。案例城市的商业密度均小于该最优值。图 5–13 显示，四个案例城市中商业中心密度最低的郑州家庭非通勤能耗和距离都明显高于其他城市。另外三个城市除济南外，平均家庭非通勤能耗及距离相差不多，能耗略与商业中心密度负相关。济南均值偏低可能与中心城区样本住区偏多有关。郑州远远高出其他城市，也部分归因于样本选择，因为郑州调查向城市边缘新建高层住区有所倾斜。无论如何，从图中我们能够发现一些支持第二章结论的证据，只是限于案例城市数量较少，所表现出的规律并不是特别明显。

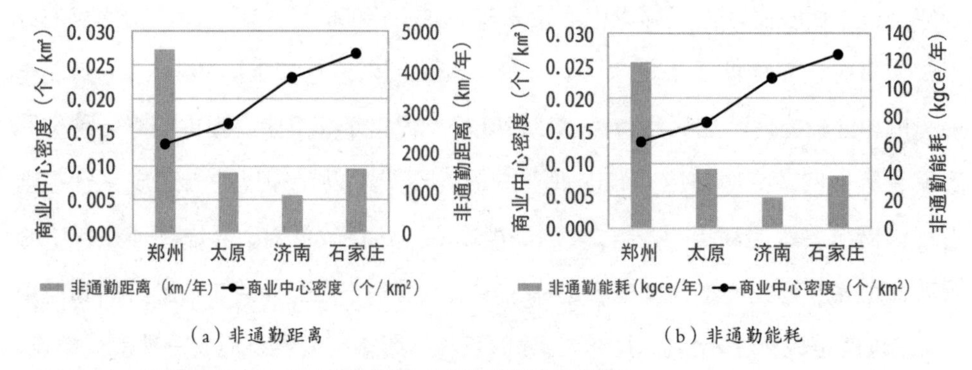

图 5–13　案例城市商业中心密度与家庭非通勤距离及能耗

接下来我们再回到住区层面，分析样本住区至各城市商业中心的距离与家庭非通勤行为间的联系。图 5-14 给出了商业中心距离与家庭月非通勤距离及能耗的散点关系，图中趋势线几乎完全水平，商业中心可达性与家庭非通勤行为在表面上没有明显关联。

造成这一现象可能有以下两个原因。第一，图中显示的关系是真实的，家庭非通勤出行很少以商业中心为目的，因此不论是出行距离还是能耗，它们与商业中心可达性的关系都不大。第二，图中显示的关系不是真实的，商业中心可达性与非通勤出行的关系比较复杂，可能有其他相关变量干扰了商业中心可达性与非通勤出行行为的关系。显然，第二种解释的可靠性更高。非通勤行为不仅与商业中心可达性一个变量有关，家庭收入、交通工具保有情况、住宅区周边设施等因素都与非通勤出行相关。因此，在未控制相关变量的情况下，商业中心可达性与非通勤行为的真实关系难以显现出来也在情理之中。

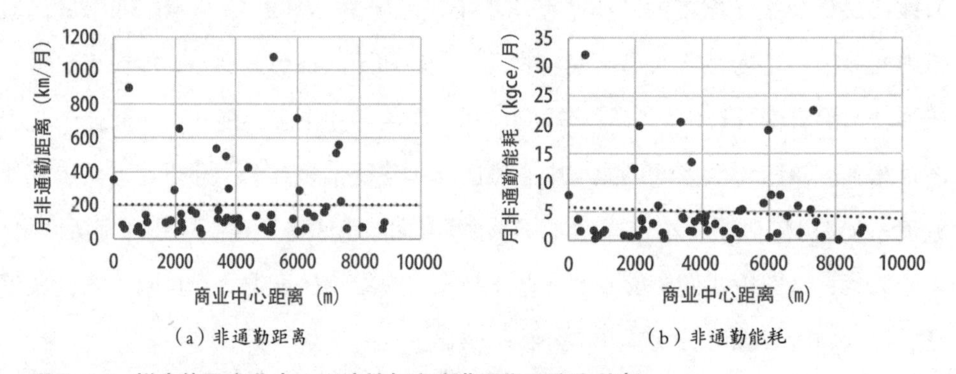

图 5–14　样本住区商业中心可达性与家庭非通勤距离和能耗

（三）综合城市中心

本章第三节模型结果显示，综合城市中心可达性（“与城市中心距离”变量）对家庭非通勤能耗没有显著影响。接下来我们将以样本数据验证这一结论。图 5-15 显示了样本住区距城市中心距离与家庭月均非通勤距离和能耗的散点关系。从图中可以看出，距离和能耗数据点的分布没有规律，趋势线基本为一条水平线，表明距离城市中心远近对家庭非通勤出行距离和能耗没有显著影响。总体上看，远离城市中心的住区并没有表现出高出行能耗的特征。因为家庭非通勤活动大多发生在住宅区周边，因此影响因素也以住宅区周边形态要素为主。这一现象表明，特定区位条件与特定住宅区周边环境并不存在一一对应关系。也就是说，远离城市中心的住宅区，其周边配套服务设施的水平并不一定也差，区位不好的住区仍可以通过适当的住区配套规划建设与运营实现低能耗出行。

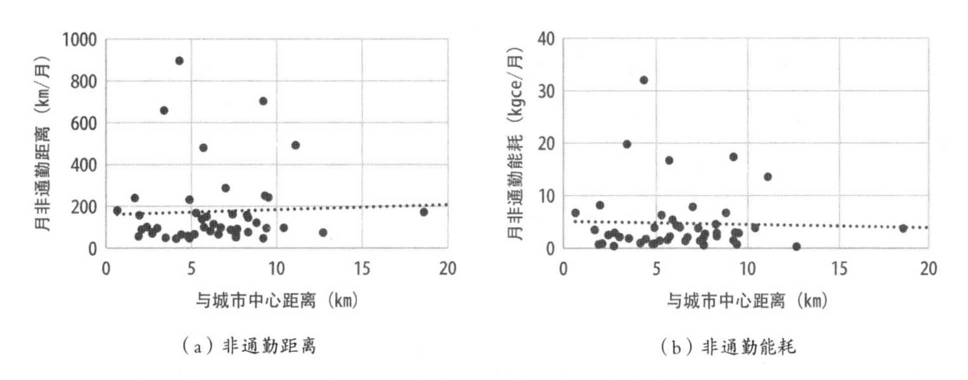

图 5–15　样本住区综合城市中心可达性与家庭非通勤距离和能耗

二、服务设施

（一）设施规模

本小节关注住宅区周边商业和服务设施对家庭非通勤出行的影响，共由四部分构成，分别为：设施规模、布局形式、类型和混合度。

首先，我们来看住宅区周边设施规模与家庭非通勤出行的关系。关于规模有多种指标可选，常见的包括设施数量、设施密度（数量除以周边步行范围）、总营业面积等。设施数量是住宅区周边服务便利程度的最直观体现，原本应该是优先考虑的指标。但问题在于，设施数量几乎与所有住宅区周边建成环境特征都有关系，包括设施分布形式、设施混合度、营业规模等。使用设施数量进行模型分析将会导致以下不良后果：第一，在结果解释上造成困难，因为设施数量不仅代表自身，还包含了其他环境信息；第二，在后期模型分析时造成严重的多重共线性，导致回归系数失去意义。因此，我们没有使用设施数量指标以及其他由设施数量间接计算获得的指标（如设施密度），改为以营业面积衡量设施规模。但由于总营业规模指标内仍包含设施数量信息，与其他环境特征的相关依然比较高。因此，为了完全去除设施数量造成的干扰，我们将总营业规模除以设施数量后再进行建模分析。此时需要注意，该指标的现实含义已经转变为住宅区周边设施平均营业面积，不再单纯代表设施规模。

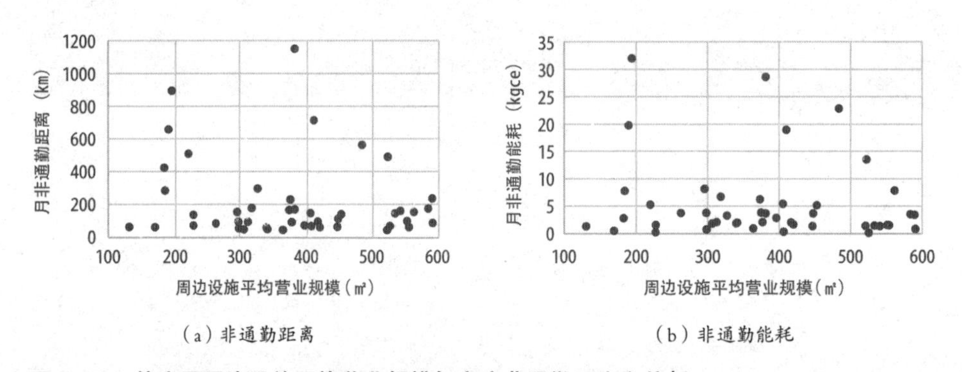

图 5–16 住宅区周边设施平均营业规模与家庭非通勤距离和能耗

图 5-16 显示了住宅区周边设施平均营业规模和家庭月均非通勤距离及能耗的散点关系。图中我们可以看到，设施平均营业规模和非通勤距离及能耗的相关趋势非常不明显，可以认为设施平均营业规模对非通勤出行基本没有影响，与模型结论相符。

研究假设认为，商业设施的单体规模与所提供的服务种类和级别有关。当建筑单体达到一定规模时，能够吸引更多类型、更高级别的商品和服务进入，使得大部分日常生活消费能在住宅区周边完成，从而减少了非通勤出行距离，节约了能耗。但实际上，家庭在选择商品和服务时具有较高的自主性，导致供给与需求之间无法形成一一对应关系。也就是说，即使住宅区周边提供居民所需的商品和服务，该居民也未必愿意在住宅区周边消费，反而倾向于选择自己喜欢的或工作地周边的店铺。这种现象在高等级商品和服务消费中表现得尤其明显。因此，住宅区周边设施平均营业规模与非通勤出行并没有呈现出假设中的关系。究竟何种类型的商业和服务设施对家庭日常非通勤出行更关键？这一问题将在本小节第三部分讨论。

（二）设施布局形式

本部分讨论住宅区周边设施分布形式对非通勤出行的影响。我们以临近指数表示设施分布情况，数值越大表示设施分布越分散，数值越小表示设施分布越集中（详见第三章）。图 5–17 显示，设施临近指数与非通勤出行距离和能耗呈负相关关系，设施临近指数越高（即设施分布相对分散）的住区家庭非通勤距离和能耗越低。均衡式设施布局是实现住区商业服务设施均等化的重要一环。分布均匀的服务设施可达性较高，能够在一定程度上缩短出行距离，进而导致能耗下降。

在第四节我们曾分析到，设施临近指数高的住区（即设施分布相对分散）家庭自行车保有量较高，电动自行车和私家车的保有量低。因此，除了出行距离短以外，高临近指数的住区出行能耗低也受到了交通工具的间接影响。

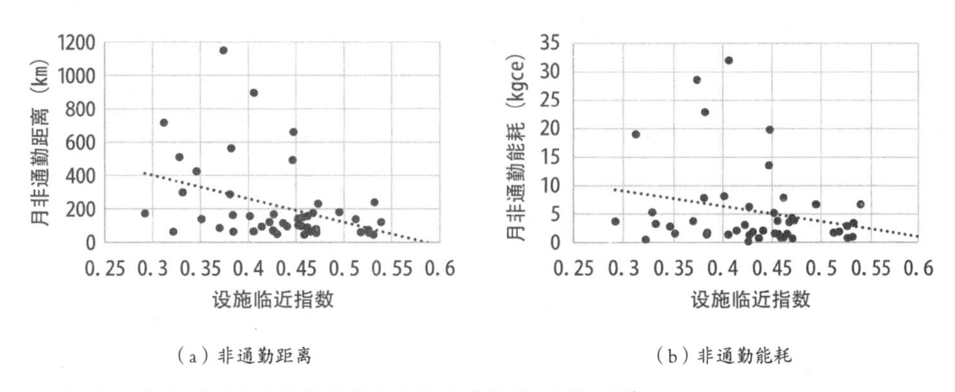

（a）非通勤距离　　（b）非通勤能耗

图 5–17　住宅区周边设施临近指数与家庭非通勤距离和能耗

（三）设施类型

设施类型不是家庭非通勤能耗模型中的变量，但在第二章“城市维度能耗研究”中我们发现，住宅区周边饮料、餐馆、电网营业厅、日常购物、电信营业厅和农贸市场数量对居民交通能耗具有显著抑制作用，而工厂和快餐数量具有一定促进作用。本小节我们将在住区维度对这一结论进行验证。需要注意的是，由于数据采集方法不同，住区研究所统计的设施类型与城市研究略有差异。另外，住区样本只有66个，设施数量值域较窄，使用相关分析不易达到预期效果。因此，将设施数量这一连续变量改写为以“有”“无”表示的虚拟变量进行t检验，比较“有”“无”某项设施时样本家庭非通勤能耗（取Ln）的平均数差异是否显著。

表5–12 住宅区周边设施类型与家庭非通勤能耗（Ln）的独立样本t检验结果

设施类型	组统计量			Levene检验		t检验				
	组统计量	样本数	均值	F	Sig.	t	df	Sig.（双侧）	均值差值	标准误差值
便利	无	97	2.89	9.980	0.002	2.654	100.794	0.009	0.654	0.247
	有	2725	2.24							
菜市场	无	1372	2.53	1.909	0.167	6.794	2820	0.000	0.512	0.075
	有	1450	2.01							
超市	无	930	2.30	0.753	0.386	0.612	2820	0.540	0.049	0.081
	有	1892	2.25							
电器	无	936	2.40	0.396	0.529	2.489	2820	0.013	0.200	0.081
	有	1886	2.20							
服装	无	507	2.34	12.904	0.000	0.869	714.545	0.385	0.089	0.103
	有	2315	2.25							
建材	无	917	2.06	28.365	0.000	−0.385	2080.623	0.000	−0.295	0.077
	有	1905	2.36							
日用	无	598	2.36	11.229	0.001	1.269	908.967	0.205	0.121	0.093
	有	2224	2.24							
食品	无	378	2.15	4.082	0.043	−1.119	489.601	0.264	−0.129	0.115
	有	2444	2.28							
市场	无	1434	2.31	0.119	0.730	1.211	2820	0.226	0.092	0.076
	有	1388	2.22							
通讯	无	1313	2.16	10.827	0.001	−2.419	2809.145	0.016	−0.183	0.076
	有	1509	2.35							

待续

续表

设施类型	组统计量			Levene 检验		t 检验				
	组统计量	样本数	均值	F	Sig.	t	df	Sig.（双侧）	均值差值	标准误差值
烟酒	无	201	1.31	26.739	0.000	−8.559	251.997	0.000	−1.023	0.120
	有	2621	2.34							
医药	无	274	2.67	1.605	0.205	3.507	2820	0.000	0.448	0.128
	有	2548	2.22							
百货	无	2172	2.16	7.064	0.008	−4.942	999.934	0.000	−0.443	0.090
	有	650	2.60							
餐馆	无	35	1.67	0.034	0.854	−1.739	2820	0.082	−0.596	0.343
	有	2787	2.27							
影剧院	无	2428	2.15	0.045	0.830	−7.407	2820	0.000	−0.803	0.108
	有	394	2.95							
美容美发	无	264	2.23	5.639	0.018	−0.275	322.549	0.784	−0.038	0.138
	有	2558	2.27							
网络	无	540	2.17	0.271	0.602	−1.302	2820	0.193	−0.118	0.091
	有	2182	2.29							
娱乐	无	744	2.32	15.363	0.000	0.927	1435.341	0.354	0.076	0.082
	有	2078	2.24							
健身	无	2053	2.20	0.822	0.365	−2.509	2820	0.012	−0.214	0.085
	有	769	2.42							
诊所	无	355	2.59	0.799	0.372	3.266	2820	0.001	0.373	0.114
	有	2467	2.22							
社区医院	无	356	1.75	6.676	0.010	−5.403	278.179	0.000	−0.588	0.109
	有	2465	2.34							
市级医院	无	1071	2.03	8.051	0.005	−4.867	2415.312	0.000	−0.371	0.076
	有	1751	2.40							
体育	无	2663	2.21	1.182	0.277	−5.927	2820	0.000	−0.969	0.164
	有	159	3.18							
公园	无	1804	2.13	0.759	0.384	−4.665	2820	0.000	−0.367	0.079
	有	1018	2.50							

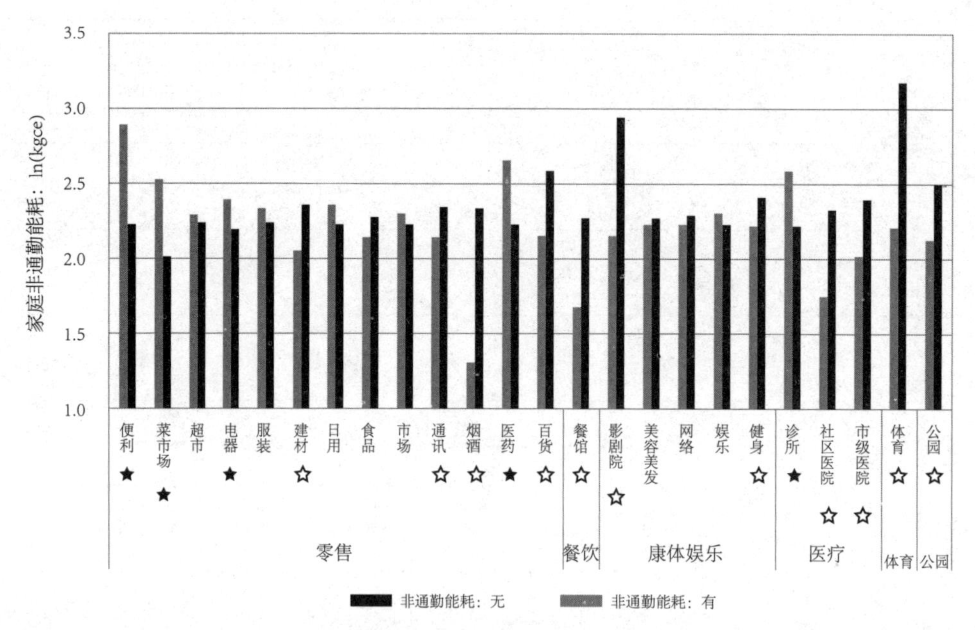

图 5–18　住宅区周边设施有无与家庭非通勤能耗（Ln）均值比较

（标“★”的为t检验通过的且“有”组均值低于“无”组均值的设施；标“☆”的为t检验通过的且“有”组均值高于“无”组均值的设施）

分析结果显示（表 5-12，图 5-18），24 项在住区样本间存在有无差异且与非通勤出行相关的住区商业及公共服务设施中，便利店、菜市场、电器、建材等 16 项设施对家庭非通勤能耗具有显著影响。其中，有便利店、菜市场、电器、医药和诊所的住区的家庭平均非通勤能耗显著低于无上述设施的住区；有建材、通讯、烟酒、百货、餐馆、影剧院、健身房、社区及市级医院、体育场馆和公园的住区的平均家庭非通勤能耗高于没有这些设施的住区。部分结论与第二章相同，例如两个维度的研究都发现适当配置便利店、菜市场、医药等基本服务设施能有效降低居民交通能耗。可见，加强与日常生活紧密相关的基础性服务设施建设是节约居民交通能耗的关键所在。

但同时也有部分结论与第二章有所不同。主要不同在于：微观研究中影剧院、健身房、医院、体育场馆和公园对家庭非通勤能耗具有促进作用，而宏观研究未发现这些设施与交通能耗的显著联系。宏观研究无法对交通能耗细分，因此以总交通能耗作为检验变量，而微观研究以非通勤能耗为检验变量，可能是造成上述差异的主要原因。观察以上与非通勤能耗正相关的设施不难发现，这些设施大多都是非基础性或使用频率不高的服务设施（例如影剧院、体育场馆、市级医院），配置有这些设施的地区往往地价较高、房价更贵。可以说，这些非基础性设施（或称“高级服务设施”）在一定程度上反映了当地家庭的经济和生活水平。高服务水平地区的家庭通常更富裕，非通勤出行频率和出行机动化程度也高于一般地区。因此，在未控制其他变量的情况下，高级服务设施与家庭非通勤能耗呈现正相关关系，但我们并不能认为增加高级服务设施能够提高家庭交通能耗。

（四）设施混合度

第三节家庭非通勤能耗模型结果显示，住宅区周边设施混合度对家庭非通勤能耗具有显著负效果，混合度越高的住区家庭非通勤能耗越低。

前文我们曾分析了住宅区周边设施混合度与家庭交通工具选择间的关系，发现混合度高的住区自行车保有率更高。此处，通过设施混合度与家庭非通勤出行距离和能耗的散点图（图5-19），我们发现设施混合度对非通勤行为也有影响——混合度高的住区非通勤出行距离较短，能耗较低。根据混合度的定义，高设施混合度意味着更丰富的设施类型（类型多）和更多样化的选择（每类设施数量相当，不专门化），使得更多出行目的可以在住宅区周边解决，减少了不必要的“长途跋涉”，从而缩短了出行距离，节约了能耗。同时，服务类型丰富有助于提高多目的复合出行（即一次出行同时完成多项目的，如去超市的路上顺便去邮局寄信）的可能，进一步缩短了出行距离，节约出行能耗。

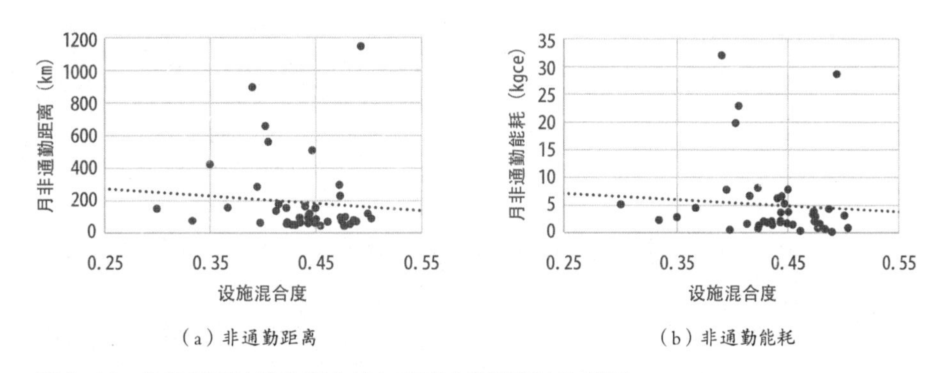

图5-19 住宅区周边设施混合度与家庭非通勤距离和能耗

三、路网形态

第二章城市维度研究发现，平均街坊面积越大的城市居民交通能耗越高。本小节，我们以住宅区周边道路交叉口间距代表路网密度，验证路网密度与非通勤出行行为的关系。如图 5-20 所示，分城市平均交叉口间距与家庭非通勤距离及能耗并没有明显相关。郑州由于抽样住区偏向城市边缘，非通勤出行距离和能耗都比较大。石家庄样本周边路网密度最低，非通勤出行距离最远，但能耗却略低于太原，原因主要在于出行方式。石家庄家庭的自行车保有率是四个城市里最高的，达到 85.77%，太原为 70.90%，能耗最高的郑州只有 58.23%。济南出行距离和能耗最低可能与中心城区样本住区偏多和问卷设计差异两方面因素有关。

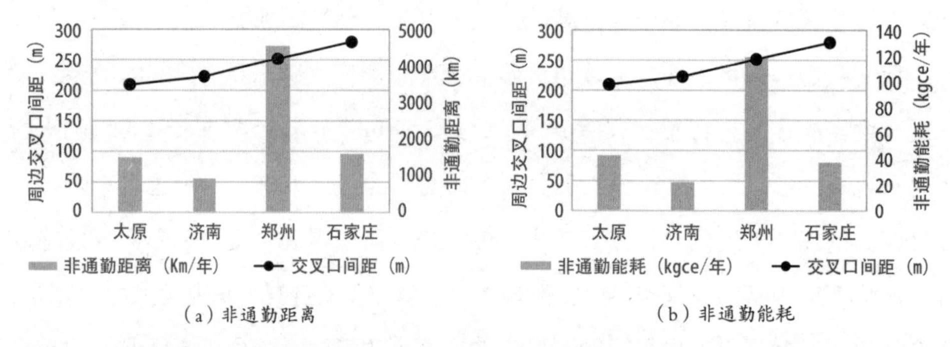

（a）非通勤距离　　（b）非通勤能耗

图 5-20　案例城市住宅区周边交叉口间距与家庭非通勤特征

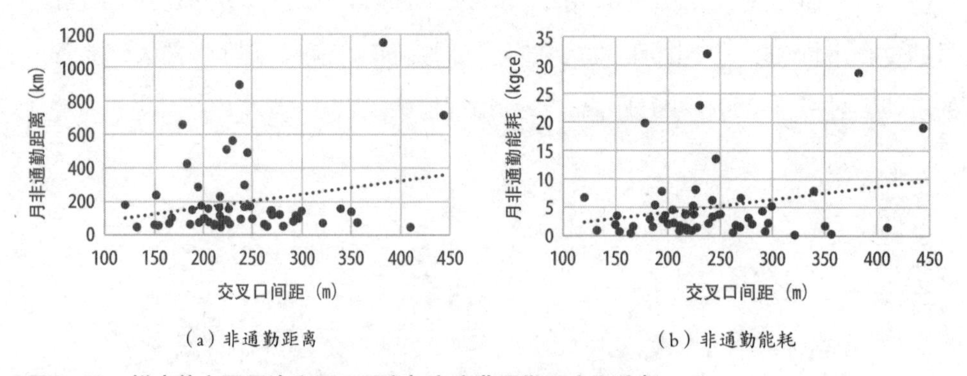

（a）非通勤距离　　（b）非通勤能耗

图 5-21　样本住宅区周边交叉口距离与家庭非通勤距离和能耗

然后是住区层面的相关分析。图 5-21 显示了交叉口距离与家庭非通勤距离和能耗的散点关系，图中住宅区周边交叉口间距与家庭月均非通勤距离和能耗呈一定正相关关系，交叉口间距越大、路网密度越低的住区家庭非通勤距离和能耗越高。

大量国内外研究显示，较高的道路交叉口密度有利于提高家庭非机动车出行的比例，降低家庭机动车出行距离，本章第三节家庭非通勤能耗模型分析也得出了类似的结论。根据模型结果，交叉口间距对家庭非通勤能耗的影响以间接效果为主。也就是说，路网密度主要通过出行方式间接影响能耗。

为什么路网密度高的地区出行距离较短、私家车使用率更低呢？首先，道路结构与沿街设施的成长发育有关。在路网密度低的地区，沿街界面少，不利于土地混合利用；道路比较宽，尺度感差，步行体验不佳，不利于商业气氛的集聚。两方面因素综合起来导致住区商业和服务设施发育不良。当出行目的地全部位于住区生活圈以外，总出行距离自然更远，居民在出行方式选择上也会更倾向于机动车，而非步行或自行车。另外，高路网密度常常伴随着单行线、停车难和更多的信号灯，机动车出行比较麻烦，特别是对短途出行而言。因此高路网密度对限制机动车使用是有利的。

四、公共交通

以住宅区周边公交线路数量衡量样本住宅区周边公交服务水平。第三节非通勤能耗模型结果显示，公交线路数量对家庭非通勤能耗具有一定促进作用。图 5-22 给出了样本住宅区周边公交线路数量与家庭月均非通勤距离和能耗的散点关系，图中公交线路数与非通勤距离和能耗略呈正相关关系，印证了模型结论。

根据模型结果，公交线路数量对家庭非通勤能耗的影响以间接效果为主。深入分析公交线路数的间接效果可以发现，其间接效果中以私家车的中介作用显著，也就是说，公交线路多的住区家庭私家车保有量较高。如此看来，便利的公交服务并不能有效减少私家车的使用，也不能有效促进居民更多地选择公交出行。Greenwald 和柴彦威等的研究也认为，目前公共交通并不能实现对私家车出行的有效替代。

本书认为导致上述结果的可能有两方面原因。第一，公交便利程度不仅体现在线路数量方面，还包括站点数量、住区距站点距离、线路辐射至城市其他地区的范围等。因此，公交线路数没有减少私家车出行的效果并不代表整个公共交通系统都无效。第二，公交线路丰富这一特征往往与区位、路网通达性等其他优势条件同时出现，也就是说，公交便利的住区大多也具有私家车出行的便捷条件，导致公交的优势难以体现，因此也就无法替代其他交通方式。这是基于样本住区都位于城市中心区附近，没有位置特别偏远的住区，且样本城市在调查时尚未开通地铁或轻轨等大运量、高速公共交通系统的情况下提出的。如果住区符合上述特征，公交交通的优势将得以体现，模型结果可能也会不同。

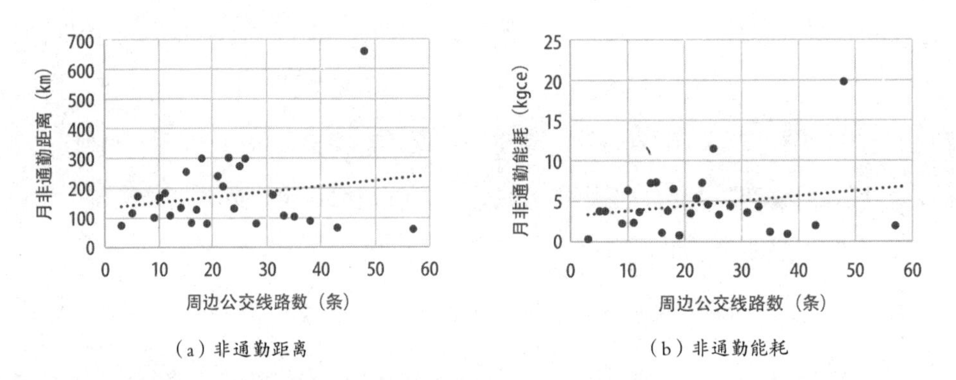

图 5–22 住宅区周边公交线路数量与家庭非通勤出行距离和能耗

五、停车管理

以有无地下车库这一虚拟变量表示住区停车便利程度。第三节非通勤能耗模型结果显示，地下车库对家庭交通能耗的总效果和总间接效果显著为正，地下车库对交通能耗具有显著促进作用。地下车库经私家车数量的间接效果为正，说明停车方便能够促进家庭购买和使用机动车。

表 5–13 显示了地下车库与家庭月均非通勤距离、能耗及私家车保有率的关系。由该表可知，地下车库对家庭非通勤能耗具有显著促进作用。有车库住区的平均私家车保有率是无车库住区的 1.2 倍，是非通勤出行距离的 2 倍，非通勤能耗则达到 2.4 倍，有无车库住区的家庭非通勤行为及能耗差异非常明显。

近年来，为解决停车难问题，相关政策一致主张提高住区停车位配建率。但以目前我国情况来看，停车位越多，车就越多，交通能耗就越高。停车难的问题最后能不能解决尚且不论，单从能耗角度看，增加车位供给并不是可持续的发展模式。

表 5–13 地下车库与家庭非通勤距离、能耗及私家车保有率

地下车库	月非通勤距离（km）	月非通勤能耗（kgce）	私家车保有率
无	129.95	2.85	29.26%
有	257.65	6.93	34.51%

参考文献

[1] Cervero R, Duncan M. Which Reduces Vehicle Travel More: Jobs–Housing Balance or Retail–Housing Mixing?[J]. Journal of the American Planning Association, 2006,72(4):475–490.

[2] Boarnet M G, Anderson C L, Day K, et al. Evaluation of the California Safe Routes to School legislation[J]. American Journal of Preventive Medicine, 2005,28(2):134–140.

[3] Chatman D G. Residential choice, the built environment, and nonwork travel: evidence using new data and methods[J]. Environment and Planning A, 2009,41(5):1072–1089.

[4] Chatman D G. How density and mixed uses at the workplace affect personal commercial travel and commute mode choice[J]. Transportation Research Record: Journal of the Transportation Research Board, 2003,1831(1):193–201.

[5] Frank L D, Stone B, Bachman W. Linking land use with household vehicle emissions in the central Puget Sound: methodological framework and findings[J]. Transportation Research Part D: Transport and Environment, 2000,5(3):173–196.

[6] Handy S. Methodologies for exploring the link between urban form and travel behavior[J]. Transportation Research Part D: Transport and Environment, 1996,1(2):151–165.

[7] 张文佳，柴彦威．居住空间对家庭购物出行决策的影响 [J]. 地理科学进展，2009(3):362–369.

[8] Ewing R, Cervero R. Travel and the built environment: a meta–analysis[J]. Journal of the American Planning Association, 2010,76(3):265–294.

[9] MIT 与清华大学建筑学院．节能城市设计研究中期汇报 [R]. 北京：清华大学建筑学院，2010.

[10] 姜洋，何东全，ZEGRAS Christopher. 城市街区形态对居民出行能耗的影响研究 [J]. 城市交通，2011(4):21–29.

[11] Van Acker V, Witlox F. Car ownership as a mediating variable in car travel behaviour research using a structural equation modelling approach to identify its dual relationship[J]. Journal of Transport Geography, 2010,18(1):65–74.

[12] Cao X J, Mokhtarian P L, Handy S L. Examining the Impacts of Residential Self - Selection on Travel Behaviour: A Focus on Empirical Findings[J]. Transport Reviews, 2009,29(3):359–395.

[13] 郑思齐，霍燚．低碳城市空间结构：从私家车出行角度的研究 [J]. 世界经济文汇，2010(6):50–65.

[14] 陈洁，陆锋，程昌秀．可达性度量方法及应用研究进展评述 [J]. 地理科学进展，2007(5):100–110.

第六章

结　论

本研究主要从城市和住区两个层次分析了空间形态对居民能耗的影响，本章我们将对前面得出的主要结论加以总结，综合地提出有利于节能的城市空间形态规划设计策略。在城市层面，对形态的规划设计建议主要偏重政策控制，从城市形态的多个维度分别给出策略性的建议；在住区层面，对形态规划设计的建议则更关注多组空间维度的组合条件对不同种类居民能耗的影响。

第一节　节能城市形态讨论

本书的前两章对城市宏观层面进行了研究，探讨了节能城市空间形态的一些基本特征，这里我们结合前面的分析，对城市层面给出对应的主要规划政策建议，主要涉及城市规模、密度（容积率）、多样性、路网形态和中心度等几个空间维度。

一、城市规模：鼓励发展和完善 200 万～ 500 万人口的大城市

综合能源、经济、环境和社会各个方面的分析，对我国现阶段综合情况而言，人口在 200 万～ 500 万的大城市相对于其他中小城市和特大城市具有更高的综合效率。这主要是因为，一般来讲大城市可以提供更具规模效益的市场、良好的基础设施以及较完善的生产性服务。由于具有一定规模的人口，这类城市在知识、技术等方面形成溢出效应，因而可以产生较高的外部正效应。但同时，随着城市规模的扩大，其外部成本也会上升，其中包括由于人口密集导致的居住、交通、生产成本和管理成本的增加，生存环境恶化等，从而可能导致城市需要付出巨额的公共基础设施投资以及环境治理成本。

第一章的实证分析说明，人口在 200 万～ 500 万区间的大城市在经济、环境、社会和能源各方面都表现出较高的效率。处于这一规模区间中的城市大部分聚集在几个人口与经济高度集聚的城市区域中，如长三角（无锡、常州、杭州、淮安、宁波、南通）、珠三角（佛山、中山、汕头）、环渤海区域（济南、青岛、大连、唐山）。这些城市区域或城市群都有特大城市作为辐射中心，周边围绕若干个

200万～500万人口的大城市。这些大城市一般都邻近城市群中的核心特大城市，并与其有着方便的交通联系，能够享受到产业聚集在城市间的溢出效应。另一方面，这些城市又没有核心特大城市那么高的外部负效应（如污染、能耗、治安等）。所以，在区域层面，这些城市应该成为今后我国城市及地区优先发展的对象。

另外还需要考虑的是我国现阶段突出的城市雾霾问题。雾霾是个区域性的问题，与城市的通风条件密切相关。所以在200万～500万人口规模区间城市中，应该优先发展综合自然通风条件较好的城市。

图6-1 我国200万～500万人口城市空间示意图（作者自绘）

二、容积率：提倡“1km^2 1万人”的新区建设强度

前面的数据分析表明，在我国现有的城市建成环境条件下，1万人/km^{2}这一我国新区的建设强度标准对应的城市用地平均容积率，在居民交通能耗方面是最优的。城市用地平均容积率对居民交通能耗影响有两方面。一方面，高容积率发展模式可以拉近出行目的地和出发地之间的距离，提升各种设施的可达性，从而减少出行距离，鼓励步行、自行车等适合短距离的低碳出行方式，也为高效的公共交通发展提供了必要的前提。另一方面，高容积率可能使城市的交通拥堵状况更严重，使居民出行时间更长、速度更慢，百公里油耗更大，从而提升了居民交通能耗。本书第二章的分析显示，对我国286个地级以上城市来说，城市居住用地的平均容积率与居民人均交通能耗之间存在“U”形曲线关系，曲线最低点对应的容积率数值从内涵上与1万人/km^{2}的发展强度在本质上是基本相同的。本书从节能角度验证了1万人/km^{2}这一惯常的新区发展强度的科学性，提倡在未来的城市发展中保持这一新区建设强度标准。

三、多样性与路网形态层面：倡导小网格、高混合度的城市设计

一般来说，城市内部各类商业公共服务设施的多样性（或者说混合度）与路网形态密不可分。一般认为，小网格的路网形态有助于城市各种土地利用的功能混合，小网格、高混合度的城市形态有利于降低居民交通能耗。

研究发现，住区步行范围内餐饮、日常购物、服务等设施的平均数量越多的城市，居民交通能耗越低。本书第二章的分析表明，在住区步行范围（500m直线距离）内，饮料、餐馆、电网营业厅、日常购物、电信营业厅和农贸市场的数量与居民人均交通能耗存在显著的负向净关系，即在一定的步行范围内，上述服务设施的数量越多，城市的居民的交通能耗越低。这一结论在本研究关于家庭能耗模型的研究中也得到进一步佐证。居民日常活动如日用品采购、餐饮、交电话费、电费等的发生频率较高，如果相应的设施布置在住区周边适宜步行的范围内，

将有助于降低居民的出行能耗。另外，与大部分西方研究结论不同的是，本研究结果显示，幼儿园、小学等教育设施以及诊所、医院等医疗设施的可达性与居民人均交通能耗并没有显著的净关系，这与我国城市的建成环境特点有关。在我国城市建设中，由于规划管理的硬性规定，住区周边普遍配建有较完备的医疗和教育设施，因此这些设施的可达性在各个城市之间的差别不大，致使在模型回归中这些因素对居民交通能耗的影响不显著。此外，本研究受制于数据条件，并没有区分出优质的教育、医疗资源，这也是致使这些公共设施可达性与居民交通能耗回归关系不显著的一个原因。未来随着数据条件的改善，可以深入探讨重点中小学、三甲医院等优质公共服务资源可达性对居民交通能耗的影响。

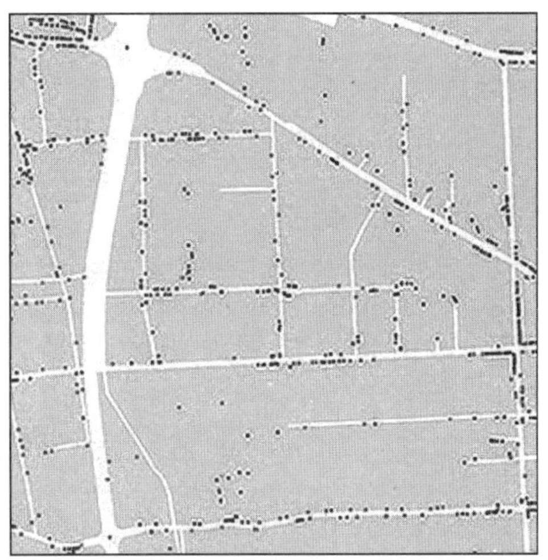

图 6–2 小网格城市设计

左图中的小网格道路比右图较大道路网更易形成可达性高的设施布局，从而有助于降低交通能耗。资料来源：作者根据OpenStreetMap地图POI数据自绘。

研究还证明，城市街坊平均面积与居民交通能耗有正向线性关系，即平均街坊面积越大的城市，其居民交通能耗越高。同时，本研究家庭能耗模型的分析结论也显示，住区周边较高的设施功能的混合度对降低私家车保有率、提高自行车及步行出行分担率、节约交通能耗具有积极作用。路网密度并不是单纯的交通问题，还与土地制度密不可分。西方城市的高密度路网得益于私有制土地制度，其土地必须沿街道才能进行开发和交易。显然较高的城市道路网密度符合私人业主对土地开发的利益诉求。我国的土地制度为公有制，自20世纪90年代初以来推行的土地有偿使用制度的实际运作中，道路和土地由两个独立的系统负责运作。交通部门只管修路，关注道路的通行能力，因此路修得越宽越好，交叉口越少越好。等到规划部门审批土地时，很多道路已经动工或者建成，再调整的余地已经非常小了。另外，长期以来，城市政府积极推行大规模的一级土地开发，只将城市支路及以上级别的道路定位为对城市开放的道路，而其他的道路由开发商决定其开放与否。受市场的引导，具体地块的开发商又倾向于将封闭的“小区”规模尽可能加大。所有这些都使我国城市新区的建设难以推行高密度的小网格道路系统。所以，要从根本上改变我国城市路网密度过低的问题，需要联合交通和规划等多个部门，加大城市政府对服务设施的投入范围、力度与职责，扩大城市“公共领域”，以“小网格”“高密度”“窄马路”为道路设计原则，逐步实现路网密度的提高，促进各类沿街设施的混合式发展，营造更适宜步行和非机动车的街道环境，重拾街道生活。

四、中心度：构建城市内部多层级中心结构

对我国200万～500万人口规模的城市而言，就业中心密度、商业中心密度和邻里中心密度都与居民人均交通能耗有“U”形曲线关系，即以交通能耗最小化为目标，存在一个最优的城市内部中心层级结构。

在这样一个最优的城市内部中心层级结构中，一个邻里中心的空间范围大致在800m半径内，其空间单元面积为1.5km^{2}左右[①]，满足步行10分钟可达需求，可为居民提供每日必需的商品和公共服务需求，如菜市场、便利店等。

如果一个商业中心腹地的空间范围控制在2～3km半径内、面积为32km^{2}左右，该中心则能使利用自行车的人群在15分钟以内到达，可方便地为城市内一个区域的人们提供非日常购物活动。

---

① 邻里中心、商业中心、就业中心的最优空间单元都是以各自最优服务半径为二分之一对角线长度的正方形，详见前文图2-9的图示。

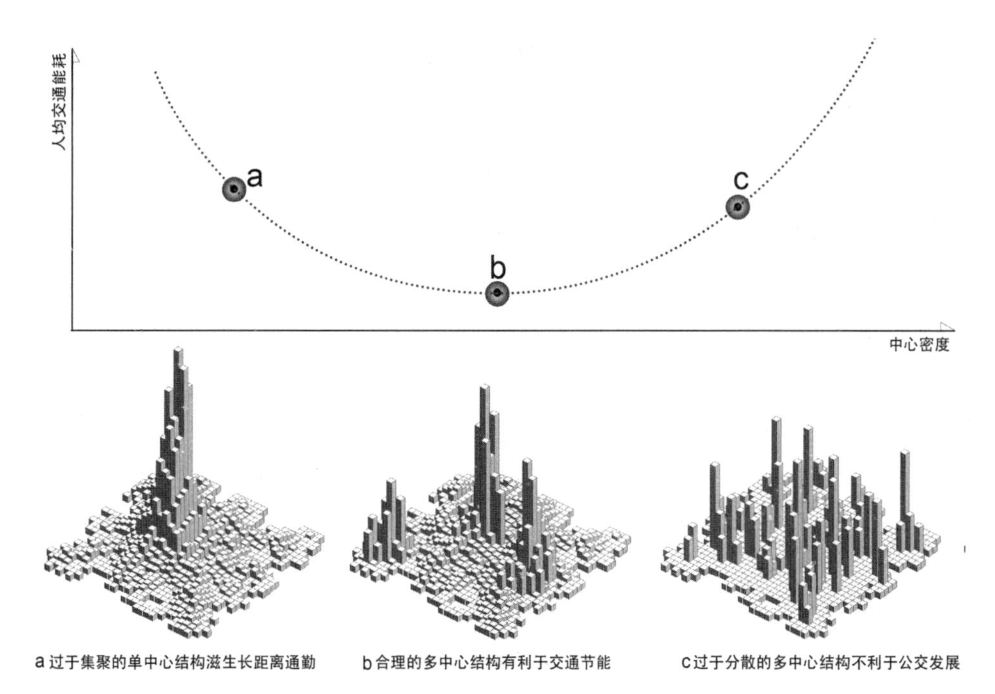

图 6–3 适度的多中心结构最有利于城市交通节能（作者自绘）

另外，城市内的单个就业中心腹地的空间范围也应控制在 5.5 km 半径内，其面积约为 67km²，这样可以满足人们公交出行 30 分钟左右的可达需求，这个中心应该是该区域居民就业活动的中心。

表 6–1 不同规模城市（基于交通能耗视角的）最优中心腹地范围

分组	200 万以下	200 万～ 500 万	500 万以上
城市数量	239	35	12
最佳就业中心腹地面积	15.5km²	66km²	—
最佳商业中心腹地面积	18.3km²	34km²	—
最佳邻里中心腹地面积	—	1.5km²	—

数据来源：根据我国286个地级以上城市中心度模型计算得出

不过有五点需要在此说明。第一，不同规模的城市在中心度这一点上体现了不一样的规律，即最优中心腹地范围不同（表6–1）。从交通节能的视角看，大城市（200万～500万）的最优中心腹地范围要比小城市（200万以下）的最优中心腹地范围大。这说明很多中微观层面（如住区尺度或者城市分区尺度）的节能指标仍然受到宏观层面因素（如城市规模）的影响，因此对这些层面的空间形态与能耗关系的考察必须包含宏观尺度的形态因素。

第二，500万人口以上大城市由于城市样本数量有限，在模型计算时，回归检验要求没有通过，因此没有体现出最优中心腹地规模。

第三，200万人口以下城市组没有最优的邻里中心腹地范围，可能的解释是这些城市规模普遍较小，市级的商业和就业中心可达性都很高，因此居民的日常购物行为很可能直接越级到市级中心发生，邻里中心对居民的日常生活来说不是很重要，其腹地范围对居民的出行行为影响不大。

第四，有趣的是，200万以下城市组的商业中心的最优腹地范围反而高于就业中心的最优腹地范围。这可能与不同规模城市间产业类型的不同有关。大城市（200万～500万）三产比重高，产业附加值高，对应的居民通勤可接受范围的上限也高。相比而言，较小的城市的二产比重较高，居民居住地点距离就业地点可能相对较近。

第五，从最优商业中心腹地范围看，虽然大城市组仍然大于小城市组，但两者的差别并不像其就业中心腹地范围的差值那么大。这可能与这两组城市的商业类型相似，同时两组城市的居民对访问此类服务设施的交通距离或所用时间的预期大致相仿有关。

以上的结论提示我们，城市要积极鼓励依托非机动交通和公共交通节点的多中心层级城市结构，城市内部不同级别的中心应通过非机动交通和公共交通相互连接，这样可以有效抑制居民的私家车出行需求，从而降低城市居民总体的交通能耗。同时，不同规模的城市由于城市产业结构等因素，可能存在不同层级的多中心结构，而各类中心的腹地范围也有所不同。大体上讲，规模大的城市的各类中心的腹地范围要比规模相对小的各类中心的腹地范围要大。另外，城市不同尺度的形态对居民能耗存在综合的影响。

第二节 节能住区形态讨论

我们有必要先明确一点，本研究以济南、石家庄、郑州和太原的7000余个家庭样本数据为基础，从方法论上讲，研究得出的具体结论只适用于与案例城市气候相似、规模相近、发展水平相当的城市住区。其他类型的城市住区是否符合这些规律，有待于进一步研究，但本研究所采用的方法与思路可资借鉴。

住区形态实际是一个整体概念，本研究为了探究形态与能耗之间的统计关系，将住区形态分解成建筑密度、容积率、层数等几个独立的空间维度指标。对于一些相互之间有显著关联的形态维度指标，如容积率与建筑密度，建筑密度与开敞空间系数等，需要再结合在一起进行探讨。前文的分析表明，在各类家庭分项能耗中，家庭空调能耗、家庭取暖能耗和家庭非通勤能耗与空间形态有着直接而紧密的关联。

一、容积率与建筑密度的适当组合配以开敞空间大疏大密的布局，有利于降低空调能耗

受住宅区综合日照、通风等条件的影响，住宅区内住宅建筑的排布组合方式是影响空调能耗的主要空间形态因素。它主要反映在两个方面：一是住宅区的容积率与建筑密度的组合关系；二是开敞空间的布局方式。

（一）住宅建筑的容积率与密度要有适当的组合，避免极端形态

家庭空调能耗模型表明，建筑密度和容积率可以通过适当的组合实现建筑辐射得热和通风散热间的平衡。模拟分析表明（如图6–4所示[①]），在样本数据的极值范围内，容积率变化趋势分界线为4.6，大约相当于一般资料中的3.0[②]；建

---

① 由于家庭生活能耗经过了自然对数处理，因此模拟分析获得的结果并不是具体的能耗值，而是与基准能耗相比的倍数关系，此处以样本均值为基准（容积率3.6，建筑密度20.9%）。

② 由于本研究以围墙或建筑实体划定小区边界，用地规模比一般资料中的小，容积率和建筑密度偏大。

筑密度变化趋势分界线为 20.9%，大约相当于一般资料中 18%[①] 的密度值。当特别高的容积率与特别高的建筑密度组合在一起，或特别低的容积率与特别低的建筑密度组合在一起时，住宅区的平均家庭生活能耗较高，应该尽量避免这两种极端的形态。当然，这种趋势应当只适用于样本数据的最大或最小值域内。

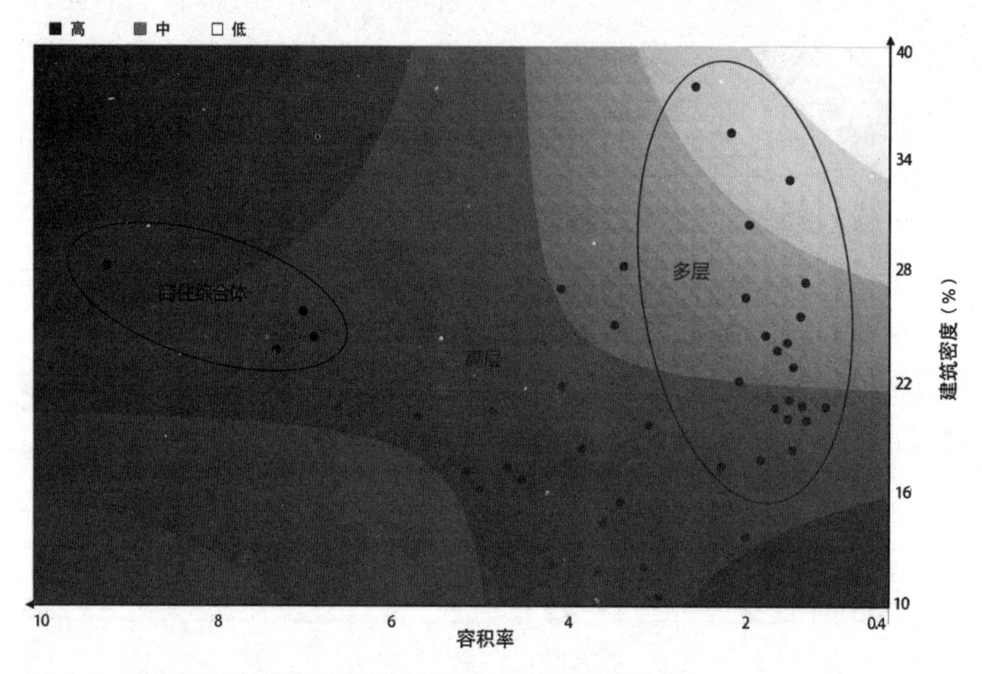

图 6–4 容积率与建筑密度不同组合与空调能耗的模拟分析结果

研究结果表明，密度较高的多层住宅区更有利于降低空调能耗。多层住宅区一般没有集中绿地、活动场地或规模较小，住宅排列紧密，密度较高。虽然这种密度较高的住宅区的综合能耗水平较低，但是否应作为推荐的住宅区类型还需斟酌。首先，除容积率和建筑密度外，住宅区空调能耗还与开敞空间布局形式有关，一定规模的集中绿化对空调节能更有利。而密度较高的多层住宅区因建筑密度较高，组织集中绿地比较困难。这部分内容将在下一小节展开讨论。其次，住宅区形态的综合优劣并不是由能耗单方面的因素决定的。在现实案例中，密度较高的多层住宅区的其他问题还包括行列式排布造成的空间单调呆板、

---

① 这里给出的容积率和建筑密度分界线值是根据处于分界线附近的样本住区推测得到的。

绿化及景观缺乏层次性等。另外，密度较高的多层住宅区的容积率并不高，与当前土地政策和房地产市场发展趋势存在一定矛盾。所以，多层住宅区更适用于土地供应相对充裕的地区，在保证合理密度的基础上，还应合理设计集中绿化或公共活动场地。

商住综合体住宅区的空调能耗水平最高，不宜提倡。高层住宅区的空调能耗水平居中。一般而言，高层住宅区能够保障较好的住宅采光，辐射得热和通风散热有较好的平衡；由于多数室外空间充裕，有利于集中绿化及活动场地的布局。另外，高层住宅区的容积率比较高，符合土地集约利用政策，是比较推荐的住宅区类型。最后还需提醒，无论何种类型的住宅区设计都应该避免“高容积率—高密度”和“低容积率—低密度”两种极端形态。

不过关于容积率的问题需要加以进一步说明。在住宅区层面的研究中，能耗相对较低的住宅区容积率一般都高于 2，接近 3 甚至更高。我们不能因此就主张将这一容积率普遍推广到与四个案例城市相似的城市中。在前文第二章第二节中，我们曾讨论到，城市作为整体存在一个节能的最优容积率值。如果将四个案例城市中较节能的高容积率住宅区推广到更大范围，势必使得城市整体容积率升高，这很可能改变城市宏观层面的能耗状况。所以，要提高住宅区层面的容积率，应该连同城市整体形态综合考虑，否则会顾此失彼。受现有数据的局限，本研究尚无法对 286 个地级以上城市或者 200 万～ 500 万人口城市组提出具体的容积率最优区间，但我们认为思路是明确的，即住宅区层面的形态优化必须放在整个城市形态中予以综合考虑。

（二）建筑密度与开敞空间：大疏大密

研究还证明，层次分明、有收有放的开敞空间布局有利于节约空调能耗，所以住宅区规划应该提倡“大疏大密”的形式，鼓励具有一定规模的集中绿地或活动场地。由于能耗涉及三个开敞空间相关形态变量的相互影响，无法简单定性判断。比较合理的做法是将各项数据输入模型，比较能耗预测值，再选择能耗水平较低的方案。

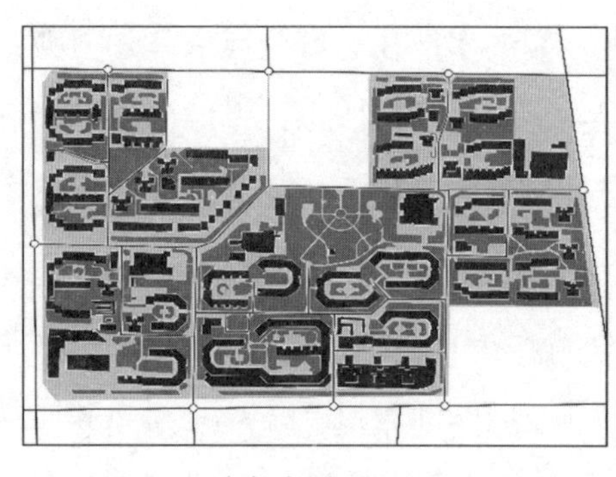

（a）漪汾小区

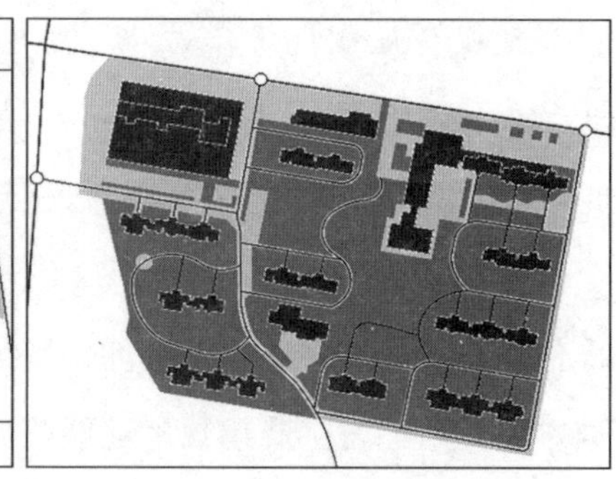

（b）富力现代广场

图 6–5 两个推荐住宅区平面

在此，本研究推荐两个比较优秀的住宅区样本作为设计参考（图 6–5）。多层住宅区的典型样本为太原漪汾苑小区。该小区是国家第二批试点小区，建成于 1995 年，占地 26.44 公顷，平均层数 5.43。小区以合院式组团为基本单元，采用点条结合、长短结合等设计手法，打破了以往行列式住宅的呆板和单调。小区中心设有一处 9000 多 m^2 的雕塑公园，人均绿化面积 1.53m^2。从前文的模型分析看，这个住宅区的空调能耗比较低。当然，当今住宅市场已与 20 世纪 90 年代大不相同，如果将漪汾苑小区的规划模式应用于今天的新建住宅区，住宅建筑的层数可能会有所提高，集中绿地的规模也会相应缩减。

高层住宅区的典型样本为太原富力现代广场。该住宅区建成于 2010 年，占地近 9 公顷。除了一栋公寓外，住宅区内所有住宅均为每单元两至三户、两至三个单元拼接的短板式高层，平均层数 32 层。住宅沿用地边缘布局，在住宅区中央形成大规模集中绿地，同时引入景观水系，增强了对住宅区温湿度的调节作用。住宅区绿地率接近 50%。模型分析表明，该住宅区在空调节能方面表现较好。

二、采暖能耗方面：提倡发展小户型，保障小户型住宅区的居住环境

近二十年来，我国城镇居民居住水平得到显著改善，人均居住面积显著增加，而快速增长的家庭住房面积正成为家庭能耗持续上升的最主要原因。前文的实证

研究表明住宅面积与采暖能耗直接相关，而采暖能耗占家庭总生活能耗的比重又达 60% 以上。因此为了实现节能目标，控制户型面积将是最有效的手段。

2006 年国务院颁布的“国六条”曾明确提出控制户型面积，要求新建商品住房中建筑面积 90m^2 以下的住房面积比重必须达到总建设面积的 70% 以上。本研究涉及的样本家庭户均建筑面积为 108.28m^2，如果户均建筑面积下降至 90m^2，家庭生活能耗将减少 395kgce，比现在降低 16.9%，可见户型干预的节能潜力相当可观。

目前我国人均住宅面积已超过日本，户均面积也与很多发达国家接近。从发达国家的趋势看，受婚姻和观念、老龄化等因素的影响，未来我国家庭平均规模可能继续缩小，所以控制住宅户均面积应作为住宅发展的基本国策，也可为降低户均采暖能耗提供重要条件。

三、非通勤能耗方面：提倡集中绿地共享与高层多层住宅区相结合的住区形态

前面的研究表明，小网格、高设施混合度的城市设计有助于降低居民家庭非通勤能耗。2016 年 2 月，中央提出“推广街区制，原则上不再建设封闭住宅小区”。这为解决封闭式小区对城市交通尤其是支路系统造成的堵塞问题奠定了政策基础。从本质上讲，这一政策的目的就是要提高路网密度。在单块居住用地面积缩小时，就难以像目前常见的居住小区那样布置集中绿地或开放空间。这时可以参照巴黎等城市的做法，让几个居住街坊共享一块公共绿地（图 6-6），解决集中绿地或开放空间布局难的问题。

小街坊住宅区在路网密度提高后，一般要压缩道路的宽度，使之回归到人性化的街道空间。这时住宅建筑的尺度也需要随之发生相应变化，沿街的住宅或其他功能建筑的高度与街道宽度的比例关系（高宽比，D/H）成为比以往更需要关注的设计要点。目前我国城市住宅普遍以高层为主，但高层建筑不易形成尺度宜人的城市街道界面。这时可以通过高层与多层建筑组合的方式形成较好的街道界

面和街道尺度。结合本研究的结论，采用高层与多层住宅区相结合的形态可以降低住宅的空调能耗。

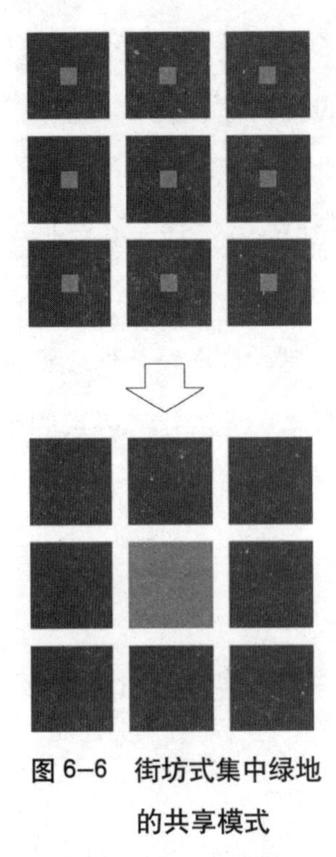

图 6–6 街坊式集中绿地的共享模式

四、营建方便的服务设施网络

（一）按照使用频率规律合理配置和布局服务设施

本研究证明，家庭日常非通勤出行是以购物、特别是消耗量大的蔬菜食品为主的。每月出行访问超过一次的设施从高到低依次是：菜市场（14.95 次 / 月）、便利店 / 小超市（5.95 次 / 月）、大中型超市（4.29 次 / 月）、附近绿地（4.17 次 / 月）、医院（2.16 次 / 月）、公园（1.79 次 / 月）、银行（1.79 次 / 月）。同时研究还证明，总体上看，步行承担了约一半的非通勤出行。尤其是访问或使用公园绿地、菜市场和便利店的步行分担率更突出。所以，如果住宅区能够在步行或慢行交通范围内有效地提供这些设施，并使这些设施有较好的服务水平，将非常有利于减少非通勤交通能耗。

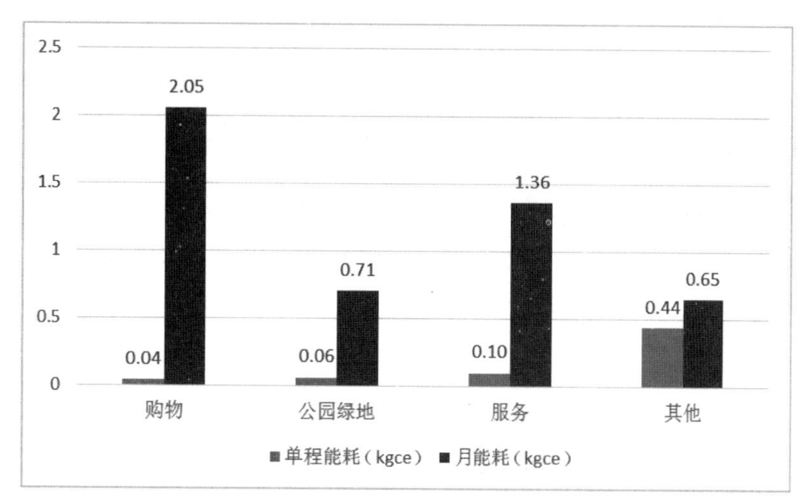

图 6–7 四大类非通勤出行的平均单程和月能耗（kgce）

（二）提高住宅区周边服务设施的混合度

住宅区周边服务设施不但要有一定的数量，还要有较齐全的种类，而且分布不要过于集中，以形成混合度较高的服务设施格局。本研究证明，在非通勤交通出行中，非机动车的使用与住宅区周边的设施混合度有密切关系。数据表明，家庭平均自行车保有量与设施临近指数呈显著正相关关系，设施临近指数越高（也就是设施分布相对分散）的住宅区，家庭拥有自行车的数量越多。而电动自行车则相反，设施临近指数越高的住宅区，家庭拥有电动车的数量越少。显然，这有利于促进居民使用自行车完成相关的出行。另外研究还显示，家庭平均公交月票数与住宅区周边设施混合度呈负向关系，表明混合度高的街区居民选择公交出行的可能性较低。

（三）提高住宅区周边配套服务设施的可达性

目前很多住宅区都是封闭管理的，有的规模很大，其出入口的多少会直接影响居民出入小区的方便程度，还可能会进一步影响居民对小区外服务设施的使用方便程度。研究表明，住宅区入口密度对家庭非通勤能耗的效果显著为负且以直接效果为主。增加住宅区出入口数量有助于提高住宅区周边服务设施的可达性，显著缩短非通勤出行距离，进而降低家庭非通勤能耗。

（四）提高公共交通设施服务水平

受服务设施层级性分布规律的影响，一些居民家庭非通勤出行难以通过步行或慢行交通实现，为了降低这一部分非通勤能耗，提高住宅区公共交通设施的水平就显得非常必要。本研究证明，住宅区附近公交线路数量的多少会影响居民非通勤能耗。公交服务水平与特定家庭特征和生活方式有关，便利的公交服务可能促进居民更频繁地使用公交而不是小汽车完成非通勤出行，从而降低出行能耗。

五、探索新的街区类型

当小街坊间的道路向城市开放以后，街道两侧的建筑的功能混合就有更多的可能。在不影响居住的前提下，对沿街建筑功能的有序混合可以进一步提高住宅区的步行出行概率，抑制小汽车出行，从而降低住宅区居民的交通能耗。需要注意的是，要对沿街建筑的尺度进行调整，尽量避免出现低等级道路夹在两块高层用地之间的情况。其实，无论是在国内还是国外，这种住宅区形态在传统的街坊式的老城区中是普遍存在的。近年来国外的城市住宅区设计与建设也在朝这个方向发展。

第三节　研究创新与展望

一、研究意义

本研究系统地梳理了国内外相关文献中对住宅区建成环境与家庭出行行为、生活习惯之间关系研究的主要成果，并利用济南、石家庄、郑州和太原四个城市7000余份家庭调研成果，构建了基于我国数据的家庭出行能耗模型和家庭生活能耗模型。同时在宏观城市结构层面，对城市内部多中心层级结构与交通能耗的关系进行了深入剖析。主要有四个方面的意义。

（一）丰富与深化了我国相关研究成果

由于数据的限制和定量分析方法的引入滞后，我国城市规划工作中并没有系统的家庭出行能耗研究成果，故希望本研究可以抛砖引玉，吸引更多的城市规划学者关注定量分析方法，关注家庭能耗问题，做出更多、更好的研究。

（二）拓展了住宅区建成环境的量化思路和方法

本研究尝试了多种住宅区建成环境的量化思路和方法，其中既有对国外量化方法的借鉴和改进（例如交叉口密度指标），又有针对案例具体问题的创新设计（例如城市中心密度），对后续研究中开展类似的住宅区建成环境量化工作具有重要借鉴意义。

（三）结合我国规划管理需要，从家庭出行能耗的视角对城市合理空间结构提出了新认识

如何构建合理的城市内部空间结构一直是规划领域重要的课题之一。本书基于个体出行目的地的圈层结构特点，提取了我国286个地级以上城市的邻里中心、商业中心和就业中心，通过实证研究发现了从能耗角度出发的最优城市内部中心层级结构，对规划实践尤其是分区规划具有直接的意义。

（四）系统分析了影响居民家庭能耗的各种因素，并建立了居民家庭生活能耗和交通能耗的统计模型

本书利用结构方程分析方法，对影响家庭能耗的各个变量之间的复杂关系进行了全面梳理，对各个影响路径进行了详细分析。

二、研究创新

本研究在研究方法和内容方面，主要有以下四方面的创新与改进。

（一）研究了多个维度的家庭能耗，全面论述了建成环境在各尺度的主要要素与家庭能耗关系

（1）已有文献中通常只侧重研究家庭某一类能耗，本研究则对家庭的出行能耗和生活能耗进行了系统的研究。本研究还对家庭能耗的各个细分组成部分进行了详细的讨论，如交通能耗细分后的家庭通勤能耗、非通勤能耗、日常购物出行能耗和使用服务设施出行能耗等。

（2）现有研究大多从城市或住宅区的单一角度探讨节能的空间形态问题，本研究则从宏观城市和微观住宅区两个层面综合探讨节能空间形态的规划设计，并注重宏微观空间尺度结论的衔接关系。

（二）能耗数据估算方法的改进

（1）在宏观层面的城市居民能耗方面，我国没有官方公开可用的居民能耗等统计数据，而相关研究的估算方法又有各种瑕疵。本研究对城市居民交通能耗估算方法中“私家车能耗部分”进行了针对性的改进，得到了更加符合常识认知的城市居民交通能耗估计值。

（2）另一方面，本研究在微观层面对个体家庭能耗的估计，是在参考相关研究的基础上，通过更详细、更有针对性、更具可操作性的问卷设置与实地调研获取的，为后续研究提供了可借鉴的经验。

（三）住宅区建成环境量化方法的改进

本研究在以往文献的基础上，结合我国国情，对多种常用住宅区建成环境量化指标进行了改进，例如交叉口密度指标、商圈可达性指标等。同时本研究还在国内外研究中首次使用了中心密度这一指标，对相关研究具有一定的启示意义。

（四）对统计计量模型的使用与改进

统计计量模型的研究方法最初普遍用于经济学、金融学、交通研究等领域，而将其扩展应用于城市规划领域则主要有两方面的原因：一是在国外（主要是美

国），城市规划与交通规划密切相关，而交通行为的研究通常借助于统计模型等方法；另一方面主要是因为城市经济学和房地产定价模型等研究的兴起，为量化建成环境提供了开拓性的思路，促进了建成环境量化指标（变量）的发展。正是因为统计计量模型在城市规划领域的使用具有天然的跨学科性质，所以它在我国尚处于起步阶段。虽然近两年我国也出现了一定数量的利用统计计量模型探讨建成环境与家庭出行碳排放关系的研究，但大多使用的是简单的线性统计模型。本书使用结构方程模型（structural equations model, SEM），探讨多个内生变量之间的相互关系，清晰地展示了建成环境各个变量是如何通过社会变量、经济变量和居民态度变量来影响最终的家庭能耗的。

三、后续研究展望

由于研究经验不足、调研操作困难等因素的限制，本研究在以下四方面仍存在不足，希望后续研究引以为鉴。

（一）扩充数据样本量

本研究数据样本量有限主要体现在两个方面：一方面是家庭样本量较小，总共有 7000 多户家庭的出行能耗、收入等数据，在国内研究来说已经算是很大的样本量，但与国外研究动辄上万户的家庭数据相比略小。但考虑到与国外研究相比，本研究没有现成的官方数据可用，而是通过入户调研的方法独立获取数据，故而对我国相关研究的开展已是十分珍贵。另一方面是所选住宅区样本过少，一共包含济南、石家庄、太原和郑州的 70 余个小区。虽然小区总数较多，但相对整个城市数以千计的小区总数来讲还是很少的。较少的住宅区样本不仅限制了同一个模型中住宅区建成环境指标的使用数量，而且降低了住宅区建成环境指标研究的精确性和普适性。

（二）考虑私家车排量和能源效率的差别

本研究中对所有家庭的私家车使用的是相同的能源强度因子，这显然与现实有出入。在调研中笔者发现，家庭是否有节能意识亦与家庭私家车的排量等指标有关。例如，节能意识较强的家庭可能会购买小排量节油车，而节能意识较弱的家庭则更倾向于购买大排量耗油车等。所以，实际上由于没有对家庭私家车排量信息加以关注，本研究可能低估了家庭节能意识对出行能耗的作用。

（三）拓展对居住区新类型的探索研究

前文的实证研究已经显示，容积率、密度、层数、绿地形式、周边商业服务设施的可达性等住宅区形态相关因素对居民能耗的直接影响。理想状态下，最有利于节能的住宅区形态应该具有如下特点：容积率与密度的合理搭配、大疏大密的绿地布局、周边商业设施配套完善等。本书研究的住宅区样本取自我国北方的四个城市，由于严格的日照、消防等住宅区规范的限制，样本住宅区类型的数量有限，在实际案例中很难找到与最理想节能住宅区的各个形态特征完全吻合的住宅区类型。

这样的状况提示我们是否要重新思考住宅区规划的相应规定。未来从节能角度出发，是否可以放宽某些规范指标，或者转变规划体系中的某些指标，从而为新的住宅类型的实现创造条件？因此，对居住区新类型的探索将是我国未来节能住宅区研究的一个新兴而又重要的热点方向。

（四）城市层面与住区层面的综合研究

本研究是从城市与住区两个层面分别研究空间形态与居民能耗的关系的，并在一定程度上对这两个层面的相关问题进行了综合分析，比如城市整体规模、容积率与住区容积率对居民能耗的复杂作用。

未来随着研究手段的改进（如新模型的出现）、新的指标（不同于目前“6Ds”理论的新指标）的产生，以及复杂数据（如最近出现的各种大数据、实验室实体模型模拟数据）的可获得性的条件改善等，或许应该探讨从城市和住区两个层面同时对空间形态与居民能耗进行综合研究。

附 录

附录 1：样本住宅区编码

济南：J1 无影潭；J2 商埠区西；J3 阳光 100；J4 东仓小区；J5 绿景嘉园；J6 佛山苑；J7 燕子山；J8 上海花园；J9 桃园小区；J10 泉城花园；J11 匡山小区；J12 新世界阳光花园；J13 翡翠郡南区；J14 商埠区北；J15 商埠区南；J16 杆南小区；J17 伟东新都；J18 数码港；J19 三箭吉祥苑；J20 名士豪庭。

石家庄：S1 东兴小区；S2 建明小区；S3 礼域尚城；S4 安苑小区；S5 铁道大学家属院；S6 旭翠园；S7 联盟小区；S8 天苑小区；S9 九里庭院；S10 裕翔园小区。

郑州：Z1 奥兰花园；Z2 帝湖花园西王府；Z3 湖光新苑；Z4 建业城市花园；Z5 康桥上城品；Z6 绿都城；Z7 曼哈顿广场；Z8 美景天城；Z9 清华园；Z10 升龙国际；Z11 天下城；Z12 铁道陇海家园；Z13 万丰慧城；Z14 未来城；Z15 亚新美好生活；Z16 燕庄新区南区；Z17 永威西苑；Z18 运河上郡；Z19 兴华小区；Z20 正弘蓝堡湾。

太原：T1 奥林花园；T2 滨东花园；T3 辰憬家园；T4 东大盛世华庭；T5 富力现代广场；T6 汇丰苑；T7 金刚里十三冶小区；T8 丽华苑；T9 丽日小区；T10 省中医院研究宿舍；T11 太铁白龙苑；T12 太原理工大学长风小区；T13 西华苑；T14 漪汾小区；T15 御庭华府；T16 千禧学府苑。

附录 2：家庭生活能耗计算方法

家庭生活能耗以“年”为计量周期，计算公式如下：

$$E_{operatioanl}=E_{AC}+E_{lighting}+E_{home\_appliances}+E_{cooking}+E_{hot\_water}+E_{heating} \quad \text{式（4–1）}$$

式中，$E_{operational}$ 为家庭年生活能耗；E_{AC} 为家庭年空调能耗；$E_{lighting}$ 为家庭年照明能耗；$E_{appliances}$ 为家庭年家用电器能耗；$E_{cooking}$ 为家庭年炊事能耗；E_{hot_water} 为家庭年生活热水能耗；$E_{heating}$ 为家庭年采暖能耗①。

不同能耗的具体计算方法如下：

（1）时间型（电器类）

空调、照明及各类电器均为耗电设备，以功率时间乘积法计算能耗。公式如下：

$$E_e=\sum_{i=1}^{n} W_i \times H_i \times (365 \div 7) \times p_e \quad \text{式（4–2）}$$

式中，E_e 为家庭电力消耗（kgce），包括空调、照明、家用电器三种类型；i 代表电力消耗终端，总数量为 n 个；W_i 为 i 电器的平均功率（kW）；H_i 为 i 电器的周平均使用时间（单位 h，工作日和休息日的电器使用时间分开调查）；（365 ÷ 7）为一年总周数（其中空调能耗以空调使用周期计算）；p_e 为电力的折算系数，采用发电煤耗法进行换算，取 2011 年的系数 0.308kgce/kW・h[1]。

（2）次数型

炊事灶具和生活热水能耗的计算方法相同，能源消耗类型主要包括管道天然气、液化石油气和电力三种，采用均次用量、次数乘积法计算能耗。公式如下：

$$E_{jk}=\sum_{j=1}^{n} e_j \times n_j \times (365 \div 7) \times p_k \quad \text{式（4–3）}$$

式中，E_j 为家庭炊事或生活热水能耗（kgce）；j 代表能源消耗终端，数量为 n 个（如燃气灶、热水器）；e_j 为 j 终端平均每次使用的能源消耗量（热水器为每人次平均消耗量）；n_j 为 j 终端的周平均使用次数（或人次）；（365÷7）

① 济南家庭生活能耗以月均能源消费量折算，与其他三个案例城市均不同。

为一年中周数；k 为能源类型；p_k 为能源 k 的折算系数[7]，管道天然气取 1.214kgce/m^3，液化石油气取 1.714kgce/kg，电力取 0.308kgce/kW · h。

（3）采暖能耗

采暖能耗包括分散终端采暖（冬季空调、电暖气等）、集中型采暖（家庭独立采暖、市政集中供暖）两大类。其中，分散终端采暖能耗的计算方法与电器能耗一致（同式（4–2）），家庭独立采暖能耗按采暖费用折算（式（4–4）），市政集中供暖能耗按采暖面积计算（式（4–5））。集中型采暖能耗计算公式如下：

$$E_{individual\_heating}=C\div q_m\times p_m \qquad 式（4–4）$$

$$E_{centralized\_heating}=e_{centralized\_heating}\times S \qquad 式（4–5）$$

式中，$E_{individual\_heating}$ 为家庭独立采暖能耗（kgce）；C 为每年家庭独立采暖费用（元）；m 为家庭独立采暖的能源类型（天然气、电、燃煤等）；q_m 为 m 能源的单价（元 /m^3、元 /kW · h 等）；p_m 为 m 能源的折算系数；$E_{centralized\_heating}$ 为市政集中供暖能耗（kgce）；$e_{centralized\_heating}$ 为单位面积城市集中供热能耗，不同城市有所不同①；S 为家庭住房建筑面积。

① 单位面积城市集中供热能耗引自各城市统计年鉴，并参考《中国统计年鉴》进行修正。计算方法为：各城市集中供热总量除以供热面积。四城市的供热能效分别为：济南 16.40kgce/m^2 · a（数据缺失，以石家庄替代）；石家庄 16.40kgce/m^2 · a；郑州 14.16kgce/m^2 · a；太原 11.69kgce/m^2 · a。

附录 3：家庭通勤能耗计算公式

$$ECD_i^m = CD_i^m \times EI^m \times (365 \div 7) \quad 式（5-1）$$

$$CD_i^m = \sum_j \sum_d \left(\frac{CD_{i,j,d}^m}{TO_{i,j,d}^m}\right) \quad 式（5-2）$$

$$EI^m = FE^m \times EC^m \quad 式（5-3）$$

其中：

ECD_i^m = 第 i 个家庭使用交通方式 m 的年通勤交通能耗，单位 kgce/ 年。

CD_i^m = 每周内，第 i 个家庭使用交通方式 m，出行目的为“通勤”时的出行距离，单位：km/ 周。

$CD_{i,j,d}^m$ = 每周内，第 i 个家庭内的第 j 个人，使用交通方式 m，第 d 次“通勤出行”时的出行距离，单位：km/ 周。

$TO_{i,j,d}^m$ = 每周内，第 i 个家庭内的第 j 个人，使用交通方式 m，第 d 次“通勤出行”时的同程搭载率，即同行人数。

EI^m = 交通方式 m 的能源强度因子，具体参见表 5-1。

FE^m = 交通方式 m 的燃油经济性因子，具体参见表 5-1。

EC^m = 交通工具 m 所消耗的燃油的能源含量因子，具体参见表 5-1。

关于以上公式有几点需要说明：

① 单程出行距离 $CD_{i,j,d}^m$

考虑到一些被访者可能对距离不太敏感，问卷中同时提供了出行距离和出行时间两种填法，请被访者任选一项作答。如果出行距离为空，我们会根据相应交通工具的平均速度乘以出行时间计算求得出行距离。

② 同行人数 $TO_{i,j,d}^m$

如果两个以上家庭成员搭乘同一辆交通工具上下班，为了避免重复计算能耗，我们将该交通工具的能耗除以乘车人数。例如，夫妻二人开车上班，同行人数为 2。

同行现象只涉及私人交通工具（如电动车、私家车等），公共交通工具不适用（如公交车、班车等）。

③ 交通工具能源强度因子 EI^m

能源强度因子 EI^m（energy intensity factor）是将家庭出行距离数据转换为家庭出行能耗数据的关键，主要由交通工具使用特定燃油的燃油经济性因子 FE^m（fuel economy factor）和该类燃油的能源含量因子 EC^m（fuel energy content factor）决定。例如，表 5-1 中，出租车的使用汽油的强度是每 km0.083 升；而每升汽油的能源含量为 1.099kgce，故可得出租车行驶每 km 消耗能量 0.091kgce。

附录 4：家庭非通勤能耗计算公式

$$\mathrm{ENCD}_i^m = \mathrm{NCD}_i^m \times \mathrm{EI}^m \times 12 \qquad 式（5–4）$$

$$\mathrm{NCD}_i^m = \sum_C \sum_d \left(\mathrm{NCD}_{i,c,d}^m\right) \qquad 式（5–5）$$

其中：

ENCD_i^m= 第 i 个家庭使用交通方式 m 的年非通勤能耗，单位为 kgce/ 年。

NCD_i^m= 每月内，第 i 个家庭使用交通方式 m，出行目的为“非通勤”时的出行距离，单位：km/ 月。

$\mathrm{NCD}_{i,c,d}^m$= 每月内，第 i 个家庭使用交通方式 m，第 d 次，出行目的为 c 的出行距离，单位为：km/ 月。

公式中各符号的含义与通勤能耗一致，在此不再赘述。

致 谢

在本书即将出版之际，我们对MIT的D.法兰西曼、J.万普勒教授、C.扎尕斯副教授等学者的长期合作表示衷心感谢。感谢他们在项目交流、讨论中丰富的学术分享。

本研究的顺利完成还要感谢参与项目合作的兄弟院校师生的大力配合。感谢山东大学张汝华副教授、谷建辉副教授、王金岩老师等组织了济南家庭入户调研；感谢北京师范大学张立新教授、张涛博士等组织了部分济南样本小区GIS数据收集；感谢石家庄铁道大学牛学勤教授等组织了石家庄家庭入户调研；感谢郑州大学汪霞副教授等组织了郑州家庭入户调研；感谢太原理工大学高宇波教授等组织了太原家庭入户调研。

另外，还感谢所有参加清华大学自主科研计划资助项目“华北南部地区特大城市节能住区形态与设计研究”、低碳能源大学联盟资助项目“低碳城市设计：从选择评估到政策实施”课题、美国能源基金会资助项目“节能城市设计研究”课题、清华-MIT联合城市设计的清华大学、MIT、剑桥大学的其他老师与同学。特别是清华大学邵磊副教授、清华大学博士研究生杨阳、翟炳哲等对项目的贡献。

最后感谢清华大学出版社对本书出版的支持和辛勤劳动。